Karl F. Nordstrom

recuperação de praias e dunas

Copyright original © 2008 by K. F. Nordstrom
Copyright da tradução em português © 2010 Oficina de Textos

Grafia atualizada conforme o Acordo Ortográfico da Língua Portuguesa de 1990, em vigor no Brasil a partir de 2009.

Capa Malu Vallim
Projeto gráfico e diagramação Douglas da Rocha Yoshida
Preparação de texto Rena Signer
Revisão de texto Marcel Iha
Tradução Silvia Helena Gonçalves
Impressão e acabamento Prol Editora Gráfica

Dados Internacionais de Catalogação na Publicação (CIP)
(Câmara Brasileira do Livro, SP, Brasil)

Nordstrom, Karl F.
    Recuperação de praias e dunas / Karl F.
Nordstrom ; [tradução Silvia Helena Gonçalves]. --
São Paulo : Oficina de Textos, 2010.

    Título original: Beach and dune restoration.
    Bibliografia
    ISBN 978-85-7975-006-9

    1. Dunas - Conservação e recuperação 2. Costa - Proteção 3. Erosão de praias 4. Praias - Conservação e recuperação I. Título.

10-08240   CDD-627.58

Índices para catálogo sistemático:
1. Costas litorâneas urbanizadas : Recuperação 627.58

Todos os direitos reservados à **Editora Oficina de Textos**
Rua Cubatão, 959
CEP 04013-043 São Paulo SP
tel. (11) 3085 7933 fax (11) 3083 0849
www.ofitexto.com.br
atend@ofitexto.com.br

Recuperação de Praias e Dunas

Este livro analisa as perdas e os ganhos envolvidos na recuperação de praias e dunas em litorais intensamente urbanizados, assim como as abordagens mais eficientes a serem utilizadas e as formas de educar e envolver as partes interessadas. Ele identifica as estratégias de recuperação que podem ser empregadas para intensificar os processos naturais e tornar os perfis de terrenos litorâneos mais dinâmicos, mantendo ao mesmo tempo o seu valor para a proteção da costa. Somado a valores ecológicos, o conceito de recuperação é expandido de modo a incluir princípios e ideais físicos, econômicos, sociais e éticos. São sugeridas soluções administrativas consensuais, com vistas a acomodar as necessidades de diferentes grupos de usuários, inclusive administradores municipais e proprietários individuais, cujos papéis não têm sido avaliados pelas publicações existentes acerca do assunto. São discutidos meios de superar a inércia e o antagonismo a ações ambientalmente corretas. O livro é escrito para cientistas, engenheiros, planejadores e administradores especializados em questões costeiras, além de servir como valioso texto de referência suplementar para cursos que lidam com questões de gerenciamento costeiro, ecologia e ética ambiental.

Agradecimentos

O apoio financeiro aos muitos projetos que levaram a resultados publicados neste livro foi fornecido pela German-American Fullbright Comission, pela National Geographic Society, pela Interdisciplinary Global Joint Research Grant of Nihon University para Estudo do Controle da Erosão de Terras Nacionais e pela NOAA Office of Sea Grant and Extramural Programs, US Department of Commerce, por meio dos auxílios no R/S-95002, R/CZM-2002, R/D-2002-1 e R/D-2003-4. O governo dos Estados Unidos está autorizado a produzir e distribuir reimpressões para propósitos governamentais, sem a incidência sobre elas de direitos autorais. NJSG-99-410. Esta é a contribuição no 2007-11 do Instituto de Ciências Marinhas e Litorâneas da Rutgers University.

Sou grato às seguintes pessoas por informações e ideias sobre recuperação de praias e dunas ou pelo auxílio na coleta de informação em campo: Pierluigi Aminti, Edward Anthony, Bas Arens, Derry Bennett, Peter Best, Alan Brampton, Harry de Butts, Dave Carter, Laura Caruso, Massimo coli, Skip Davis, Ian Eliot, Lucia Fanini, Amy Freestone, Giorgio Fontolan, Ulrike Gamper, Jeff Gebert, Gregorio Gómez-Pina, Rosana Grafals, D'Arcy Green, Jean Marie Hartman, Patrick Hesp, Woody hobbs, Jacobus Hofstede, Shintaro Hotta, Nancy Jackson, Jim Johannessen, David Jenkins, Reinhard Lampe, Sonja Leipe, Brooke Maslo, Mark Mauriello, Anton McLachlan, Christopher Miller, Julian Oxford, Orrin Pilkey, Enzo Pranzini, Nicole Raineault, Tracy Rice, Sher Saini, Felicia Scapini, Douglas Sherman, hugh Shipman, Williams Skaradek, David Smith, Horst Sterr, Thomas Terich, Kim Tripp, John van Boxel, Lisa Vandermark, Frank van der Meulen, Allan Williams e Kit Wright.

Prefácio

Este livro trata da recuperação de perfis de terrenos e do aprimoramento de suas funções e serviços em costas litorâneas intensamente urbanizadas. É uma sequência do meu livro *Beaches and Dunes of Developed Coasts* [Praias e dunas de litorais urbanizados], que identificava as muitas maneiras pelas quais praias e dunas são transformadas por ações humanas e as diferenças entre paisagens naturais e as construções que as substituem. Ao escrever aquele livro, ficou óbvio que muitas transformações na paisagem costeira, mesmo aquelas envolvendo a construção de novos perfis, eram realizadas sem muita consideração, seja pelas perdas ambientais decorrentes, seja pelas possíveis oportunidades de obter novos ganhos ambientais. As práticas tradicionais de construção de praias e dunas enfatizam o uso de perfis de terrenos para proteção e recreação, o que não impede a inclusão de novos valores e recursos naturais compatíveis com esses usos. Em muitos casos, a modificação de projetos tradicionais de proteção costeira de modo a cumprir metas naturais pode ser conseguida com poucas mudanças no projeto ou no custo. Reconheço que as funções para uso humano são o foco principal na gestão de praias em áreas urbanizadas, de modo que o retorno a uma condição de natureza intocada não é uma opção. Perfis de terrenos e hábitats recuperados estarão sujeitos à exploração antrópica ou a efeitos indiretos resultantes de utilização do solo em áreas adjacentes, de modo que esses perfis poderão exigir ajustes humanos periódicos para sobreviver. A impossibilidade de retornar à natureza intocada não deve impedir esforços para recuperar elementos do ambiente natural e reverter a tendência de a perda ambiental.

A grande procura por espaços próximos à interface terra/mar e o interesse crescente de diferentes grupos por esses novos recursos disponibilizados graças à construção de praias e dunas requerem uma avaliação dos novos ambientes, num contexto que considere metas e objetivos físicos, biológicos e sociais, bem como os ganhos, as perdas e as concessões envolvidas. O foco na conciliação de interesses e na necessidade de atender a diferentes grupos de usuários, incluindo residentes de áreas em frente para a praia e turistas, é outra característica que distingue este livro. Minha premissa de trabalho é que um pouco de natureza, mesmo que imperfeita, é melhor do que nada, caso o momento econômico ou político não permita uma opção melhor. A premissa é válida caso os ambientes recuperados sejam considerados um estado temporário a ser melhorado à medida que as características naturais forem mais aceitas pelas partes envolvidas e maiores recursos forem destinados a melhorar essas características.

Este livro não é um manual de procedimentos para a construção de praias e dunas. Existem diversos livros e relatórios técnicos que proveem diretrizes práticas para depositar sedimentos, instalar cercas de retenção de areia e plantar dunas (por exemplo, CERC, 1984; Ranwell e Boar, 1986; Technise Adviescommissie voor de Waterkeringen, 1995; Dean, 2002; US Army Corps of Engineers, 2002), além de muitos folhetos informativos produzidos por departamentos governamentais e comissões ambientais, tais como a extraordinária série de folhetos produzidos pela Beach Protection Authority de Queensland. A maioria das diretrizes, bem como os estudos em que são baseadas, foca a maneira de construir perfis e hábitats, e não como estes poderiam ou deveriam evoluir como sistemas naturais após serem construídos. A principal diferença entre este livro e livros anteriores sobre gestão de praias e dunas é a ênfase na tentativa de descobrir meios de modificar as práticas existentes de modo a valorizar os processos naturais e tornar os perfis de terrenos mais dinâmicos e, ao mesmo tempo, manter sua função de estrutura de proteção costeira e geri-los como elementos naturais após a construção. O livro pretende ser um suporte para os manuais de planejamento, e não um substituto.

Sumário

A NECESSIDADE DE RECUPERAÇÃO		13
1.1	O problema	13
1.2	Modificações antrópicas	17
1.3	Valores, bens e serviços de praias e dunas	20
1.4	A necessidade de recuperar praias e dunas	21
1.5	Definições e abordagens de recuperação	26
1.6	As complexidades de um estado-alvo vinculado ao tempo	31
1.7	Tipos de projetos de recuperação	33
1.8	Escopo do livro	35
ENGORDAMENTO DE PRAIAS E IMPACTOS		38
2.1	O potencial para recuperação	38
2.2	Considerações gerais de projeto	41
2.3	Características sedimentares	44
2.4	Possíveis impactos negativos de operações de engordamento	46
2.5	Práticas alternativas para minimizar perdas ambientais e acentuar benefícios	63
2.6	Projetos alternativos para aterros de praias	73
2.7	Recuperação das características sedimentares	75
2.8	Acompanhamento e gestão adaptativa	79
2.9	Conclusão	80
PRÁTICAS E IMPACTOS DA CONSTRUÇÃO DE DUNAS		82
3.1	Características das dunas alteradas pelo homem	82
3.2	Dunas construídas por transporte eólico a partir de praias engordadas	84
3.3	Construção de dunas por aterro a partir de fontes externas	86
3.4	Construção de dunas por raspagem de praias	90

3.5 Construção de dunas com cercas de contenção de areia 92
3.6 Construção de dunas com vegetação 96
3.7 Múltiplas estratégias para construção de dunas 102
3.8 Conclusão 104

RECUPERAÇÃO, PROCESSOS, ESTRUTURA E FUNÇÕES 106
4.1 Crescente complexidade e dinamismo 106
4.2 A questão do dinamismo 108
4.3 Alteração ou remoção de estruturas de proteção costeira 112
4.4 Restrição à limpeza de praias com rastelo 119
4.5 Restrição ao tráfego de veículos nas praias e dunas 122
4.6 Remoção ou alteração de cercas de contenção de areia 123
4.7 Proteção de espécies ameaçadas 125
4.8 Alteração das condições de crescimento 126
4.9 Substituição da vegetação 132
4.10 Recuperação das baixadas úmidas 140
4.11 Tempo necessário para a naturalização 141
4.12 Determinação dos níveis apropriados de dinamismo 143
4.13 Atividades externas 144
4.14 Conclusão 145

OPÇÕES EM AMBIENTES REDUZIDOS 147
5.1 Resultados alternativos de recuperação 147
5.2 Gradiente natural 150
5.3 Gradiente truncado 154
5.4 Gradiente comprimido 154
5.5 Gradiente expandido 157
5.6 Gradientes fragmentados e dissociados 160
5.7 Encadeamentos 162

UM PROGRAMA BASEADO NO LOCAL PARA A RECUPERAÇÃO DE PRAIAS E DUNAS 165
6.1 A necessidade de ação local 165
6.2 Obter aceitação para perfis de terrenos e hábitats naturais 166

6.3	Identificar condições de referência	170
6.4	O estabelecimento de áreas experimentais	172
6.5	Desenvolver diretrizes e protocolos	175
6.6	Desenvolver e implantar programas de conscientização pública	189
6.7	Manutenção e avaliação de ambientes recuperados	191

Interesses, conflitos e cooperação das partes interessadas — 198

7.1	Obtenção de apoio público	198
7.2	A necessidade de encontrar soluções consensuais	201
7.3	Diferenças nas percepções e anseios das partes interessadas	201
7.4	Ações das partes interessadas	206
7.5	A paisagem resultante	214

Necessidade de pesquisas — 215

8.1	Engordamento de praias	215
8.2	Construção de dunas	224
8.3	Acomodação ou controle do dinamismo	226
8.4	Opções em ambientes espacialmente restritos	228
8.5	Consideração das preocupações e necessidades das partes envolvidas	229
8.6	Manutenção e avaliação de ambientes recuperados	231
8.7	Conclusão	233

Referências bibliográficas — 234
Índice remissivo — 259

1

A necessidade de recuperação

1.1 O PROBLEMA

Os litorais do mundo estão sendo transformados em artefatos por meio de ações danosas, como a eliminação de dunas para facilitar a construção de edifícios e de infraestrutura de apoio, bem como o nivelamento de praias e dunas para facilitar o acesso e criar espaço para recreação, além da limpeza mecânica das praias para torná-las mais atraentes. A erosão progressiva das praias, associada a tentativas humanas de reter em posições fixas edifícios e infraestrutura à beira-mar, pode resultar numa redução ou perda completa de ambientes de praia, duna e encostas litorâneas ativas. O sedimento perdido poderá ser substituído por meio de operações de engordamento artificial de praias, mas esse tipo de operação geralmente é conduzido de modo a proteger as edificações costeiras e prover uma plataforma recreativa em vez de recuperar valores naturais (Fig. 1.1). Às vezes, praias artificialmente engordadas são cobertas por uma duna linear projetada para atuar como dique contra ataques de ondas e inundações. Muitas dessas dunas-diques são construídas por máquinas de terraplanagem em vez de processos eólicos (Fig. 1.2), resultando tanto numa forma exterior como numa estrutura interna que diferem dos perfis naturais. Dunas em propriedades particulares em frente a praias públicas são frequentemente niveladas e mantidas livres de vegetação ou replantadas, porém com uma vegetação que talvez tenha pouca semelhança com a cobertura natural (Nordstrom, 2003). A transformação de paisagens em economias turísticas pode converter paisagens distintas em diferentes partes do mundo numa única paisagem de turismo, que simula componentes considerados eficazes em atrair turistas, o que dilui a particularidade geográfica e a identidade do terreno.

Fig. 1.1 Praia de La Victoria, em Cádiz (Espanha), mostra monotonia de topografia e de vegetação numa praia engordada que é conservada e limpa para recreação

Fig. 1.2 Duna de proteção nas proximidades de Koserow, Mecklenburg-Vorpommern (Alemanha), mostra a natureza linear da duna e seu contato abrupto com o reflorestamento na direção continental

A pressão sobre ambientes costeiros é intensificada pela tendência social de mudar-se para perto da costa, seja por turismo ou para evitar os conflitos ou as pressões populacionais em regiões mais continentais (Roberts e Hawkins, 1999; Brown e McLachlan, 2002). Por volta de 2020, mais de 60% da população deverá residir a menos de 60 km da costa (UNCED, 1992). Muitas localidades remotas que foram poupadas da urbanização no passado estão agora sofrendo essa pressão (Smith, 1992; Wong, 1993; Lubke et al., 1995; Brown et al., 2008). Os efeitos do aquecimento global e do aumento do nível do mar somam-se às pressões antrópicas. A ameaça mais significativa para as espécies litorâneas é a perda do hábitat, especialmente se a elevação do nível do mar for acompanhada de uma atividade crescente de tempestades (Brown et al., 2008).

A retirada da população litorânea resolveria os problemas de erosão e forneceria espaço para o restabelecimento de uma biota e de novos perfis de terrenos, mas tal retirada parece improvável, exceto em regiões costeiras esparsamente urbanizadas (Kriesel et al., 2004). A maioria dos governos locais e dos proprietários de terras provavelmente defenderia opções administrativas próximas ao *status quo* (Leafe et al., 1998), mesmo com a acelerada elevação do nível do mar (Titus, 1990). A especulação imobiliária é a principal razão, uma vez que os elevados investimentos em regiões litorâneas urbanizadas exercem pressão para que se mantenha a situação inalterada (Nordstrom e Mauriello, 2001).

Os problemas associados à conversão de paisagens costeiras, de modo a acomodar usos antrópicos, incluem as perdas de diversidade topográfica (Nordstrom, 2000) e de hábitat natural e diversidade biológica (Beatley, 1991); a fragmentação de paisagens (Berlanga-Robles e Ruiz-Luna, 2002); ameaças a espécies em risco (Melvin et al., 1991); a redução nas fontes de sementes e menor resiliência de comunidade de plantas em áreas adjacentes menos urbanizadas após estragos provocados por tempestades (Cunniff, 1985); perda de valor intrínseco (Nordstrom, 1990), de valores estéticos e recreativos originais (Cruz, 1996; Demirayak e Ulas, 1996) e do patrimônio ou aspecto natural da costa, o que afeta a capacidade das partes envolvidas de tomar decisões bem informadas acerca de questões ambientais (Télez--Duarte, 1993; Golfi, 1996; Nordstrom et al., 2000).

Não é possível depender dos processos naturais para restabelecer as características naturais em áreas urbanizadas. Edificações e infraestrutura de apoio destruídas pela erosão em longo prazo ou grandes tempestades são rapidamente reconstituídas por meio de esforços de reconstrução, de modo que as paisagens pós-tempestades muitas vezes apresentam uma marca humana maior do que as paisagens pré-tempestades (Fischer, 1989; Meyer-Arendt, 1990; Fitzgerald et al., 1994; Nordstrom e Jackson, 1995). O estabelecimento de unidades de conservação costeiras, tais como parques estaduais, municipais ou nacionais, ajuda a manter o patrimônio ambiental, porém a inacessibilidade desses locais ou as restrições ao uso impedem que muitos turistas tenham a oportunidade de vivenciar a natureza (Nordstrom, 2003). Enclaves naturais próximos a regiões urbanizadas, protegidas por estruturas artificiais, estão sujeitos à falta de sedimentos e erosão acelerada que alteram as características e a função do hábitat, diferenciando-o das condições naturais que ali existiam anteriormente (Roman e Nordstrom, 1988). Os processos naturais podem ser refreados mesmo em áreas administradas para proteção natural em virtude da necessidade de modificar tais ambientes para fornecer níveis previsíveis de proteção contra inundações em áreas urbanizadas adjacentes (Nordstrom et al., 2007c). A designação de áreas protegidas para conservar espécies ameaçadas pode ter um efeito limitado no restabelecimento de ambientes costeiros naturais, a menos que hábitats ou paisagens inteiras sejam incluídas nos esforços de conservação (Waks, 1996; Watson et al., 1997). O estabelecimento de unidades de conservação costeiras pode ter também o efeito negativo de servir de pretexto para ignorar-se a necessidade de proteção à natureza e melhoria de áreas ocupadas pelo homem (Nordstrom, 2003).

As alternativas para aprimorar a resiliência de sistemas costeiros, ou de sua capacidade de responder a perturbações mantendo sua biodiversidade, deveriam complementar alternativas destinadas a resistir aos efeitos da erosão e inundações associados às mudanças climáticas

(Nicholls e Hoozemans, 1996; Klein et al., 1998; Nicholls e Bransom, 1998). Estudos ressaltam o potencial da recuperação de hábitats perdidos de praias e dunas para compensar perdas ambientais em outras partes, proteger espécies ameaçadas, reter fontes de sementes, fortalecer o poder de atração turística dos litorais e restabelecer um apreço pelos componentes da paisagem em dinâmica natural (Breton e Esteban 1995; Breton et al., 1996, 2000; Nordstrom et al., 2000). Ecologistas, geomorfologistas e filósofos ambientais ressaltam a necessidade de ajudar a salvaguardar a natureza em costas urbanizadas, promovendo uma nova natureza que apresente uma diversidade otimizada de perfis de terrenos, espécies e ecossistemas que se mantenham os mais dinâmicos e naturais possíveis, tanto em aparência como em função, ao mesmo tempo que sejam compatíveis com valores humanos (van der Maarel, 1979; Doody, 1989; Westhoff, 1985, 1989; Roberts, 1989; Light e Higgs, 1996; Pethick, 1996; Nordstrom et al., 2000). Há também um interesse crescente no desenvolvimento de uma nova relação, simbiótica e sustentável, entre a sociedade e a natureza (com sua diversidade e dinamismo) e na valorização pura e simples do relacionamento entre homem e natureza, não apenas motivada por seu valor e utilidade intrínsecos (Jackson et al., 1995; Cox, 1997; Navech, 1998; Higgs, 2003).

1.2 Modificações antrópicas

O ritmo crescente de alterações humanas na paisagem e o potencial das pessoas para reconstruir a natureza de modo a prover serviços e funções ecológicas exigem que as atividades antrópicas sejam reconsideradas de muitas maneiras que permitam torná-las mais compatíveis com a natureza. As ações antrópicas podem eliminar praias e dunas para construir instalações, alterar esses perfis por meio de usos consuptivos, remodelá-los ou reconstruí-los, modificar sua mobilidade ao alterar a cobertura superficial ou empregar dispositivos de estabilização, alterar suas reservas sedimentares ou alterar as condições de crescimento por meio de mudanças nos níveis de poluição ou na reserva de água (Quadro 1.1). Algumas perdas ambientais

Quadro 1.1   Formas como perfis e hábitats são alterados por ações antrópicas

Eliminação para usos alternativos
Construção de edifícios, vias de transporte, passeios públicos
Construção de superfícies alternativas
Mineração
Alteração por meio do uso
Pisoteamento
Utilização de veículos *off-road*
Pesca e cultivo
Pastejo
Extração de petróleo e gás
Instalação de dutos
Extração e reposição de água
Atividades militares
Remodelagem (nivelamento)
Acumular areia para aumentar os níveis de proteção contra enchentes
Remoção de areia que invade instalações
Criação de valas para o controle de inundações
Dragagem de canais para criar ou manter *inlets*
Ampliação de praias para acomodar turistas
Eliminação de obstáculos topográficos para facilitar acesso ou construção
Remoção de dunas para oferecer vista para o mar
Construção de paisagens mais naturais
Alteração da mobilidade de perfis de terreno
Construção de estruturas de proteção costeira e navegação
Construção de marinas e ancoradouros
Colocação de estruturas entre fontes de sedimentos e bacias deposicionais
Introdução de sedimentos mais ou menos resistentes nas praias ou dunas
Limpeza de sujeira na praia
Estabilização de perfis com cercas de contenção de areia, vegetação ou materiais resistentes
Remobilização de perfis com a remoção ou queima da vegetação
Alteração de condições externas
Represamento ou mineração em cursos d'água
Desvio ou canalização de águas pluviais
Introdução de poluentes
Intrusão de água salina

Quadros 1.1 Formas como perfis e hábitats são alterados por ações antrópicas (continuação)

Criação ou mudança de hábitats
Engordamento de praias e dunas
Recuperação de reservas sedimentares (*bypass, backpass*)
Enterramento de estruturas indesejadas ou inutilizadas
Criação de ambientes para atrair vida silvestre
Controle da vegetação por meio de roçada, pastejo ou queimada
Remoção ou limpeza de substrato poluído
Adição de espécies para aumento da diversidade
Introdução ou remoção de vegetação exótica
Introdução de animais domésticos ou selvagens

Extraído de Ranwell e Boar, 1986; Nordstrom, 2000; Doody, 2001; Brown e McLachlan, 2002; Brown et al., 2008).

são associadas a qualquer tipo de modificação, mesmo as mais benignas, mas poderão ser pequenas e temporárias. Perfis modificados pelo homem são geralmente menores do que os seus equivalentes naturais, com menos subambientes distintos, menor grau de inter-relação desses subambientes e, com frequência, uma diminuição progressiva na resiliência da costa a futuras perdas ambientais (Pethick, 2001). O desafio é aumentar o valor natural desses perfis por intermédio de ações humanas criativas.

As ações antrópicas nem sempre são negativas, especialmente se aplicadas com moderação e com consciência dos impactos ambientais. Os efeitos da agricultura podem variar de "desastrosos" a um efetivo novo valor ecológico (Heslenfeld et al., 2004). O pastejo contínuo pode destruir a cobertura vegetal e reassentar campos de dunas inteiros, mas um pastejo controlado pode recuperar ou manter a diversidade de espécies (Grootjans et al., 2004; Kooijman, 2004). Muitas sequências de sucessão vegetal, atualmente consideradas naturais, podem ter-se iniciado pela atividade humana quando examinadas com mais cuidado (Jackson et al., 1995; Doody, 2001). Muitas mudanças, tais como a conversão das dunas na Holanda em zonas de recarga de água potável, introduziram um novo ambiente natural, com a utilização de diferentes espécies e novas formas para se apreciar a natureza (Baeyens e Martinez, 2004). A proteção oferecida por praias e dunas alteradas pelo homem de modo a fornecer defesas contra enchentes permitiu a formação de ambientes naturais mais estáveis, que desenvolveram seus próprios interesses de conservação e podem até mesmo ser protegidos por regulamentos ambientais (Orford e Jennings, 1998; Doody, 1995). As mensagens são claras: os seres humanos são responsáveis pela natureza, e suas ações podem se tornar mais compatíveis com ela ao modificar práticas de modo a reter ao máximo as funções ecológicas e valores naturais quando da transformação de perfis para exploração econômica. Essas duas mensagens são cada vez mais aplicáveis em áreas naturais usadas como parques, bem como em áreas urbanizadas.

1.3 VALORES, BENS E SERVIÇOS DE PRAIAS E DUNAS

Praias e dunas possuem seu próprio valor intrínseco, mas também fornecem muitos bens e serviços que beneficiam direta e indiretamente o homem (Quadro 1.2). Nem todos os bens e serviços podem ser fornecidos em um mesmo segmento litorâneo, mesmo em sistemas naturais, mas a maioria pode ser acessível regionalmente, desde que haja espaço suficiente e variedade na exposição a processos costeiros e tipos de sedimentos. Talvez não seja possível usufruir de todos os bens e serviços, mesmo quando tal potencial exista. A mineração e diversas formas de atividade recreativa podem ser incompatíveis com o uso de praias para nichos de reprodução. Por outro lado, praias e dunas podem ter usos múltiplos, tais como proteger propriedades dos problemas costeiros e prover locais de reprodução, substratos habitáveis e áreas de refúgio para a vida silvestre, contanto que a utilização humana seja controlada por meio de regulamentos compatíveis.

Nem todos os usos que se aproveitam dos bens e serviços fornecidos por praias e dunas devem ser alvo de esforços práticos de recuperação. Faz pouco sentido restaurar minérios num perfil apenas para reminerá-los novamente. A oferta de novas fontes combustíveis para uma economia de subsistência pode ser resolvida de forma mais eficiente do que tentar favorecer a acumulação de madeira numa praia recuperada ou ainda o plantio de árvores numa duna. Nesses casos, os esforços de recuperação podem não exigir sustentar o uso humano, mas serem necessários para recriar micro-hábitats perdidos durante a exploração anterior. Os componentes de ecossistemas não devem ser vistos como metas intercambiáveis que podem ser usadas e recriadas de modo a adequar-se às necessidades humanas (Higgs, 2003; Throop e Purdom, 2006).

Quadro 1.2 Valores, bens e serviços fornecidos por perfis, hábitats ou espécies costeiras

Proteção de estruturas antrópicas (prover sedimento, barreira física ou vegetação resistente)
Prover subsistência para populações locais (alimento, combustível, material medicinal)
Valor de mercado para economias tradicionais e industriais (residências, *resorts*, minas)
Oferecer locais para recreação ativa
Oportunidades estéticas, psicológicas, terapêuticas
Filtragem de poluentes
Fonte de água no solo (em dunas)
Desnitrificação
Nicho ecológico para plantas adaptadas a condições extremas
Substrato habitável para invertebrados
Áreas de refúgio (por ex., invertebrados de praia; mamíferos nas dunas)
Áreas para ninhos ou incubação (por ex., tartarugas, caranguejos-ferradura e diversos tipos de peixes)
Alimento para consumidores primários (por ex., invertebrados de praia)
Alimento para níveis tróficos mais elevados (carnívoros e predadores)
Sequestro de carbono
Redução da concentração de gases do efeito estufa
Prover os benefícios sinergéticos de múltiplos tipos de hábitat (por ex., corredores)
Valor intrínseco

Modificado de Lubke e Avis, 1998; Arens et al., 2001; Peterson e Lipcius, 2003.

1.4 A necessidade de recuperar praias e dunas

A evolução costeira pode tomar diferentes rumos. O processo de urbanização não precisa caminhar unidirecionalmente rumo à remodelagem de praias de modo a transformá-las em plataformas de recreação planas e descaracterizadas (Fig. 1.1) ou à total eliminação de ambientes de dunas em favor de estruturas construídas. A tendência de transformação num produto construído pode ser revertida, mesmo em litorais intensamente urbanizados, caso implementem-se medidas administrativas para recuperar o funcionamento natural das praias e dunas, bem como redescobrir o patrimônio costeiro-ambiental (Nordstrom e Mauriello, 2001). Criar e manter ambientes naturais em áreas urbanizadas (Fig. 1.3) pode contribuir para familiarizar as pessoas com a natureza, conscientizar da importância de recuperá-la ou conservá-la, melhorar a imagem de um litoral urbanizado, influenciar ações de aprimoramento da paisagem por parte de vizinhos e aumentar a probabilidade de que as características naturais sejam um fator

Ocean City, Nova Jersey

Folly Beach, Carolina do Sul

Fig. 1.3 Efeito do engordamento de praia no restabelecimento de dunas em Ocean City, Nova Jersey, e Folly Beach, Carolina do Sul (EUA)

positivo na revenda de uma propriedade costeira (Norton, 2000; Savard et al., 2000; Conway e Nordstrom, 2003). O turismo baseado em valores ambientais pode acrescentar novos ciclos sazonais à região (Turkenli, 2005) e estender a duração da estação turística. A recuperação de hábitats naturais tem, portanto, grande valor em termos de utilização humana, além de seu valor natural.

As razões para recuperação podem ser classificadas de diferentes maneiras (Hobbs e Norton, 1996; Peterson e Lipcius, 2003) e incluem (1) melhorar o hábitat degradado por poluentes, distúrbios físicos ou espécies exóticas; (2) renovar os recursos exauridos por uso excessivo; (3) substituir perfis e hábitats perdidos por meio da erosão; (4) converter terrenos antropizados (por ex., fazendas) em reservas naturais; (5) compensar a perda de áreas naturais resultante da construção de novas instalações antrópicas; e (6) estabelecer uma nova paisagem ou recuperar patrimônios culturais ou ambientais perdidos. A recuperação pode ser conduzida virtualmente em qualquer escala e utilizada de diversas maneiras (Quadro 1.3).

QUADRO 1.3 MANEIRAS DE RECUPERAR PERFIS E HÁBITATS EM PRAIAS E DUNAS

Criação direta ou recriação de perfis e hábitats
Recuperar sistemas inteiros de barreira interior (O'Connell et al., 2005; Penland et al., 2005)
Recuperar praia em forma de saco em ambientes urbanos (Shipman, 2001)
Aumentar o tamanho de perfis de terrenos e hábitats para prover corredores ambientais, mosaicos de vegetação e zonas de crescimento e declínio
Reabilitar perfis de terrenos cujo substrato tenha sido removido para uso comercial (Lubke et al., 1996; Lubke e Avis, 1998; Gómez-Pina et al., 2002)
Reabilitar áreas de perfuração e corredores de dutos de canalização (Ritchie e Gimingham, 1989; Taylor e Frobel, 1990; Soulsby et al., 1997)
Criar hábitat para mitigar o efeito de empreendimentos de construção (Cheney et al., 1994)
Modificação de superfícies para acomodar espécies
Remodelagem direta para a intensificação das espécies (NPS, 2005)
Replantar superfícies danificadas pelas ações antrópicas (Baye, 1990; Gribbin, 1990)
Remover espécies exóticas das dunas (Choi e Pavlovic, 1998)
Remover árvores de áreas sem florestas (Lemauviel e Roze, 2000; Lemauviel et al., 2003)

Quadro 1.3 Maneiras de recuperar perfis e hábitats em praias e dunas
(continuação)

Modificação de superfícies para acomodar espécies
Roçar ou cortar a vegetação para aumentar a diversidade (Grootjans et al., 2004; Kooijman, 2004)
Recuperar a dinâmica natural em dunas superestabilizadas (van Boxel et al., 1997; Arens et al., 2004)
Mudança no uso do solo de modo a fornecer espaço para a natureza evoluir
Remover, romper ou relocar diques e dunas para expor mais terra à inundação periódica pelo mar (Nordstrom et al., 2007c)
Remover ou condenar estruturas ameaçadas (Rogers, 1993)
Remover ruas e estradas à beira-mar (Gómez-Pina et al., 2002)
Recuperar reservas sedimentares
Engordar praias (Valverde et al., 1999; Hamm et al., 2002; Hanson et al., 2002)
Reinstalar transferências sedimentares de encostas litorâneas para praias adjacentes (Nordstrom et al., 2007c)
Aumentar os índices de transporte sedimentar através de campos de quebra-mares (Donohoe et al., 2004)
Processos de recuperação fora da zona costeira
Restabelecer regimes hidráulicos e sedimentares em rios (Willis e Griggs, 2003)
Reduzir a poluição proveniente de águas pluviais e da atmosfera (Williams e Tudor, 2001)
Recuperar valores humanos com benefícios colaterais para perfis e hábitats naturais
Engordar praias para a proteção da costa e recreação (Nordstrom e Mauriello, 2001)
Construir dunas para a proteção da costa (Freestone e Nordstrom 2001)

A manutenção de perfis e hábitats naturais depende da adoção de diversas abordagens, como: (1) identificar hábitats naturais e alterados remanescentes; (2) estabelecer novas reservas naturais; (3) proteger reservas existentes contra danos periféricos; (4) tornar os usos antrópicos em outras áreas compatíveis com a necessidade de sustentabilidade; e (5) recuperar áreas degradadas, inclusive reintroduzindo processos dinâmicos naturais (Doody, 1995). As quatro primeiras medidas podem ser definidas como conservação, ao passo que a última pode ser definida como recuperação. Este livro aborda essa última medida em suas muitas formas e escalas, com especial ênfase em ações locais. Os termos conservação e recuperação são distintos como diretrizes políticas, porém os programas para cada uma delas conterão elementos da outra. A recuperação de um hábitat perdido fará dele um alvo para futuros esforços de conservação; a manutenção de um hábitat numa área de conservação sujeita à degradação por atividades humanas poderá exigir esforços periódicos de recuperação; e a evolução bem-sucedida de uma área recuperada poderá depender da existência de bancos de sementes numa área de conservação próxima. Muitos dos princípios de gestão apropriados para conservação ou recuperação poderão ser aplicados reciprocamente e talhados para o contexto específico. As metas de recuperação podem ser compatíveis com as metas de conservação na melhora do hábitat degradado. Por outro lado, as metas de recuperação podem contrabalançar metas de conservação, por exemplo, ao utilizarem a recuperação como forma de compensar ou mitigar a urbanização em áreas naturais, uma prática seriamente criticada em função da dificuldade de replicar ambientes perdidos (Zedler, 1991).

Muitos ambientes costeiros são protegidos por esforços de conservação, inclusive políticas nacionais e internacionais que regem o uso de recursos naturais e o estabelecimento de reservas naturais por parte de organizações governamentais e não governamentais (Doody, 2001). Exemplos de diretrizes políticas internacionais relevantes ao desenvolvimento de programas, tanto para a conservação como para a recuperação, são apresentados no Quadro 1. 4. Essas diretrizes podem ser aplicadas em quase todo âmbito espacial e político, com alterações semânticas mínimas. A necessidade de proteger vidas e assentamentos urbanos é provavelmente uma preocupação prioritária, porém muitas ações tomadas para proteger as pessoas podem ser compatíveis com diretrizes para preservar a dinâmica natural, fomentar desenvolvimento sustentável e proteger biótopos e paisagens (Quadro 1. 4), podendo ser acomodadas em projetos de proteção litorânea. Exemplos incluem (1) relocação de aterros para uma distância maior em terra ou permitir que aterros e dunas protetoras sofram erosão de modo a expor mais terra a inundações episódicas do mar, ao mesmo tempo que aumenta a integridade estrutural dos novos aterros; (2) reinstalar transferências sedimentares de encostas litorâneas para praias adjacentes; (3) aumentar o índice de transporte de sedimentos através de campos de quebra-mares; e (4) substituir a vegetação exótica por espécies nativas (Nordstrom et al., 2007c). Um dos empecilhos aos esforços de recuperação é o custo dos projetos. A exigência de que ocorra perda líquida zero de hábitat costeiro (Quadro 1.4) com a aplicação do princípio "usuário-pagador" pode tornar a recuperação viável, custeando as despesas com a utilização de fundos obtidos com a compensação de danos ambientais causados em outra área, tais como a construção de marinas (Nordstrom et al., 2007c).

1.5 Definições e abordagens de recuperação

Diferentes abordagens para a prática da recuperação dependem do equilíbrio almejado entre seres humanos e natureza ou das especialidades disciplinares das partes que conduzem a recuperação (Swart et al., 2001; Nordstrom, 2003). A palavra "recuperação" implica recuperação ecológica para muitos administradores e planejadores, mas também pode abranger o restabelecimento de valores humanos anteriores, inclusive culturais, históricos, tradicionais, artísticos, sociais, econômicos e vivenciais (Nuryanti 1996). Outros termos podem ser empregados como sinônimos ou substitutos para recuperação, como por exemplo, "desenvolvimento natural", "reabilitação", "regeneração", "restauração", "aprimoramento" e "conservação sustentável" (que implica a continuidade da participação humana). Termos utilizados em contexto de recuperação cultural podem ser semelhantes ou incluir ainda "renovação" e "reconstrução". Da mesma forma que o termo correlacionado "engenharia ecológica", muitos sinônimos podem ser usados para recuperação e muitas subdisciplinas podem afirmar praticá-la, com ênfases diferentes (Mitsch, 1998).

Há na literatura uma discussão em andamento acerca do termo apropriado para aquilo que os praticantes da recuperação fazem; o significado dos termos pode se tornar vago, sofrer mudanças no significado ou ainda cair em desuso (Halle, 2007). Parece haver pouca serventia em substituir o

Quadro 1.4 Diretrizes de política para administração costeira aplicáveis a ambientes de praia e dunas

Proteger vidas e assentamentos urbanos
Proteger a faixa costeira
Estabelecer uma faixa protetora de ambos os lados (em direção à terra e ao mar) ao longo da costa
Restringir atividades que modifiquem permanentemente a paisagem
Preservar a dinâmica costeira natural
Estabelecer zonas de não amortecimento, sem urbanização (*buffers*) para proteção da natureza e para servirem de segurança às áreas urbanizadas contra a elevação do nível do mar
Restringir, remover ou modificar estruturas de proteção fora de áreas povoadas, em favor de ambientes naturais
Restringir medidas de defesa onde falésias ativas forneçam sedimentos
Utilizar materiais naturais tais como pedra, areia, solo ou madeira em estruturas de defesa costeira
Considerar a relação mútua entre parâmetros fisiográficos, ecológicos e econômicos
Prevenir a fragmentação de hábitat
Criar e manter corredores ecológicos
Prover turismo e desenvolvimento sustentável e ambientalmente correto
Avaliar a capacidade de ocupação do ambiente
Orientar e gerenciar o turismo de acordo com metas de conservação
Estabelecer mais estrutura turística em locais onde tal estrutura já exista
Ampliar a consciência ambiental dos turistas
Ter perda zero de hábitat costeiro
Aplicar o princípio "usuário-pagador" para gerenciamento ambiental, monitoramento e proteção das margens
Tratar a linha costeira como domínio público
Proteger biótopos e paisagens terrestres e marítimas ameaçados ou em risco
Acrescentar medidas para a proteção de biótopos, dando preferência a áreas ameaçadas ou em risco
Proibir atividades que danifiquem biótopos ou aplicar medidas de mitigação ou compensação
Conduzir projetos de recuperação para biótopos
Impedir a introdução de espécies exóticas

Adaptado da Comissão de Helsinki (www.helcom.fi/Recommendations.html) e do Código de Conduta Europeu para Zonas Costeiras (Conselho da Europa, 1999), resumidas em Nordstrom et al. (2007c) termo recuperação por um termo alternativo, quando esse novo termo pode estar sujeito à reinterpretação, má interpretação ou mau uso. As variações associadas ao termo recuperação podem ser eliminadas ao identificar as metas e medidas tomadas: (1) recuperação da reserva sedimentar para fornecer um substrato para novos ambientes ou oferecer um amortecimento contra a erosão por ondas ou vento, de modo a permitir que ambientes terrestres evoluam para estados mais maduros; (2) recuperação de uma cobertura de vegetação numa praia recuada para que as dunas evoluam de modo a prover o hábitat, proteger contra enchentes ou criar uma imagem mais representativa de uma costa natural; ou (3) recuperação do processo de erosão e deposição, removendo estruturas de proteção costeira ou permitindo que elas se deteriorem. Esta última ação é um exemplo de uso do conceito de recuperação como forma positiva de promover uma alternativa que, essencialmente, é uma "não ação".

A recuperação ecológica é definida como uma atividade intencional que dá início ou acelera a recuperação de um ecossistema com respeito à sua saúde, integridade e sustentabilidade (Sociedade para Recuperação Ecológica, 2002). Os elementos dessa definição seriam apropriados para a recuperação estabelecer componentes não vivos de um ambiente degradado, mas não se exigia ater-se estritamente a princípios ecológicos. A meta da recuperação ecológica é entendida como um meio de imitar a estrutura, função, diversidade, dinâmica e sustentabilidade do ecossistema específico, mas a exigência de representar um ecossistema autossustentável que não dependa da ação humana teria de ser abrandada para sistemas que mantenham intensa utilização humana (Aronson et al., 1993). A fidelidade ecológica deve ser a base da recuperação, mas camadas sucessivas de contexto atrópico precisam ser adicionadas para produzir uma concepção expandida de boa recuperação ecológica nos locais onde a população constitua parte do sistema (Higgs, 1997).

As opções de gerenciamento que podem ser aplicadas para obter praias e dunas com um funcionamento mais natural devem basear-se em práticas que sejam exequíveis segundo avaliações de topografia, biota e percepção das partes envolvidas. As metas gerais de recuperação para áreas alteradas pela ação humana incluem (1) uso de gerenciamento ativo para fixar uma característica desejada; (2) restringir a atividade humana na área; ou (3) recuperar funções ecológicas em vez de restaurar condições originais com todas as antigas espécies presentes (Palmer et al., 1997; White e Walker, 1997). A primeira meta (focar em determinadas espécies ou paisagens) destina-se a criar rapidamente um determinado aspecto, ao passo que a segunda e a terceira metas destinam-se a levar a um sistema autossustentável, sem exigir esforços ou materiais adicionais por parte da administração ou apenas uma intervenção mínima (Jackson et al., 1995). A primeira meta (utilizar gerenciamento ativo) é particularmente apropriada para recuperar e manter estáveis ambientes de dunas recuadas em propriedades particulares, onde são viáveis ações intensivas em escala local. As outras duas metas são mais apropriadas em áreas administradas por uma entidade governamental, em que medidas como a suspensão da limpeza da praia com rastelo ou do uso de cercas simbólicas podem ser tomadas em áreas maiores a um custo unitário menor (Nordstrom, 2003). A restauração total pode ser inatingível onde um excesso de efeitos colaterais poderia entrar em conflito com os interesses de muitas partes envolvidas, mas um programa de recuperação gradativa pode ser vantajoso (Pethick, 2001).

Os métodos para uma recuperação são frequentemente colocados em três ou mais categorias baseadas no grau de interferência humana. Aronson et al. (1993) usam os termos recuperação, reabilitação e relocação para posicionar em ordem crescente o papel humano. Swart et al. (2001) utilizam três categorias denominadas natural, arcadiana e funcional. Em cada uma dessas categorias, as partes interessadas podem ter perspectivas alternativas quanto à maneira de apreciar e valorizar as paisagens, tais como ética, estética ou científica (van der Windt et al., 2007). As características básicas no método natural são os processos biológicos e físicos, tais como erosão, sedimentação, decomposição, migração e comportamento predatório, que operam num sistema autorregulador com pouca ou nenhuma influência humana. Esse método requer áreas relativamente grandes para a livre interação física e biótica (Swart et al., 2001). Embora a meta geral possa ser imitar aspectos como estrutura, função e diversidade, esses componentes podem não fazer parte do esforço de recuperação inicial, e a administração direta deveria ser restringida o máximo possível (Turnhout et al., 2004). Em litorais arenosos, o método natural pode ser usado para converter áreas cobertas por plantações de pinheiros em reservas naturais dinâmicas (van der Meulen e Salman, 1996). Esse método terá êxito se os interesses funcionais não competirem entre si e se não houver oposição, sendo necessários defensores irredutíveis ou métodos de implantação de cima para baixo, exigindo a propriedade política da terra, dos recursos e da autoridade se for implementada em áreas habitadas (Swart et al., 2001).

O método arcadiano envolve a manutenção de uma paisagem seminatural e extensamente utilizada, em que a influência humana é considerada um elemento positivo, capaz de valorizar a biodiversidade e criar uma paisagem harmoniosa. Esse método seria apropriado para converter uma praia nivelada e alisada, sem dunas, num sistema praia/duna capaz de funcionar mais naturalmente, favorecendo o turismo baseado na natureza em lugar de formas mais predatórias de turismo. A estética é importante nesse método.

O método funcional envolve adaptar a natureza à utilização corrente da paisagem, inclusive funções urbanas, na qual a natureza é muitas vezes caracterizada pelas espécies que se seguem à ocupação antrópica (Swart et al., 2001). O método funcional pode ser necessário em lugares com dunas em propriedades particulares e seu êxito pode exigir compatibilidade com as concepções locais de beleza paisagística, que podem se basear em padrões, linhas e cores, em vez da aparente desordem natural (Mitteager et al., 2006). A horticultura, em lugar da recuperação, talvez tenha de ser aceita como meio de fixar uma imagem desejada em ambientes espacialmente restritos (Simpson, 2005). As considerações econômicas são críticas nesse método.

O grau de rigor usado para recuperar perfis e hábitats e os critérios utilizados para avaliar o êxito do processo diferem conforme o método empregado. De forma ideal, os critérios pelos quais se pode julgar o sucesso de projetos de recuperação ecológica incluem: (1) sustentabilidade sem gerenciamento contínuo; (2) produtividade ou aumento na abundância ou biomassa; (3) recrutamento de novas espécies; (4) formação e retenção de solo e nutrientes; (5) interação biótica; e (6) maturidade em relação a sistemas naturais (Ewel, 1990). Alguns desses critérios (especialmente 1 e 6) podem ser inatingíveis em sistemas antropizados. Um desafio na estimativa do valor de recursos costeiros recuperados é determinar os critérios de mensuração que caracterizam a saúde e os serviços oferecidos pelo ecossistema e o grau de afastamento da condição natural, bem como o ritmo de recuperação natural das condições que teriam prevalecido na ausência de modificações humanas (Peterson et al., 2003). Um dos maiores problemas é não poder esperar que ambientes recuperados evoluam da mesma forma que fariam num sistema natural do passado, uma vez que as condições fora de suas fronteiras se modificaram a partir daquele estado em resposta à contínua interferência humana.

1.6 As complexidades de um estado-alvo vinculado ao tempo

As muitas mudanças que ocorrem na paisagem litorânea ao longo do tempo tornam difícil a escolha de um estado-alvo para a recuperação, especialmente onde a influência humana ocorreu em longo prazo, de forma indireta e não documentada. A reconstrução de praias e dunas no passado revela uma série de estados (Piotrowska, 1989), todos eles com características que seriam as favoritas de algumas das partes envolvidas. Há documentação da influência humana na Europa que remonta a um passado muito mais distante, de modo que os estados-alvos poderiam se basear em condições de muitos milênios atrás ou de uma época mais recente, como por exemplo, ligeiramente anterior à revolução industrial. Na região de Marche, na Itália central, muitas das barreiras arenosas que atualmente estão sendo erodidas e requerem esforços de proteção costeira, não são representativas das praias de areia e cascalho em forma de saco que se alternavam com falésias ativas até cerca de 2000 a.C. (Coltorti, 1997). As barreiras arenosas resultaram do transporte de sedimentos que se seguiu ao desflorestamento causado pela exploração humana de regiões remotas. Uma paisagem pré-romana seria diferente tanto de uma paisagem pré-revolução industrial, quando as praias ricas em sedimentos e dunas frontais permaneceram imunes à reconstrução antrópica na costa, como de uma paisagem moderna, quando as praias e dunas estão espacialmente restritas e em processo de erosão.

Estudos recentes das Américas indicam o problema de utilizar paisagens pré-colombianas como estado-alvo para ambientes naturais, dadas as novas evidências de muitas alterações feitas pelos povos indígenas nativos (Denevan, 1992; Higgs, 2006). Especificações de que a recuperação deva se assemelhar a um estado original, pré-perturbações, podem se tornar um exercício de história ou ciência social. Mesmo se fosse possível especificar um estado inicial para a região, raramente é possível determinar qual teria sido a aparência de uma paisagem ou ecossistema, como ela funcionava ou qual teria sido a lista completa de espécies presentes (Aronson et al., 1993). Dados históricos proporcionam informações úteis quanto a esses fatores, mas estados passados podem não oferecer metas de recuperação adequadas para um ambiente dinâmico contemporâneo sujeito a nova sequência de processos (Falk, 1990; Hobbs e Norton, 1996).

Populações, comunidades ou ecossistemas visados como alvos da recuperação podem atualmente se encontrar em estados alternativos, e as metas de recuperação são preconcebidas em razão das diretrizes históricas que mudaram (Peterson e Lipcius, 2003). As metas de recuperação talvez precisem incluir regimes mais recentes, além das referências anteriores, em razão das mudanças nas condições ambientais e socioeconômicas (Jentsch, 2007). A grande variabilidade de tamanho, localização e capa superficial de praias e dunas, bem como seu inerente dinamismo capaz de fazer com que muitos desses perfis sofram ciclos completos de destruição e reconstrução ao longo de décadas, implicam que a adesão a um estado específico pré-perturbações talvez seja menos importante que a oportunidade de obter-se estados transitórios ao longo da existência do ambiente recuperado e que o tamanho de cada ambiente transitório não precisa ser grande.

1.7 Tipos de projetos de recuperação

Perfis e hábitats podem ser recuperados de muitas maneiras e em muitas escalas, em projetos destinados especialmente para os ambientes-alvo ou em projetos que tenham outros objetivos, nos quais os ambientes recuperados constituem apenas resultados colaterais (Quadro 1.3). Os projetos de recuperação podem ser conduzidos em situação em que um ambiente perdido tenha tanto valor que a sua replicação seja considerada custo-efetiva ou tenha tão pouco valor residual que os esforços de melhorar ou proteger os usos presentes sejam interrompidos (Nordstrom et al., 2007c). Muitos esforços de recuperação são tentativas de superar as ações mais danosas identificadas no Quadro 1.1, mas algumas ações citadas nesse quadro podem ser usadas também para produzir as modificações necessárias para recuperar algum aspecto da natureza.

Geralmente a criação direta de perfis e hábitats (Quadro 1.3) envolve a reconstrução de um perfil para um formato específico projetado, seguido do plantio de uma vegetação-alvo para alcançar determinada meta rapidamente ou do plantido de vegetação pioneira onde haja tempo e espaço disponíveis para permitir que mais hábitats maduros evoluam naturalmente. A modificação da superfície de perfis existentes para acomodar espécies requer o plantio ou remoção de vegetação. Tais ações podem afetar vastas áreas e têm grande impacto no entorno, a um custo relativamente baixo.

A mudança de uso do solo para abrir espaço ao desenvolvimento da natureza (Quadro 1.3) pode resultar em ambientes naturais que funcionam plenamente, especialmente quando estruturas artificiais que restringem os processos naturais são removidas. Contudo, a compensação econômica pela perda dos usos anteriores pode ter um custo elevado, e os usuários anteriores talvez relutem em abrir mão do controle, independentemente da compensação. A recuperação de reservas sedimentares pode ser uma alternativa mais palatável à mudança de utilização do solo, porque permite que ambientes naturais se formem a partir das estruturas existentes na direção do mar (Fig. 1.3). Os novos ambientes serão espacialmente restritos, a menos que se exceda a velocidade anterior de influxo de sedimentos, permitindo a ocorrência de acreção. A recuperação de reservas sedimentares pode ser o método mais compatível ambientalmente de fixar entornos em praias que sofrem processo de erosão, dependendo do ritmo de influxo de sedimentos e do grau em que tais sedimentos se assemelhem aos materiais originais. A manutenção dos índices naturais de transporte de sedimentos pode ser onerosa, devido ao custo de manutenção de sistemas de transferência permanentes e da dificuldade de encontrar materiais de transferência adequados, que não se encontrem em áreas ambientalmente sensíveis.

As medidas de recuperação fora da costa (Quadro 1.3) podem ter efeitos colaterais inesperados sobre praias e dunas. O restabelecimento de regimes hidráulicos em rios por meio da remoção de represas pode aumentar o afluxo de sedimentos para o litoral. A redução do nível de poluentes na água pluvial ou na atmosfera pode favorecer o retorno da vegetação aos índices de crescimento anteriores. As medidas tomadas para recuperar valores humanos podem apresentar significativos benefícios colaterais. O engordamento de praias para a proteção costeira ou recreação oferece espaço para a formação de características naturais, enquanto a construção de dunas para proteção costeira fornece substrato para a vegetação natural colonizar. A barreira contra *spray* marinho, invasão por areia e enchentes oferecida por uma duna frontal, construída para proteger a infraestrutura antrópica, permite a sobrevivência de dunas recuadas com grande diversidade de espécies, mesmo em dunas espacialmente restritas em áreas intensamente urbanizadas (Nordstrom et al., 2002).

Benefícios inesperados podem ser obtidos, independentemente dos fundamentos que levam muitos projetos a tornarem-se recuperações *de fato*. Ao tornar as metas de cada projeto mais amplas, mediante a identificação desses benefícios, é possível atrair o interesse e o apoio de um número maior de partes interessadas. Podem-se apresentar bons argumentos para defender projetos que visam recuperar funções de todo um ecossistema em vez de espécies específicas ou um conjunto de espécies, ou, ainda, que realizem um tratamento cosmético superficial na paisagem (Choi, 2007). Contudo, em sistemas urbanos, é desejável qualquer mudança rumo a um funcionamento mais natural do sistema costeiro que seja compatível com a atividade humana.

1.8 Escopo do livro

O foco deste livro são as costas intensamente urbanizadas, onde a restauração a um estado anterior intocado não é mais viável e os métodos arcadiano e funcional (Swart et al., 2001) são os mais aplicáveis. A premissa do trabalho considera uma medida como adequada quando se trata de qualquer tentativa de restabelecer de um sistema natural ou componente do sistema a um estado mais natural ou de desenvolver uma ética ambiental nas partes interessadas, a menos que essa tentativa seja acompanhada de mais efeitos colaterais prejudiciais. Talvez seja necessário negociar termos consensuais para possibilitar a reinstauração de ambientes naturais, em face de pressões econômicas, restrições espaciais ou desejos conflitantes de grupo de interesses. Nesse caso, a concessão refere-se à necessidade de aceitar menos do que estados ideais para ambientes recuperados ou à necessidade de conduzir esforços constantes para mantê-los, e não à necessidade de alterar perfis naturais existentes no interesse de acomodar o uso antrópico.

Apesar da presença humana sempre crescente, os recursos litorâneos podem ser recuperados ou mantidos se o engordamento de praias desempenhar um papel cada vez maior (de Ruig, 1996; Nordstrom e Mauriello, 2001). O engordamento de praias pode ser um assunto controverso em virtude de seu custo, tempo de residência finito e efeitos potencialmente prejudiciais sobre a biota (Pilkey, 1992; Nelson, 1993; Lindeman e Snyder, 1999; Greene, 2002), mas os projetos de engordamento continuam a aumentar em número e objetivo, exigindo uma atenção cada vez maior para o seu potencial de recursos (Nordstrom, 2005). Os tipos de projeto de engordamento praticados atualmente são identificados no Cap. 2, com a avaliação de suas vantagens e desvantagens, as medidas mitigadoras e compensatórias usadas para superar suas restrições e as práticas alternativas que podem tornar o engordamento mais compatível com metas de recuperação mais amplas.

As práticas e os impactos da construção de dunas são identificados no Cap. 3, com estudos de casos de locais onde praias e dunas foram modificadas estabelecendo funções de uso antrópico limitadas evoluíram para hábitats com maior potencial de recursos do que previstos nos projetos originais. Os hábitats resultantes fornecem evidência de que os princípios discutidos nos capítulos subsequentes apresentam resultados atingíveis.

Grande parte do problema de gerenciar praias e dunas como sistemas naturais em áreas urbanizadas é que um sistema costeiro natural e saudável tende a ser dinâmico, porém o homem deseja um sistema estabilizado, de modo que seja seguro, mantenha os direitos de propriedade ou simplifique seu gerenciamento (Nordstrom 2003). Os administradores estão começando a reavaliar os custos de estabilização das costas e estudam formas de tornar perfis costeiros estabilizados mais móveis, de modo a possibilitar transferências de areia de áreas que funcionam como fontes de sedimento, para áreas próximas que sofrem erosão, reiniciar a sucessão biológica para aumentar a diversidade de espécies ou recuperar uma condição mais natural a uma região urbanizada (Nordstrom et al., 2007c). O Cap. 4 discute as perdas e ganhos envolvidos na restrição ou acomodação da dinâmica em perfis litorâneos e identifica as medidas que podem ser tomadas para recuperar parte da dinâmica natural, expandindo algumas das ações identificadas no Quadro 1.3.

Torna-se cada vez mais difícil manter as dimensões dos gradientes transversais de topografia e vegetação naturais à medida que as linhas costeiras retrocedem a as pessoas estabelecem instalações permanentes em sua costa. Os tipos de gradientes ambientais transversais encontrados sob condições alteradas pelo homem são identificados no Cap. 5, com a discussão quanto às trocas envolvidas ao interromper, comprimir, expandir ou fragmentar esses gradientes.

Um programa de recuperação de praias e dunas deve incluir um estado-alvo, indicadores ambientais, condições de referência para avaliar o êxito, diretrizes realistas para a construção e manutenção e métodos para obter a aceitação e participação dos grupos envolvidos. O Cap. 6 mostra como esses componentes podem ser utilizados, com exemplos de ações que podem ser realizadas pelos administradores municipais e proprietários particulares.

As características de perfis antropizados muitas vezes refletem diferenças (1) na percepção de seu valor para a utilização humana; (2) no grau de atividades controladas pelas entidades governamentais; (3) na abrangência das ações permitidas para os processos naturais (Nordstrom e Arens, 1998). Ambientes recuperados começarão a evoluir sob a influência de processos físicos naturais, mas sua evolução também será igualmente influenciada pelas ações humanas iniciais e subsequentes (Burke e Mitchell, 2007) e seus valores mudarão em razão da mudança das percepções e necessidades humanas. A avaliação de paisagens recuperadas deve levar em consideração os processos naturais e antrópicos e os perfis de terreno como sistemas integrados em coevolução (Nordstrom e Mitchell, 2001), exigindo uma integração das necessidades dos grupos de interesse, em conjunto com as restrições físicas dos processos costeiros. O Cap. 7 identifica as diferentes preferências dos grupos de interesse e algumas das concessões necessárias para a solução dessas diferenças, focando as abordagens por parte dos administradores municipais, responsáveis pelo desenvolvimento, proprietários de terrenos e cientistas. O livro conclui com a identificação das necessidades de pesquisa, no Cap. 8.

2
Engordamento de praias e impactos

2.1 O POTENCIAL PARA RECUPERAÇÃO

Muitos valores naturais e relações homem-natureza perdidos no processo de transformação de costas naturais em costas urbanizadas podem ser recuperados por meio do engordamento de praias com sedimentos compatíveis para permitir que o processo natural restabeleça perfis e biota (Fig. 2.1). O engordamento de praias (também denominado preenchimento ou aterro) tem impactos tanto positivos como negativos (Quadro 2.1). Os benefícios a sistemas naturais não são resultados automáticos das operações de engordamento, pois praias engordadas podem ser construídas com altura ou largura excessiva, impedindo que os processos naturais gerados pelas ondas e pelo espraiamento retrabalhem a pós-praia, ou podem ser feitas planas demais, de modo a permitir recreação, eliminando

Fig. 2.1 A praia engordada na ilha de Pallestrina, em Veneto, Itália, em 2003. Não existia praia nenhuma em direção ao mar antes do aterro em 2001. As árvores de *Tamaris gallica* foram plantadas de modo a formar um quebra-ventos, mas a praia recuada está evoluindo naturalmente

QUADRO 2.1 IMPACTOS POSITIVOS E NEGATIVOS DE PROJETOS TRADICIONAIS DE ENGORDAMENTO DE PRAIAS

Impactos positivos
Cria praia e dunas onde não existiam
Restabelece condições para retorno de transporte eólico natural
Protege o hábitat de dunas estáveis da erosão das ondas
Fornece hábitat para espécies raras ou em extinção
Fornece mais espaço para que gradientes ambientais plenos se formem e evoluam
Protege as instalações antrópicas
Enterra o substrato de praia menos apropriado ou estruturas artificiais incompatíveis
Melhora a reputação dos balneários
Revigora as economias locais
Compensa os efeitos da elevação do nível do mar
Impactos negativos
Aumenta a turbidez e a sedimentação
Modifica as características morfológicas e dos sedimentos superficiais das áreas de ocupação
Altera as características granulométricas, a morfologia e o estado dinâmico das praias
Aumenta os níveis de salinidade em sedimentos em virtude da colocação de aterros hidráulicos
Remove áreas de alimentação e desova
Soterra hábitats
Altera a abundância, biomassa, riqueza, tamanho médio e composição das espécies
Altera as características dos corredores migratórios
Desloca espécies móveis
Perturba espécies que utilizam ninhos e forragem para reprodução e criação
Promove o aparecimento de espécies indesejáveis que encontram um novo hábitat mais conveniente
Modifica as trajetórias evolucionárias

assim a oportunidade de evolução de perfis com funcionamento natural (Fig. 1.1). Sedimentos alóctones podem alterar a morfologia, a composição química e a tendência evolutiva da praia. Se dunas são incluídas nesses projetos, frequentemente são construídas como diques lineares por equipamentos de terraplanagem, e não por processos eólicos (Fig. 1.2). O engordamento de praias é muitas vezes chamado de recuperação, mas não se obtém uma praia recuperada simplesmente colocando um certo volume de sedimento na costa (Nordstrom, 2000).

A considerável proteção costeira e os valores recreacionais de praias engordadas estão bem documentados (Dean, 2002; Gómez-Pina et al., 2004; Reid et al., 2005). Este livro enfoca a maneira como as práticas gerenciais existentes podem ser avaliadas e modificadas para atingir as metas de recuperação. Não há nenhuma tentativa de fornecer diretrizes para práticas tradicionais: avaliar a longevidade do aterro, discutir as vantagens e desvantagens sociais e econômicas ou avaliar a viabilidade em longo prazo de projetos de engordamento de praias. O foco primordial é a avaliação do potencial do engordamento de praias para oferecer espaço para a formação de hábitats em locais onde a urbanização invadiu os sistemas naturais. Reconheço que mais atenção deveria ser dada à viabilidade de alternativas de engordamento, tais como controles de uso do solo, remoção de construções e políticas de recuo (Greene, 2002) para deixar espaço para a formação de hábitats e impedir as perdas causadas pela remoção de sedimentos de áreas fonte com seu correspondente depósito em áreas de aterro. Minha ênfase no engordamento de praias se deve à grande probabilidade de esta opção ser exercida e à dificuldade de implementar alternativas para atingir as metas de recuperação.

A análise do valor do engordamento de praias e os critérios para projetos de proteção costeira podem ser encontrados em Houston (1996), Trembanis e Pilkey (1998), Capobianco et al. (2002), Dean (2002), Finkl (2002), Hamm et al. (2002), Hanson et al. (2002) e Campbell e Benedect (2007). Estudos recentes de efeitos socioeconômicos e viabilidade em longo prazo incluem Thieler et al. (2002), Klein et al. (2004) e Ariza et al. (2008). Há mais informação disponível acerca dos efeitos ambientais negativos do engordamento do que sobre efeitos positivos. Em vista disso, grande parte deste livro examina meios de ampliar os efeitos positivos. As operações de construção de dunas são identificadas no Cap. 3. As formas pelas quais praias engordadas podem ser geridas para apresentar maiores valores ambientais são examinadas nos capítulos subsequentes.

2.2 Considerações gerais de projeto

Praias engordadas são projetadas para terem uma largura, tipo de perfil e volume de aterro calculados de modo a proporcionar a proteção necessária, assim como um excesso de volume de aterro que leve em conta o ajuste do perfil e a perda de praia entre os projetos de engordamento. A perda de praia possivelmente se deve ao ritmo de erosão do terreno original, acelerado em virtude da utilização de sedimento mobilizado e transportado com mais facilidade que o sedimento original, ou ainda pela propagação de perdas, à medida que o avanço de aterro na praia é suavizado. A maneira mais comum de transportar sedimentos é por meio hidráulico, através de tubulação. Muitas vezes são empregados caminhões para operações de pequena escala, por exemplo, aterros menores que 200.000 m^3 (Muñoz--Perez et al., 2001). Essas operações podem evitar os custos elevados de mobilização envolvidos no uso de dragas, mas interferem no tráfego e danificam rodovias, assim como o sedimento resultante pode estar menos compactado ao ser depositado na praia (Dean, 2002).

Operações em larga escala utilizam frequentemente sedimentos de fontes distantes do litoral. Dean (2002) estima que 95% de todos os volumes de areia utilizados em projetos de engordamento de praias são oriundos de dragagens marítimas porque grandes quantidades de areia adequada são frequentemente encontradas a uma distância da costa de 1 a 20 quilômetros, com custos de transporte relativamente baixos. O sedimento geralmente é obtido por (1) dragagem por meio de duto, utilizando bomba de sucção, com um cano aberto na extremidade, junto com um jato de agitação ou uma fresa com lâminas rotatórias para destorroar os sedimentos; ou (2) uma draga móvel, geralmente acoplada a um navio, capaz de armazenar a areia e transportá-la para um local próximo ao aterro, descarregando-a depois pelo fundo do casco através de um duto atrelado, ou via área, por meio de um jato de água e areia (Dean, 2002).

Áreas de escavação para operações de transporte com caminhões incluem praias próximas, dunas, leitos de rios e pedreiras, inclusive depósitos sedimentares naturais e rocha britada. Fontes de preenchimento podem mudar ao longo do tempo por se esgotarem ou devido a mudanças nos valores ambientais, na tecnologia ou na disponibilidade de fontes oportunas, como resíduos de dragagens.

O material depositado geralmente é retrabalhado por máquinas de terraplanagem para o perfil projetado. Podem ocorrer grandes diferenças na forma, localização e granulometria dos perfis devido aos diversos métodos usados. A abordagem tradicional cria uma berma plana, pois é fácil construí-la com equipamentos de terraplanagem, e o cálculo de volumes para pagamento do empreiteiro é fácil. Cria uma larga plataforma de recreação que faz com que o investimento econômico pareça compensador. A praia pode ser construída mais elevada do que a praia natural, para oferecer maior proteção contra o ataque das ondas e alagamentos e fornecer um volume adicional de sedimentos para uma determinada distância transversal. Uma praia mais elevada também pode ser considerada esteticamente agradável para turistas (Blott e Pye, 2004). A restrição do espraiamento da onda na maré alta, no topo do aterro, causa retrabalho pelas ondas e geralmente resulta em uma escarpa praial vertical visível (Fig. 2.2) que pode permanecer, a menos que seja eliminada mecanicamente ou por ataques de ondas de ressaca.

A utilização do engordamento subaquático, incluindo o engordamento da antepraia (van Duin et al., 2004; Van Leeuwen et al., 2007) tem crescido. Essas operações podem ter um custo menor do que o engordamento subaéreo, porém seriam necessários mais sedimentos para alcançar o mesmo volume na praia superior (Mulder et al., 1994). O engordamento subaquático oferece poucas oportunidades para que administradores locais utilizem os recursos sedimentares, mas desacelera a taxa de recuo das praias e pode ser mais importantes para a manutenção de praias recuperadas e hábitats de dunas em longo prazo.

Alguns locais de engordamento podem ser especificamente designados como praias de alimentação, com o apoio do transporte por deriva

Fig. 2.2 Escarpa praial em praia engordada em Slaughter Beach (Delaware) mostra a separação da antepraia ativa da pós-praia inativa, onde areias mais finas são removidas da superfície pela ação eólica, deixando uma camada residual de cascalho

litorânea, para fornecer sedimentos aos locais a jusante de uma maneira mais natural. Transferências por deriva litorânea também podem ser feitas em projetos de *bypass* ou *backpass*. *Bypass* é uma maneira de transferir sedimentos de modo a contornar obstruções às transferências por deriva litorânea, como em *inlets* onde a dragagem de manutenção ou molhes removem sedimentos do sistema (Clausner et al., 1991; McLouth, 1994; Dean, 2002). Essas operações podem ser realizadas com materiais a montante da praia ou com o material de uma fonte alternativa (Lin et al., 1996). Fontes alternativas podem incluir a dragagem de canais de navegação ou jazidas de areia emersas (O'Brien et al., 1999), e as características do sedimento podem ser drasticamente diferentes dos sedimentos do sistema de transferência por deriva litorânea. A utilização de sedimentos existentes no sistema garante a compatibilidade e evita o problema da dragagem de áreas de empréstimo mais estáveis.

Backpass é uma forma de transferência de sedimentos de áreas de acreção a jusante, de volta a montante, geralmente em pequenas quantidades e com equipamentos disponíveis localmente (Mauriello, 1991). *Backpass* em maior escala pode ocorrer quando os sedimentos movidos por processos naturais de sumidouros de sedimentos para o mar são devolvidos à praia ou onde os sedimentos depositados em *inlets* ou no final de deposição em cúspides é devolvido às praias a montante (Cialone e Stäuble, 1998; Doody, 2001). As operações de *bypass* e *backpass* devem aumentar quando as áreas de empréstimo adequadas se esgotam (Arthurton, 1998; Nordstrom, 2000).

2.3 Características sedimentares

O custo de obtenção, transporte e colocação de material de aterro nas praias, muitas vezes leva ao uso de materiais que diferem dos sedimentos originais na granulometria, distribuição granulométrica, resistência ao cisalhamento, retenção de umidade, formato de grãos, compactação e composição química. Sedimentos na antepraia ativa são rapidamente retrabalhados e bem segregados por tamanho, formato e densidade, tornando-se mais parecidos com os sedimentos originais. Os sedimentos no interior da área de aterro na pós-praia inativa manterão as características originais de quando foram colocadas. Os sedimentos na superfície da pós-praia sujeitos à erosão eólica são mais bem distribuídos e normalmente desenvolvem um depósito aparente de conchas ou cascalho residual (Fig. 2.2).

Tradicionalmente procuram-se sedimentos de aterro um pouco mais grossos do que o material original para aumentar a longevidade da praia engordada, embora a consideração da biota pediria o uso de um material o mais próximo possível do original. Ocasionalmente, as características dos sedimentos das áreas de empréstimo e de aterro podem ser semelhantes, mas as limitações econômicas e geográficas raramente permitem que isso ocorra. Praias de cascalho podem ser engordadas com areia, pois esta é facilmente extraída e transportada por tubulações. Em locais onde o cascalho está disponível e é mais barato do que a areia, ele pode ser usado para engordar as praias arenosas.

O cascalho (também chamado de seixo ou sedimento clástico grosso) foi aplicado em costas que perderam suas praias (Nordstrom et al., 2004; Cammelli et al., 2006), em praias arenosas (Nordstrom et al., 2008) e em praias de cascalho (Shipman, 2001), onde podem variar consideravelmente dos cascalhos originais (Colantoni et al., 2004). O aterro pode ser com cascalho puro ou uma mistura de areia e cascalho (Horn e Walton, 2007). As praias de cascalho são mais estáveis do que as praias de areia em virtude das partículas maiores e menos suscetíveis ao arrasto, e superfícies ásperas, que dissipam a energia das ondas (Carter e Orford, 1984). O maior espaço entre as partículas aumenta a percolação da água, o que leva a uma maior capacidade de transporte no espraiamento da onda do que no refluxo da onda, aumentando a deposição na praia superior (Everts et al., 2002; Austin e Masselink, 2006). Essa deposição cria antepraias maiores e mais íngremes em praias de cascalho e uma microtopografia mais conspícua, incluindo bermas e cúspides. O espraiamento da onda é relativamente raso, e pequenas mudanças no volume de água em virtude da infiltração diminuem muito a energia disponível para o transporte de sedimentos. Como resultado, as praias de cascalho podem dissipar mais de 90% de toda a energia das ondas (Ibrahim et al., 2006). O espraiamento (especialmente durante as tempestades) aumenta a elevação da crista da berma (Lorang, 2002) e o talude íngreme da antepraia acima do nível médio do mar oferece proteção contra espraiamentos de tempestades futuras. O cascalho grosso (pedras, matacões) tem menos probabilidade de se mover do que areia ou pedriscos, aumentando a estabilidade da posição da linha da costa e a retenção dos materiais de aterro (Everts et al., 2002; US Army Corps of Engineers, Seattle, 2002; Komar et al., 2003). O interesse pelo engordamento de praias com cascalho como alternativa à areia está aumentando devido à sua estabilidade (Johnson e Bauer, 1987; Komar et al., 2003), mas os usuários de praias normalmente preferem a areia (Morgan, 1999). Projetos de engordamento com cascalho são geralmente conduzidos em pequena escala, a fim de equiparar-se às pequenas praias de cascalho naturais. As áreas de empréstimos de cascalho podem ser mais limitadas em tamanho do que as áreas de empréstimos de areia, o que gera dúvidas quanto à disponibilidade em algumas regiões em longo prazo (Arthurton, 1998).

2.4 Possíveis impactos negativos de operações de engordamento

Muitos estudos publicados examinam as relações entre a biota e os sedimentos e as exigências ambientais de organismos que vivem na praia (Díaz, 1980; McArdle e McLachlan, 1992; Defeo e McLachlan, 2005) ou usam-na como fonte de alimento (Burger et al., 1977; Connors et al., 1981). Esses estudos são geralmente utilizados para avaliar os possíveis efeitos dos projetos de engordamento, embora não sejam incluídos em um contexto de engordamento. Alguns desses estudos foram realizados para avaliar os impactos de projetos de engordamento de praias ou como contribuições para pesquisas básicas (Wilber et al., 2003). Os artigos destacados de seus contextos aplicados não são tão importantes na determinação de efeitos negativos como os artigos que avaliam diretamente os projetos de engordamento.

Os estudos de impactos ambientais são frequentes e conduzidos continuamente (Drucker et al., 2004). Houve um aumento no número de artigos publicados que examinam diretamente projetos de dragagem (Kenny e Rees, 1994; Gibson e Looney, 1994; Gibson et al., 1997; Peterson et al., 2000), havendo bons exemplos de estudos sobre tartarugas marinhas (Crain et al., 1995; Steinitz et al., 1998; Rumbold et al., 2001). Resenhas de projetos de engordamento que incluem os impactos biológicos encontram-se em Rakocinski et al., (1996), Peterson et al., (2000), Jones e Mangun (2001), Posey e Alphin (2002), e Speybroek et al., (2006). Protocolos detalhados de acompanhamento físico e biológico foram desenvolvidos para operações de dragagem marítima em Minerals Management Service (2001). Apesar do aumento de literatura disponível e de maior interesse em abordar os efeitos adversos do engordamento, alguns projetos ainda são realizadas sem estudos prévios para antecipar os impactos ambientais ou responder a perguntas levantadas em estudos preliminares (Pezzuto et al., 2006).

Métodos de avaliação dos impactos potenciais em áreas de empréstimo são analisados em uma edição temática do *Journal of Coastal Research* (Drucker et al., 2004). Exemplos de normas de amostragem encontram-se na Minerals Management Service (2001) e Nairn et al., (2006). Amostragem e métodos analíticos para áreas de empréstimo e de aterro estão resumidos em Nelson (1993), enquanto orientações para os aspectos físicos e biológicos do engordamento de praias são apresentadas por Stäuble e Nelson (1985). Os impactos potenciais de projetos de dragagem e aterro variam de acordo com diversos fatores, inclusive o momento das atividades, métodos utilizados, o projeto da praia, a compatibilidade entre sedimentos e as medidas de mitigação utilizadas (US Fish and Wildlife Service, 2002).

2.4.1 Perda de hábitat e deslocamento das espécies móveis em áreas de empréstimo marítimas

A dragagem de áreas de empréstimo pode ter efeitos deletérios sobre conjuntos de infauna residente que podem, por sua vez, afetar adversamente peixes comercial e ecologicamente importantes que utilizam essas áreas como corredores migratórios ou fontes de alimento (US Army Corps of Engineers, 2001; Drucker et al., 2004). A dragagem de áreas de empréstimos pode reduzir a abundância, biomassa, variedade de táxons, tamanho médio da espécie dominante e a composição de espécies e biomassas (US Army Corps of Engineers, 2001). Muitas espécies da infauna são oportunistas e adaptam-se aos distúrbios naturais, por isso comunidades bentônicas de sedimentos moles podem se recuperar de distúrbios provocados por dragagem com relativa rapidez se não houver grandes alterações no substrato subjacente (Posey e Alphin, 2002). A abundância de algumas espécies bentônicas pode ser restabelecida em um ano, a recuperação da biomassa e riqueza de táxons pode ocorrer em um ano ou um pouco mais, e as mudanças na composição da biomassa podem demorar ainda mais

(US Army Corps of Engineers, 2001). Algumas espécies podem depender do preparo do ambiente por colonizadores iniciais antes de demonstrar recuperação total (Kenny e Rees, 1996).

A dragagem de áreas de empréstimo cria depressões batimétricas (cavas). As características das cavas de empréstimo e os métodos para determinar a sua localização e sua exploração são apresentados por Dean (2002). Os planos típicos para locais de empréstimo têm área de 1 a 10 km², com profundidades de escavação entre 2 e 10 m (Dean, 2002). Futuras áreas de empréstimos podem ser procuradas em águas mais profundas com o aumento das preocupações ambientais em relação a hábitats em águas mais rasas. Dragagem em profundidades de até 40 m, e mesmo em profundidades de 80 m, foram sugeridas para evitar o distúrbio da grama marinha *Posidonia* (van der Salm e Unal, 2003).

Cavas de empréstimos relativamente rasas e que podem ser rapidamente preenchidas parecem permitir uma rápida recuperação da diversidade e abundância da infauna, mas a recuperação da estrutura funcional dos conjuntos pode levar muito mais tempo (US Army Corps of Engineers, 2001). Cavas de empréstimo duradouras e profundas podem tornar-se áreas de deposição de sedimentos finos, que atraem uma comunidade biológica diferente daquela encontrada no pré-substrato dragado ou em áreas vizinhas não afetadas. A circulação de água pode ser limitada nessas cavas profundas, resultando em qualidade de água inferior (condições hipóxicas ou anóxicas) e uma comunidade depauperada (US Army Corps of Engineers, 2001).

A recuperação da infauna deve ser rápida onde as áreas de empréstimo estão em picos batimétricos no fundo do mar e estão em áreas de correntes e movimentos fortes de areia, fazendo com que as cavas sejam rapidamente preenchidas (US Army Corps of Engineers, 2001). A utilização desses picos como áreas de empréstimo para operações de engordamento pode ser preferida por outros motivos, pois picos dinâmicos podem produzir areia de alta qualidade, adequada para praias. O lado negativo é que as características de crista e vale formam hábitats únicos e, muitas vezes, há áreas de pesca de alta qualidade que requerem mais estudos antes de serem amplamente exploradas em longo prazo (Drucker et al., 2004).

2.4.2 Perturbação por enterramento e turbidez

Os efeitos do enterramento e turbidez não se limitam apenas à proximidade imediata das áreas de empréstimo e aterro, e podem ocorrer a quilômetros de distância (Newell et al., 2004; Pezzuto et al., 2006). Em grande parte, a perda temporária das comunidades de infauna pelo enterramento por areia durante o engordamento é esperada e considerada inevitável. A questão mais importante é muitas vezes a taxa de recuperação após a conclusão do projeto (National Research Council, 1995). Os organismos de solos arenosos apresentam um elevado grau de plasticidade (Brown, 1996; Soares et al., 1999; Jaramillo et al., 2002). Comunidades entremarés estão adaptadas às perturbações de sedimentos em larga escala, que ocorrem durante grandes tempestades, e as operações de aterro parecem ter pouco efeito adverso nas áreas engordadas onde as características de granulometria dos sedimentos para engordamento são bem semelhantes às características naturais (Nelson, 1993; National Research Council, 1995). Os efeitos da perturbação do substrato nos organismos de submarés, ambientados em condições mais estáveis são desconhecidos (Nelson, 1993). Alguns estudos não evidenciam que o engordamento da praia cause impacto negativo significativo sobre a fauna bentônica ao longo das costas de praias expostas (Gorzelany e Nelson, 1987), embora associações de macrobentônicos em profundidades maiores que 3 m ocupem um ambiente relativamente estável, que pode levar mais tempo para recuperar-se caso sejam enterradas.

O uso de aterro em praias estuarinas de baixa energia recobrirá parte do terraço raso de maré baixa a sua frente, cobrindo hábitats bênticos e eliminando as áreas de águas rasas que algumas plantas aquáticas necessitam para obter radiação solar. O problema do recobrimento ao longo da costa é mais agudo do que em praias expostas (de alta energia), onde o fundo está sujeito a perturbações frequentes e onde a biota é semelhante à biota da parte inferior da antepraia. Ambientes de baixa energia também podem ter uma maior proporção de espécies de crescimento lento, que podem levar mais tempo para se recuperar (Newell et al., 1999, 2004). O recobrimento de comunidades de fundo da baía é frequentemente citado como um problema em relatórios sobre possíveis operações de aterro publicados por agências encarregadas da manutenção dos ecossistemas estuarinos. As perdas observadas de hábitats de fundo da baía são frequentemente citadas como a principal razão para a reprovação de projetos de engordamento em estuários (US Army Corps of Engineers, Baltimore, 1980; US Army Corps of Engineers, Seattle, 1986).

Um problema com o recobrimento também ocorre em hábitats de fundo duro ao longo das costas expostas. Fundo duro é encontrado em uma ampla variedade de ambientes, desde os recifes de coral no sul do Pacífico até a costa coesa dos Grandes Lagos (Larson e Kraus, 2000). No sudeste da Flórida, é mais difícil encontrar fundos duros em profundidades de 0 a 4 m, e estes são muitas vezes enterrados ou indiretamente afetados pela sedimentação de áreas de aterro próximas. Hábitats de fundo duro são mais raros do que fundos arenosos, o que torna sua localização mais difícil para as espécies. Muitos organismos de substrato duro são sésseis e não conseguem subir através do excesso de sedimentos (Nelson, 1989). O enterramento cria um tipo de substrato totalmente diferente e, por isso, limitar as operações para quando as populações de peixes estão baixas não reduz o impacto para as populações que retornariam ao substrato duro. A abundância de organismos de fundo duro pode ser bem superior aos fundos arenosos próximos, e essas áreas podem suportar bem atividades de pesca recreativa. Uma vez que praticamente nada se sabe sobre a tolerância dos membros das comunidades de fundo duro ao estresse associado ao engordamento da praia, sugere-se uma atitude mais cautelosa do que em comunidades de fundo arenoso (Nelson, 1989).

2.4.3 Mudança na morfologia e dinâmica da praia

Mudanças na granulometria podem resultar em uma mudança no estado da praia (Anfuso e Gracia, 2005; Benavente et al., 2006). A variabilidade na abundância e histórico de vida da macrofauna praial é controlada pelos fatores granulometria média e inclinação da praia (McLachlan, 1996; Caetano et al., 2006; Fanini et al., 2007), enquanto largura, inclinação e altura da praia são importantes na escolha do local de desova de tartarugas marinhas (Wood e Bjorndal, 2000).

A morfologia de uma praia engordada pode ter grande efeito sobre a vegetação também. A colonização pode ser relativamente lenta num perfil de pós-engordamento baixo e plano, sujeito a *spray* marinho contínuo, efeitos dissecativos do vento e por invasão da água do mar, que podem arrancar mudas em germinação ou matar espécies intolerantes à água salgada (Looney e Gibson, 1993; Gibson e Looney, 1994). Por outro lado, essa inundação pode remover depósitos residuais grossos e fornecer um mecanismo para o retrabalho natural de sedimentos colocados, e espécies envolvidas na sucessão primária podem resultar de encalhes devido à invasão da água do mar e inundações (Looney e Gibson, 1993). Essas considerações indicam que se deve prever uma duna em projetos para fornecer uma linha de proteção entre espécies pioneiras da praia e comunidades mais estáveis em terra.

Rejeitos de dragagens depositados em elevações superiores às dunas naturais existentes podem bloquear o *spray* marinho, importante na germinação e zoneamento e a principal fonte de nutrientes para as espécies de dunas frontais (Looney e Gibson, 1993). As novas condições podem contribuir para o crescimento de espécies não encontradas nesse nicho em condições naturais ou criar um desequilíbrio nas espécies normalmente encontradas ali. O crescimento natural de vegetação em aterro colocado a uma altura maior do que a berma em Sandy Hook, Nova Jersey, por exemplo, criou uma vara-de-ouro (*Solidago sempervirens*) monoespecífica. Esta espécie é nativa da área e é um colonizador esperado em dunas costeiras, mas a presença exclusiva de *Solidago* na pós-praia, e não na duna, resultou em uma aparição inesperada.

2.4.4 Introdução de sedimentos não compatíveis

Sedimentos não compatíveis podem ser usados para tirar partido de uma fonte próxima, dispor de sedimentos indesejados de uma forma mais produtiva, aumentar a longevidade do aterro ou alterar a estética da praia para recreação. A escassez de material de empréstimo compatível com a praia pode aumentar o potencial de utilização de rejeitos de dragagem como material de aterro (Trembanis e Pilkey, 1998; O'Brien et al., 1999). Embora a disposição de rejeitos na praia seja muitas vezes considerada um "uso benéfico" do sedimento, isso pode ser um equívoco, porque os sedimentos raramente são os mesmos que os originais da praia e podem conter quantidades inaceitáveis de materiais finos, cascas ou sementes de organismos não encontrados na praia.

Sedimentos finos (siltes e argilas) são muitas vezes introduzidos como uma subfração de sedimentos arenosos e são de pouco valor em um ambiente de praia, pois são removidos pelo efeito das ondas. Conchas moídas, restos vegetais e macrofauna morta também podem ser componentes conspícuos quando se utilizam fontes estuarinas (Pezzuto et al., 2006). Grande parte do pedregulho usado em projetos de engordamento provém de fontes de altitude, incluindo pedreiras (Pacini et al., 1997; Shipman, 2001), sendo menos arredondado, mais bem distribuído e muitas vezes de uma composição mineral diferente do sedimento original. Em alguns casos, o pedregulho representa um subproduto derivado da construção de estradas e túneis, canteiros de obras ou locais de mineração (Bourman, 1990; Dzhaoshvili e Papashvili, 1993; Anthony e Cohen, 1995; Nordstrom et al., 2004).

Pode-se ver até que grau os sedimentos de aterro se diferenciam do material original nas praias de mármore criadas no Japão (Wiegel, 1993; Deguchi et al., 1998) e Itália (Cammelli et al., 2006; Nordstrom et al., 2008). Praias de mármore provavelmente não poderiam se formar ou sobreviver em condições naturais. O mármore é relativamente raro e, como rocha carbonática, está sujeito à formação de carste e drenagem de subsuperfície, deixando pouco escoamento superficial para levar os sedimentos até os rios e então até a costa. Se uma praia de mármore fosse realmente formada pela ação direta das ondas em uma formação de mármore, ela estaria sujeita à perda rápida por abrasão. Pedregulho de mármore foi utilizado como material de aterro em sete locais diferentes na Toscana

(Fig. 2.3), para proteger a face litorânea, proteger praias de areia destinadas e preparadas para recreação intensiva, proteger uma reserva natural e recriar praias ao largo de muros marinhos em um *resort* (Nordstrom et al., 2008). As praias não oferecem boas representações da natureza, nem fornecem hábitat semelhante às praias originais (Fanini et al., 2007). Elas não oferecem proteção adequada em longo prazo para as instalações urbanas, pois os sedimentos sofrem abrasão facilmente. Elas são aceitáveis para os usuários da praia, porque o desgaste rápido dos pedregulhos forma partículas redondas e lisas, que são confortáveis para andar e sentar; a sua brancura faz tanto a superfície exposta da praia como as águas parecerem limpas; a superfície é fresca no verão em razão de sua alta refletividade, e as praias têm prestígio, pela utilização do mármore em esculturas, pisos e painéis de parede de alto valor (Nordstrom et al., 2008). Podem-se entender as razões da utilização de mármore para engordar uma praia de

Fig. 2.3 Marina di Pisa, onde o pedregulho de mármore foi colocado em uma praia arenosa que sofreu erosão

veraneio, como Marina di Pisa (Fig. 2.3), onde há grande demanda por recreação. O uso dos materiais de aterro menos atraentes em uma praia de veraneio, como os rejeitos da mineração de ferro na Ilha de Elba (Fig. 2.4), pode ser considerada indesejável por razões recreacionais e ambientais.

2.4.5 O efeito da mineralogia

Sedimentos de cores claras podem ser introduzidos para melhorar a estética de uma praia e areias de minérios pesados podem ser usadas para prolongar a longevidade do aterro (Eitner, 1996), mas a adição de minérios pesados em sedimentos é geralmente devida à disponibilidade de uma fonte de sedimentos barata.

As diferenças causadas pelo engordamento de praias com sedimentos de composição química diferente podem ser evidentes (Fig. 2.4), embora o uso de material alóctone é geralmente acompanhado por mudanças

Fig. 2.4 Cavo na Ilha de Elba (Itália, 2002) mostra rejeitos de mina, ricos em ferro, colocados em uma costa onde a praia havia sido removida pela erosão e substituida por um muro marinho

muito além da composição química por si só. A granulometria, a forma, o arredondamento e a distribuição granulométrica também contribuem para as alterações das características do hábitat.

Alterações na compactação, densidade, resistência ao cisalhamento, cor, teor de umidade e trocas gasosas de areias de praia podem influenciar o sucesso da nidificação e eclosão de tartarugas e alterar a geometria da câmara do ninho e sua ocultação, enquanto a formação de escarpas praiais íngremes em razão da maior resistência ao cisalhamento pode aumentar o número de ninhos falsos de tartarugas (Crain et al., 1995; National Research Council, 1995). Alguns efeitos (compactação e escarpas praiais) podem ser reduzidos ou eliminados por operações de gradeamento, enquanto outros (menor frequência de nidificação e ninhos falsos) podem ser reduzidos em épocas posteriores à medida que a praia se equilibra com os processos naturais (Crain et al., 1995; National Research Council, 1995; Rumbold et al., 2001). Outros efeitos adversos podem ser aparentemente discretos, mas significativos. Por exemplo, a eclosão bem-sucedida de tartarugas marinhas em materiais de aterros nativos (silicatos) e importados (aragonita) indicam que a areia importada fornece substrato adequado, mas as pequenas diferenças nos regimes de temperatura podem alterar a proporção do sexo dos filhotes (Milton et al., 1997).

Os sedimentos que chegam à duna a partir de uma fonte de aterro podem alterar sua composição mineralógica e, assim, alterar o potencial de crescimento da vegetação (van der Wal, 2000). Fragmentos de conchas podem causar a litificação de sedimentos conforme estes se dissolvem e formam novos cristais nos espaços dos poros. Parece que conchas também desestimulam a colonização da praia por algumas espécies (Speybroeck et al., 2006).

2.4.6 Sedimentos grossos

Aumentar o tamanho de sedimentos em uma praia arenosa pode transformar uma praia dissipativa em uma praia mais refletiva (Anfuso e Gracia, 2005) e causar uma diminuição na riqueza e abundância de espécies (McLachlan, 1996). O engordamento de praias arenosas com cascalho pode resultar em mudanças inicialmente profundas, embora estas possam durar pouco. Estudos sobre praias mistas de cascalho e areia e sobre praias de cascalho são apresentados por Carter e Orford (1984), Mason e Coates (2001) e Jennings e Shulmeister (2002). Diferenças na permeabilidade e características de transporte de areia e cascalho criam diferenças na segregação de sedimentos, no formato do perfil de praia e na sua resposta às mudanças na energia das ondas (Carter e Orford, 1984; Pontee et al., 2004). Essas diferenças serão mais pronunciadas nas frações finais das faixas granulométricas.

Uma grande quantidade de cascalho colocada em uma praia de areia pode mudar sua evolução. Praias de cascalho tendem a ficar alinhadas ao espraiamento, de modo que elas podem se redirecionar na direção da aproximação de ondas de alta energia, o que pode eventualmente criar uma praia estreita a montante da área de aterro (Cammelli et al., 2006). Esse problema pode ser parcialmente compensado com a colocação de quebra--mares ao longo do comprimento da área de aterro, com *backpass* a montante do aterro ou com uma realimentação frequente.

A utilização de cascalho em um fundo de areia, mesmo sem a existência de uma praia subaérea, pode causar a migração de areia para a terra, criando uma praia mista de areia e cascalho (Cammelli et al., 2006). O mecanismo vibratório do espraiamento e refluxo da onda resulta num peneiramento cinético, em que a areia se infiltra nos poros do cascalho, criando uma camada superficial de cascalho com camadas inferiores de areia e cascalho (Carter e Orford, 1984). À medida que areia é adicionada ao cascalho (que ocorre quase imediatamente após a colocação do cascalho) ou o cascalho sofre abrasão (um processo em longo prazo), a praia irá se comportar hidrodinamicamente de maneira mais parecida com uma praia de areia e pode desenvolver um gradiente menor (McLean e Kirk, 1969; Carter e Orford, 1984; Mason e Coates, 2001, Lopez de San Roman--Blanco et al., 2003). A colocação de sedimentos bem distribuídos em uma praia com barreira de cascalho também pode ser contraproducente se o sedimento novo impedir a infiltração do refluxo das ondas sobre a face da barreira e corroer o aterro, causando erosão remontante da crista da barreira (Orford e Jennings, 1998). Grãos mais finos também podem aumentar a probabilidade de desenvolvimento da vegetação em uma praia de cascalho (Walmsley e Davy, 1997a).

Algumas praias engordadas com cascalho tornaram-se praias primariamente de areia (Caputo et al., 1993). A quantidade de cascalho colocada em uma praia de areia e o tempo decorrido são críticos para a forma, função e estética da praia. A praia manterá seu valor para a proteção da costa se a camada superior for de cascalho, além de manter-se altamente permeável e agir como uma barreira alta para evitar galgamento. Uma praia não pode ser convertida em uma praia primariamente arenosa em locais onde, além de haver pouca areia na composição das reservas sedimentares, o cascalho for utilizado como novo material de aterro no local ou em uma praia de alimentação a montante.

A adição de pequenas quantidades de cascalho a uma praia de areia subaérea a fim de melhorar sua capacidade de proteção ao litoral pode ser contraproducente, pois partículas de cascalho isoladas podem ser facilmente arrastadas e movidas transversalmente sobre um leito mais fino (Carter e Orford, 1984; Nordstrom e Jackson, 1993; Aminti et al., 2003; Nordstrom et al., 2008) e o cascalho será rapidamente deslocado ao longo da costa ou levado até a pós-praia. A areia que se aloja nos vazios do cascalho não aumenta o tamanho total do aterro, por isso qualquer redução no volume de areia próxima à antepraia pode ser considerada uma perda para a reserva sedimentar da costa (Cammelli et al., 2006).

2.4.7 Sedimentos finos

Siltes e argilas podem ocorrer em sedimentos formados essencialmente por areia. Os sedimentos mais finos aumentam a turbidez durante sua colocação ou quando são retrabalhados a partir do aterro da pós-praia durante tempestades. A turbidez pode afetar negativamente as espécies que necessitam de luz ou com baixa tolerância a silte, embora o impacto visual da turbidez possa às vezes parecer mais ameaçador do que o seu impacto real sobre a biota (Smith et al., 2002). Sedimentos de grãos finos mudam a estrutura dos hábitats depois de assentados na matriz da praia ao alterar a densidade, a resistência ao cisalhamento, a compactação, a retenção de umidade e a percolação do aquífero da praia. Eles podem ser mais resistentes aos organismos escavadores, e a condutividade hidráulica na praia pode diminuir, causando a diminuição da vazão do aquífero (Jackson et al., 2002).

Aterros retrabalhados por ondas e espraiamento podem tornar-se semelhantes aos materiais originais da praia, mas a profundidade do retrabalho em praias de baixa energia é limitada, de modo que aterros não retrabalhados nessas praias podem estar mais próximos da superfície do que a profundidade atingida por organismos escavadores. Por exemplo, a profundidade em que os caranguejos-ferradura depositam seus ovos pode ser maior do que a camada ativa em uma praia estuarina engordada que sofre erosão (Jackson et al., 2002). O pré-tratamento para eliminar finos evitará esse problema, bem como o problema da deposição no mar de finos removidos do aterro pela ação das ondas.

2.4.8 Efeitos do uso de equipamentos

Perturbações físicas diretas sobre a flora e a fauna podem ocorrer pela utilização de equipamentos, incluindo a colocação de tubulações, tráfego de veículos sobre praias e dunas para chegar aos locais de disposição ou o uso de escavadeiras para dar a forma desejada aos depósitos. A operação de máquinas ou a utilização de luzes à noite pode provocar perturbações visuais e auditivas indiretas sobre a fauna, especialmente aves forrageiras. Pode ocorrer poluição devido a gases de escape ou vazamento de combustível (Speybroeck et al., 2006). A utilização de equipamentos mecanizados deve ser minimizada para evitar essas perturbações. A construção direta dos aterros em uma forma final (por exemplo, a duna da Fig. 1.2) deve ser restrita a situações de emergência. Os processos naturais devem criar a estrutura interna e a forma externa do novo perfil do terreno.

2.4.9 Implicações para a biota em longo prazo

Efeitos ambientais prejudiciais do engordamento são frequentemente considerados temporários (US Army Corps of Engineers, 2001) e avaliações específicas do local geralmente indicam que os impactos são mínimos porque (1) o valor da pesca de espécies afetadas não é importante; (2) existe uma quantidade suficiente de fundo sem perturbações nas proximidades; (3) os problemas podem ser atenuados com ações contínuas, e (4) os projetos podem ser realizados quando as populações da biota estão mais baixas. Esses pressupostos raramente são fundamentados por dados concretos (Lindeman e Snyder, 1999) e há pouco conhecimento sobre muitos dos impactos sutis ou complexos (Gibson e Looney, 1994; Rakocinski et al., 1996; Gibson et al., 1997). Ainda é cedo para fazer afirmações bem fundamentadas sobre as consequências cumulativas e em longo prazo de projetos de grandes dimensões ou de engordamentos contínuos, que resultam em eliminações ou enterramentos sucessivos das espécies e mudam a persistência e resiliência das comunidades (Lindeman e Snyder, 1999; Posey e Alphin, 2002; Speybroeck et al., 2006). A maioria dos estudos biológicos quantifica a eliminação e recuperação inicial da fauna, mas os limiares para espécies e ambientes também devem ser especificados, bem como a significância das proporções relativas das diferentes espécies que retornam.

Os períodos mais demorados de recuperação de biota parecem ocorrer quando há um desajuste entre as características granulométricas do material de aterro e o substrato original (Reilly e Bellis, 1983; Rakocinski et al., 1996; US Army Corps of Engineers, 2001). Os custos elevados e os longos prazos necessários para realizar estudos de alta qualidade sobre impactos ecológicos, além da dificuldade em aplicar os resultados de um local, em outro, resultará em muitos impactos ambientais imprevistos e indesejados, mas esses impactos não detêm a realização de projetos de engordamento na maioria dos locais onde projetos de proteção ou recreação sejam economicamente viáveis.

2.4.10 Problemas estéticos e recreacionais

Muitas operações de engordamento de praias são realizadas principalmente para melhorar a utilização recreacional (Andrade et al., 2006). A "melhoria" é geralmente entendida como uma praia mais ampla. Os custos ambientais da criação de uma praia mais ampla e as oportunidades perdidas ao utilizá-la apenas como plataforma recreacional e proteção contra a erosão são os temas principais deste livro, mas os aspectos visuais do engordamento também são importantes. Observações sobre os efeitos estéticos das operações de engordamento são frequentemente periféricas às finalidades principais da avaliação do projeto. As queixas das partes interessadas sobre o impacto de aterros alóctones sobre a turbidez e coloração das águas ao longo da costa e sobre a aparência estranha de uma praia, especialmente em virtude de sedimentos mais escuros ou finos, levaram a exigências de que o sedimento seja substituído por areia esteticamente mais atraente (Chandramohan et al., 1998; Nordstrom et al., 2004). A subfração de cascalho e conchas pode formar uma camada descontínua na superfície que diminui as características estéticas da praia, revelando a importância da utilização de sedimentos de aterro uniformes (Marcomini e López, 2006). Restos de organismos na praia, mortos durante a dragagem ou por sufocamento em razão de sedimentos finos e matéria orgânica no material de aterro, podem suscitar preocupações entre os usuários das praias e dos órgãos ambientais (Pezzuto et al., 2006).

A aceitabilidade dos sedimentos para o aterro de uso recreacional é fundamental para as decisões sobre futuras operações de engordamento, incluindo ações mitigadoras para contornar efeitos indesejáveis. As fontes de sedimentos mais amplamente disponíveis e menos onerosas podem não ser consideradas esteticamente adequadas (Malvárez-García et al., 2002; Nordstrom et al., 2004). Deve-se tomar cuidado para que os sedimentos utilizados sejam similares aos materiais originais em locais onde as partes interessadas se orgulham da cor de suas praias (Dean, 2002), mesmo quando os materiais de aterro têm seu atrativo próprio (Arba et al., 2002).

A classificação da cor pode ser feita com a carta de Munsell, mas não existe uma metodologia aceitável para estimar as mudanças de cor que ocorrerão em uma amostra de areia após sua colocação na área de aterro e exposição ao sol e atmosfera durante semanas ou meses (Dean, 2002). A simples lavagem de uma amostra do material de empréstimo provavelmente irá superestimar as melhorias de cor. Além disso, antes da colocação do aterro não se sabe o tempo necessário para equilibrar a cor. Especificações para algumas operações de engordamento têm exigido que a cor da areia utilizada para o engordamento esteja em níveis especificados (Dean, 2002).

Alguns sedimentos de aterro podem ser mais aceitos por usuários por terem um maior apelo estético e valor para fins recreacionais do que o material local. Operações de engordamento que utilizam esses materiais podem ser catalisadores para reconfigurar a relação entre as partes interessadas e a natureza, o que pode confundir as iniciativas de recuperação. Utilizar um aterro de cascalho em uma praia anteriormente composta de areia irá alterar o uso recreacional da praia. Os usuários da praia podem não gostar dos sedimentos grossos e angulares, dos taludes íngremes na antepraia e das bermas elevadas, que tornam o acesso mais difícil, mas o aterro com cascalho em costas arenosas acrescenta diversidade topográfica e novas opções aos usuários, como ouvir o som do cascalho rolando no espraiamento, a coleta de rochas interessantes, jogar pedras na água, ou utilizá-las como blocos de construção para criar uma alternativa às esculturas de areia. Praias de cascalho são boas para a observação de ondas porque a praia íngreme e permeável rapidamente dissipa o espraiamento da onda, de modo que os usuários podem sentar-se perto da arrebentação sem serem molhados pelo espraiamento. O cascalho não retém a água ou facilita a ascensão capilar como a areia, por isso é uma plataforma mais seca para se sentar, e não adere à pele ou às roupas. Sentar-se sobre grânulos e pequenos pedriscos pode ser preferível a sentar-se na areia, apesar de a areia ser preferível a grãos maiores de pedregulho. As desvantagens das praias de pedregulho são as antepraia íngremes, que tornam o acesso vertical difícil; a altura elevada das bermas, que podem obstruir a vista para o mar; e os grãos mais grossos, que tornam desconfortável andar descalço e dificultam a instalação de guarda-sóis (Nordstrom et al., 2008).

Os visitantes da praia de Marina di Pisa (Fig. 2.3) muitas vezes coletam mármore para utilizar em suas casas. Observações do uso recreacional de praias de pedregulhos de mármore próximas a praias de areia indicam que as praias de mármore não são selecionadas apenas como uma alternativa quando as praias de areia estão cheias (Nordstrom et al., 2008). A atratividade do mármore, sua importância na economia regional e sua importância histórica na Toscana tornam as praias de mármore um símbolo evocativo da natureza urbana, mas o patrimônio ambiental é sacrificado pelo valor socioeconômico. As praias de mármore não são uma representação fidedigna da natureza e tampouco são os meios mais adequados para proteger as instalações urbanas. A continuidade física com o passado não pode ser alcançada utilizando mármore como aterro. As praias são insatisfatórias como estruturas de proteção, pois os sedimentos são erodidos com demasiada facilidade para fornecer proteção em longo prazo, embora a suscetibilidade à abrasão ajude a tornar as praias mais aceitáveis para os usuários.

2.4.11 Maior incentivo para a construção de edifícios e infraestrutura

A intensidade de urbanização que resulta em uma relação custo/benefício vantajosa para projetos de proteção torna o engordamento de praias uma solução prática contra a erosão costeira, mas o engordamento em si pode aumentar a demanda por uma maior urbanização (Nordstrom e Mauriello 2001). Um efeito previsto são os pedidos de licença para construir novas estruturas mais próximas da costa e para tornar permanentes estruturas temporárias. O aumento dos níveis de investimentos pode ser considerado uma vantagem do engordamento (Wright e Butler, 1984), mas esse ganho não deve vir à custa de perdas de valor da natureza (Nordstrom e Mauriello 2001). O grande *boom* da construção ao longo da costa da Espanha talvez seja o impacto mais dramático do valor do aterro de praias como um incentivo econômico. O resultado líquido pode ser um ganho na largura da praia, mas esse ganho pode ocorrer sem um aumento correspondente de recursos de praias e dunas naturais.

2.5 Práticas alternativas para minimizar perdas ambientais e acentuar benefícios

2.5.1 Considerações dos efeitos adversos

O primeiro passo para reduzir os impactos de projetos de aterro de praia sobre a biota é antecipar o efeito das atividades de empréstimo e aterro e as características finais da praia, bem como possíveis técnicas de mitigação, que possam ser utilizados para cada tipo de fauna e em cada etapa da utilização das áreas de empréstimo e aterro. O Quadro 2.2 apresenta exemplos de fatores que podem ser considerados.

Muitos dos ponteciais impactos negativos do engordamento da praia sobre a biota podem ser evitados ou minimizados pelo emprego de tecnologias e práticas existentes, mas muitas vezes a um custo maior (US Fish and Wildlife Service, 2002). O cronograma das operações pode ser crítico (Lawrenz-Miller, 1991). É possível realizar operações em torno das atividades da fauna usando a praia, mas não sem dificuldades. A necessidade de evitar a época de nidificação e eclosão de tartarugas-cabeçudas em Folly Beach (Carolina do Sul) exigiu que as operações fossem realizadas em condições climáticas extremas durante o inverno (Edge et al., 1994).

É possível aumentar a probabilidade de recolonização de áreas de empréstimo se pequenas "áreas de refúgio" não escavadas forem mantidas intocadas dentro da área escavada maior (Hobbs, 2002). Outras sugestões para áreas de empréstimos incluem a dragagem de poucas áreas grandes ou de diversas áreas pequenas, dragagem em quadrados ou faixas, ou dragagem de bancos de areia em faixas longitudinais em vez de transversais (Cutter et al., 2000; Minerals Management Service, 2001). A recolonização de áreas de aterro pode ser reforçada se quantidades menores forem depositadas com maior frequência (Bishop et al., 2006). A deposição frequente de grandes quantidades seria contraproducente, porque os ecossistemas podem ser completamente eliminados e não terão tempo para recuperar-se (US Fish and Wildlife Service, 2002).

Quadro 2.2 Lista de fatores a serem considerados na avaliação dos impactos de dragagem e aterro sobre a fauna

Características da biota
Espécie, abundância, tamanho médio
Biomassa, estrutura da comunidade
Expectativa de vida
Tipo de substrato preferido
Modo de alimentação
Mobilidade/tipo de movimento
Número de desovas/ano e época de desova
Etapa da vida (ovo, larva, filhote, adulto)
Efeitos potenciais sobre a biota
Mortalidade direta
Perturbação
Desorientação
Seleção de local do ninho
Sucesso de nidificação
Alterações no desenvolvimento embrionário
Tempo de recuperação
Características do projeto
Tipo de dragagem
Tempo de dragagem e de lançamento (sazonal, dia/noite, época de nidificação)
Necessidade de dutos e equipamentos e sua instalação
Método de colocação do aterro
Ações para conter escoamento/vazamentos/turbidez
Relações entre o projeto do perfil e suas formas finais, após retrabalho por ondas e ventos
Necessidade de remodelação com escavadeiras
Método de construção de dunas
Necessidade de plantio ou semeadura de vegetação
Disposições para monitoração e gestão da adaptação
Alterações potenciais de áreas de empréstimo/aterro
Criação de depressões, sulcos
Alteração do regime de onda, padrões de refração, padrões de correntes e velocidade das ondas
Mudança na mobilidade do substrato e das formas de fundo

QUADRO 2.2 LISTA DE FATORES A SEREM CONSIDERADOS NA AVALIAÇÃO DOS IMPACTOS DE DRAGAGEM E ATERRO SOBRE A FAUNA (continuação)

Alterações potenciais de áreas de empréstimo/aterro
Mudança na morfologia da praia, taxa de erosão
Aumento da turbidez
Características de sedimentos
Fontes alternativas de sedimentos
Granulometria e forma de grãos
Teor de silte/argila
Composição química de sedimentos
Poluentes, incluindo sementes de vegetação alóctone
Efeito esperado sobre a difusão gasosa, umidade, fluxo de água subterrânea
Dureza e arredondamento das partículas e compactação do aterro após a colocação
Potencial para a formação de escarpas praiais
Cor
Técnicas de mitigação/gestão
Revolvimento da praia
Nivelamento de escarpa praial
Realocação de ninhos
Controle de utilização de novos recursos (incluindo espécies oportunistas ameaçadas de extinção)

Fontes: Diaz et al. (2004), Nairn et al. (2006), Dickerson et al. (2007).

Algumas alterações são relativamente baratas, como o uso de escavadeiras para a construção de bermas paralelas à costa para controlar a turbidez da água, evitando o franco escoamento de águas de descarga ao mar (Dean, 2002). O revolvimento pode tornar os sedimentos menos compactos para deixá-los mais adequados para a nidificação de tartarugas, mas o efeito pode ser temporário e pode não afetar a escolha do local de nidificação (Davis et al., 1999).

2.5.2 Melhorias de hábitat

O engordamento de praias, tal como outros projetos de engenharia para a gestão ambiental, oferece a oportunidade para a criação ou o incentivo aos sistemas biogeomorfológicos (Naylor et al., 2002). Os avanços tecnológicos e as mudanças nas práticas de aterro podem melhorar o hábitat como objetivo direto da construção ou um benefício adicional à medida que a área engordada evolui. A justificativa para projetos alternativos é objeto deste capítulo. As ações subsequentes que podem ser adotadas por gestores locais a fim de aumentar o potencial de evolução de hábitats naturais são apresentadas em capítulos posteriores. Muitos projetos de engordamento podem ser modificados para proporcionar melhores condições para a biota, mas essas oportunidades serão perdidas até que as partes interessadas locais desenvolvam um apreço renovado pelo valor intrínseco da natureza e pelos valores, bens e serviços úteis ao homem (Quadro 1.2).

Os objetivos principais do engordamento da praia têm sido a proteção contra tempestades e a criação de espaços recreacionais, e os valores dos imóveis justificam os enormes custos dos projetos. O engordamento das praias não precisa ser visto como uma medida que favorece relativamente poucas pessoas que possuem imóvel residencial ou comercial perto da praia. Em muitos países prevalece a Doutrina de Domínio Público, de forma que todos têm o direito de usar a praia, independentemente do local de residência, e por isso os recursos dedicados à valorização das praias e dunas estendem os benefícios a uma grande parcela da população. A recuperação das características naturais pode ser um motivo mais convincente para o engordamento, mas a recuperação verdadeira pode não ocorrer na falta de um plano de recuperação detalhado, que inclui o controle posterior das atividades antrópicas (Nordstrom e Mauriello, 2001).

Os projetos de engordamento podem ser desenvolvidos para criar ecossistemas inteiros que foram perdidos em razão da urbanização. Além disso, volumes menores de sedimentos com características especiais podem ser utilizados para intensificar o hábitat de macrofaunas específicas, como as tartarugas marinhas, aves marinhas, caranguejos-ferradura (*Limulus polyphemus*), capelim (*Mallotus villosus*), grunion (*Leuresthes tenuis*), esperlano do Pacífico (*Hypomesus pretiosus*) e amóditas do Pacífico (*Ammodytes hexapterus*). Outra opção seria adicionar critérios para a acentuação da biota a projetos de proteção ou recreação dotados de propósitos múltiplos. As distinções entre essas três abordagens (criação, magnificação, adição de hábitats) não são sutis porque exigem diferentes níveis de consenso entre a proteção, recreação e o valor do hábitat da costa e mudam a relação custo-benefício dos projetos (Nordstrom, 2005).

Alguns subprodutos positivos do engordamento de praias foram inesperados, como a recolonização de novas praias por espécies raras ou ameaçadas que não eram alvos específicos do engordamento, como amaranto (*Amaranthus pumilis*) e batuíras-melodiosas (*Charadrius melodus*) (Nordstrom et al., 2000). As dunas são importantes subprodutos das operações de engordamento, mas o seu tamanho, localização e função são muito diferentes, dependendo das atitudes e ações municipais (Nordstrom e Mauriello, 2001). Muitos relatórios sobre oportunidades excepcionais estão na forma de simples observações, com poucos dados ou explicações sobre os motivos específicos que levaram operações de engordamento a ser bem-sucedidas nesse novo contexto. As seções subsequentes identificam alguns desses efeitos colaterais importantes, com sugestões de como podem ser diretamente incorporados à concepção do projeto. Sugestões gerais para a condução e avaliação de projetos de engordamento para acentuar valores ecológicos são apresentadas no Quadro 2.3. Essas sugestões devem ser desenvolvidas e aplicadas em contextos específicos para cada operação de engordamento.

2.5.3 Criação de novos hábitats de praia

O hábitat para a vida selvagem pode ser criado onde a praia superior foi eliminada pelo endurecimento (Starkes, 2001) ou onde substratos duros indesejáveis de argila, turfa ou obstruções antrópicas forem descobertos em razão da erosão dos sedimentos naturais. A maioria dos benefícios da criação do novo hábitat foi resultado não intencional do engordamento, mas revela grande potencial como resultado programado para projetos futuros. Ainda é necessário fazer muitas pesquisas para avaliar como um projeto padrão de aterro de praias poderia ser modificado para melhor atingir as metas de recuperação.

Quadro 2.3 Sugestões para conduzir e avaliar projetos de engordamento de praias para amplificar valores ecológicos

Considerações de Projeto
Incluir o apreço pela natureza e o valor intrínseco da vida selvagem como justificativas para os projetos
Desenvolver diretrizes para considerações de ordem ecológica em práticas construtivas e pós-construção
Identificar as interações complexas, limites de alerta e efeitos em longo prazo em estudos de impacto para áreas de empréstimos
Desenvolver um projeto de elevação de praia que permita a entrada de ondas na pós-praia
Posicionar os sedimentos o mais próximo possível de sua elevação e forma naturais
Usar uma duna, não uma praia anormalmente elevada, para fornecer proteção contra inundações
Depositar quantidades menores de aterro com mais frequência
Usar bermas de contenção para controlar a turbidez
Usar equipamentos de terraplanagem para facilitar, não reproduzir os processos naturais
Características dos sedimentos
Avaliar os sedimentos para futura compatibilidade biológica, estabilidade e longevidade
Usar sedimentos semelhantes em tamanho e composição química aos sedimentos originais, salvo quando mudanças no hábitat forem desejadas
Considerar um pré-tratamento para tornar os aterros mais compatíveis
Lidar com as perdas da biota
Lidar com os impactos dentro e fora das áreas de dragagem e aterro
Manter cavas de empréstimo rasas para permitir rápido reabastecimento e recuperação da fauna
Deixar locais de refúgio e recrutamento nas áreas de empréstimo e aterro
Evitar a colocação de aterro em fundos de baía ou em hábitats de fundo duro
Ajustar os períodos das operações de engordamento de acordo com as atividades da fauna, incluindo predadores
Amplificar os valores naturais
Identificar formas de atrair as espécies-alvo usando sedimentos, topografia e vegetação como chamativos
Amplificar os valores naturais
Identificar formas de alterar a composição dos sedimentos a fim de aumentar a viabilidade dos organismos na praia
Ampliar programas para espécies-alvo, de modo a abranger outras espécies

Quadro 2.3 Sugestões para conduzir e avaliar projetos de engordamento de praias para amplificar valores ecológicos (continuação)

Amplificar os valores naturais
Encontrar formas de ampliar os gradientes ambientais transversais
Permitir que a natureza evolua, evitando limpeza com rastelo ou excesso de pisoteamento e mantendo seus resíduos naturais
Refazer o engordamento antes que hábitats recuperados sejam perdidos
Ações de acompanhamento
Monitorar e aplicar uma gestão adaptativa (com a utilização de financiamento reservado na concepção original do projeto)
Desenvolver programas de conscientização e sensibilização ambiental
Não permitir que o engordamento sirva como um incentivo para novas construções costeiras

As ações de recuperação em Puget Sound, no Estado de Washington (EUA), oferecem uma perspectiva de como a face litorânea blindada por estruturas de proteção pode ser convertida em ambientes de praia funcionais. Puget Sound tem uma costa sinuosa e heterogênea, com diversas praias em forma de saco e pequenas células de deriva constituídas por praias de areia e cascalho derivados de sedimentos glaciais. Os pequenos compartimentos das praias permitem projetos menores, e ações estão sendo tomadas numa escala correspondente à de áreas residenciais particulares e terrenos comerciais ou industriais, bem como em pequenas extensões de costa em áreas de recreação pública (Shipman, 2001). Um exemplo é o Marine Park, na seção Fairhaven de Bellingham (Fig. 2.5), onde blocos de um enrocamento anterior haviam sido removidos, foram colocados cascalho e areia e construídos dois quebra-mares curtos (chamados de espigões) para conservar o aterro. A adição de areia e cascalho reproduziu as características sedimentares heterogêneas encontradas em praias naturais da área. Esse projeto é apenas um entre vários em Puget Sound desenvolvidos para oferecer ou melhorar o acesso público à recreação em praias urbanas e recuperar os valores naturais, promovendo alternativas mais brandas às tradicionais blindagens do litoral (Shipman et al., 2000). Um aspecto interessante desses projetos é que envolvem a colocação de sedimentos no topo do hábitat entremarés existente, resultando em uma mudança das linhas de maré. Essas ações ocorreram em um ambiente regulatório que não recomenda a cobertura do fundo da baía, a fim de reduzir os impactos sobre os recursos biológicos (Shipman et al., 2000).

2.5.4 Intensifição e adição de hábitats

Existe um potencial muito maior para a utilização do engordamento para intensificar o hábitat do que o que é praticado atualmente. O alargamento de praias que se degradam com o tempo têm ainda mais importância em áreas de pouso de aves migratórias que parecem fiéis a regiões específicas (Doody, 2001). Praias estreitas forçam aves aquáticas a fazer ninhos próximos à linha de maré alta, onde estão sujeitos a inundações e perturbação por usuários da praia. O espaço limitado aumenta a concorrência por recursos da nidificação e os comportamentos agressivos por parte de

Fig. 2.5 Praia recuperada em Marine Park, seção de Fairhaven em Bellingham, Washington, onde a areia e o cascalho foram colocados em uma praia anteriormente protegida por enrocamento

algumas espécies em relação a outras, com a possibilidade de abandono da colônia (NPS, 2005).

Granulometria, forma e distribuição granulométrica do cascalho afetam a mobilidade, e há uma diferença entre o tipo e o valor do hábitat associados a diferentes tipos de cascalho utilizados em operações de engordamento (Williams e Thom, 2001). As porções mais produtivas e diversificadas das praias estuarinas de Puget Sound parecem uma mistura de areia, cascalho, banco de mexilhões e substrato de pedra ao invés de areia (Armstrong et al., 1976). É difícil obter condições ideais de substrato na maioria das operações de engordamento, mas praias existentes podem ser realimentadas com componentes de qualquer tamanho que falte.

O Estado de Delaware (EUA) adotou uma postura pró-ativa para melhorar as praias para caranguejos-ferradura como parte de seu programa de proteção costeira. Um de seus projetos utilizou aterro para aumentar a quantidade de cascalho em uma praia onde os sedimentos eram considerados muito finos para atrair a desova de caranguejos-ferradura (Jackson et al., 2005). Grânulos e seixos são o diagnóstico comum em praias estuarinas e parecem oferecer chamativo na seleção dos locais de desova. Assim, grãos com essas dimensões foram adicionados a uma praia para torná-la mais parecida com outra praia local, mais rica em cascalho, que atraíra mais caranguejos-ferradura em anos anteriores. Grãos mais grossos pareciam ser importantes para a seleção do local, mas os grãos mais finos eram mais importantes para a viabilidade de ovos, em razão da retenção de umidade. Pequenas quantidades de cascalho foram rapidamente incorporadas à areia da praia retrabalhada pelas ondas, sem causar alterações na condutividade hidráulica e viabilidade dos ovos, enquanto fragmentos de cascalho permaneceram visíveis na superfície (Jackson et al., 2005). Chegou-se à conclusão de que a fonte de sedimentos de engordamento para praia estuarina deve ser compatível com a necessidade de aumentar a taxa de desova e o desenvolvimento dos ovos, com uma fração de cascalho para imitar praias estuarinas naturais, predominantemente de areia, de modo a favorecer o desenvolvimento dos ovos.

Areia grossa e cascalhos pequenos podem ser adicionados às praias para aumentar a probabilidade de desova de peixes, como o esperlano e a amódita do Pacífico. O projeto para Samish Beach, em Puget Sound, inclui uma berma de cascalho de vários milhares de m³ de sedimentos com 2 a 76 mm de diâmetro, com uma camada superficial de 1.140 m³ de 2 mm de diâmetro para aumentar a desova de esperlano do Pacífico e 200 m³ de areia para representar o tipo de superfície que ocorre na pós--praia (Zelo et al., 2000). Em contrapartida, o cascalho pode ser adicionado à superfície de uma pós-praia arenosa ou área de extravasamento de água do mar para atrair pássaros em fase de nidificação que preferem superfícies de cascalho para deixar seus ovos menos visíveis. Alterar algumas das características da superfície com o uso criterioso de materiais alternativos pode ser eficaz em pequenos projetos a um custo relativamente baixo. O plantio de algumas espécies de vegetação também pode ser usado para fornecer áreas de alimentação e refúgio ou indicações sobre a relações entre predador e presa.

Determinar as condições ideais para intensificar um hábitat é complicado, em razão da necessidade de acomodar diferentes espécies. Diferentes espécies de tartarugas marinhas, por exemplo, apresentam preferências diferentes para a seleção de locais para ninhos, relacionadas à areia aberta e a áreas de vegetação, bem como elevações de bermas (Wood e Bjorndal, 2000). A intensificação de hábitat apresenta grandes perspectivas, mas a forma como a praia é modificada frequentemente depende da espécie, e ainda especulam-se os efeitos das modificações das características da praia sobre muitos aspectos, entre eles, a seleção local do ninho.

O atraso na recuperação das espécies após o engordamento pode ser vantajoso em alguns casos. A criação de novas ilhas de nidificação para aves oferece locais inicialmente livres de predadores mamíferos (Erwin et al., 2001). Praias recentemente engordadas terão menor quantidade de infauna que se alimenta de ovos na praia, portanto os ovos de espécies que desovam nas praias sofrerão menor predação. Esse tipo de intensificação de hábitat específico provavelmente funcionará melhor se uma quantidade suficiente de aterro for colocada na praia, de modo a enterrar os predadores existentes e evitar que migrem para o local dos ovos, com o aterro colocado sobre um segmento suficientemente longo da costa para atrasar a colonização por predadores dos segmentos adjacentes. Os métodos de colocação de areia que imitam os processos naturais, tais como a adição lenta de sedimentos ou a deposição na área de arrebentação ativa e em zonas de espraiamento, provavelmente não irão reduzir a influência de predadores.

A maioria das operações de engordamento é projetada para minimizar as transferências por deriva litorânea do aterro em razão dos altos custos do projeto, mas os sedimentos movem-se ao longo da costa para as zonas adjacentes (Beachler e Mann, 1996; Houston, 1996). Um aumento no depósito sedimentar a jusante deve aumentar a probabilidade de sobrevivência e crescimento de perfis de terreno e aumentar a diversidade topográfica e viabilidade de hábitats de uma forma menos invasiva que o engordamento direto. Os tomadores de decisão devem tornar explícitas essas contribuições para que possam ser incluídas como efeitos positivos nas avaliações do sucesso do projeto (van Koningsveld e Lescinski, 2007). A documentação dos efeitos do engordamento fora de áreas do projeto pode mudar a concepção de engordamento como uma operação local, projetada para proteger algumas casas da linha litorânea, para que seja visto como uma ampla estratégia regional para a recuperação ambiental.

2.6 Projetos alternativos para aterros de praias

2.6.1 Alteração das formas

A escarpa praial vertical formada pela erosão em praias engordadas que foram construídas muito altas (Fig. 2.2) pode restringir o movimento da biota entre os diferentes ambientes da praia, incluindo tartarugas em fase de nidificação (Crain et al., 1995) e aves marinhas forrageiras. Um projeto alternativo, mais compatível com as exigências do hábitat natural, deve prever uma praia com a altura de uma berma natural ou ainda mais baixa, para permitir que os processos naturais formem a berma final (Dean, 2002). A duna poderia ser criada depois da berma mais baixa, em direção à terra, para fornecer proteção contra inundações. Esse projeto pode ser adaptado para praias onde o aterro foi colocado muito alto, por um novo gradeamento mecânico da praia para eliminar a escarpa praial e criar um talude geral mais suave. Um talude mais suave permitirá que o espraiamento crie uma antepraia mais ampla e que a pós-praia será retrabalhada durante tempestades. O tamanho da duna poderá aumentar naturalmente pelo transporte eólico por toda a antepraia mais ampla e pós-praia retrabalhada, que oferece uma fonte melhor de areia fina, ou pela raspagem de parte da areia da praia para a duna como proteção provisória. Os efeitos da remoção da escarpa praial provavelmente serão temporários e essa ação de manutenção pode ser menos desejável do que a construção desde o início da praia engordada com menor elevação e a construção de uma nova duna para desempenhar a função de proteção contra inundações.

2.6.2 Alteração de tamanho do projeto ou aspectos espaciais

Grandes projetos de engordamento reduzem o custo unitário do aterro e limitam as perdas finais (Dean, 1997), mas podem ter um impacto ecológico maior do que os pequenos projetos ou a introdução de sedimentos em um ritmo mais lento (Bilodeau e Bourgeois, 2004). A justificativa para reduzir a quantidade ou o ritmo de colocação de aterro não é simplesmente evitar o enterramento em profundidades excessivas. Menos tartarugas fazem seus ninhos em uma praia engordada no primeiro ano, no caso de praias amplas, do que quando as praias são estreitadas pela erosão. Espécies de invertebrados sem estágios larvais pelágicos dependem da recolonização gradual do aterro a partir das bordas, portanto praias engordadas menos extensas devem ter uma recuperação mais rápida (US Fish and Wildlife Service, 2002). A realização de um número maior de pequenos projetos pode até ser justificada em termos de capacidade de sobrevivência líquida nos locais de aterro (Benavente et al., 2006).

Podem-se encontrar alternativas criativas para superar alguns dos problemas dos projetos maiores. Uma sugestão é dividir a área de aterro em áreas menores não contíguas, permitindo que os segmentos engordados funcionem como locais de alimentação de sedimentos para os segmentos não engordados, enquanto estes funcionam como locais de alimentação para a biota; segmentos engordados e não engordados podem então ser alternados em operações de manutenção posteriores (US Fish and Wildlife Service, 2002). Isto é análogo a deixar faixas de vegetação em partes de dunas mineradas para a extração de metais pesados para que um polo de espécies de possíveis colonizadores esteja disponível para a regeneração de hábitats (van Aarde et al., 2004).

Projetos pequenos de reposição que compensem as perdas anuais são mais viáveis economicamente do que projetos maiores menos frequentes e fornecem sedimentos mais adequados se caminhões puderem ser usados para transportar os sedimentos de praias e dunas próximas (Muñoz-Perez et al., 2001). Projetos pequenos também são adequados nos casos em que a previsão de comportamento de praia seja incerta e, portanto, projetos iniciais sejam vistos como experimentais (Cooper e Pilkey, 2004).

2.7 Recuperação das características sedimentares

A deposição descontrolada de sedimentos baratos ou de fácil acesso, tais como rejeitos de pedreiras, pode alterar drasticamente as características de uma praia e arruinar tanto seu valor natural como a recreação (Buchanan, 1995, Fig. 2.4), mas pedreiras em canais de rios e planícies de inundação podem gerar sedimentos com distribuições granulométricas semelhantes aos que são naturalmente levados para a foz do rio e, portanto, disponíveis para a praia (Cipriani et al., 1992). Essas fontes teriam de estar bem próximas de uma praia para ter características semelhantes. Assim, a circulação de areia a partir de uma porção de acreção da praia para uma porção que sofre erosão por *backpass* deve ser feita em uma única célula litorânea, para que o depósito sedimentar e a granulometria da célula não sejam alterados (Anfuso e Gracia, 2005).

À medida que mais praias são alteradas em relação ao seu estado natural, torna-se cada vez mais importante identificar como os sedimentos alóctones de praias podem ser efetivamente utilizados. Isso exige um entendimento melhor de como os sedimentos tornam-se mais naturais em aparência e são aceitos e utilizados pelas partes interessadas como um resultado da abrasão e segregação por ondas ou ações antrópicas (Nordstrom et al., 2004). Os sedimentos provenientes de fontes oportunas que não sejam inicialmente adequados para colocação em praias e dunas podem ser processados antes do engordamento por peneiramento através de telas (Nordstrom et al., 2008) ou por lavagem para retirada de finos (Pacini et al., 1997). O sedimento pode ser mais compatível após o engordamento se levado até a zona ativa de arrebentação por escavadeiras, para permitir o retrabalho natural (Blott e Pye, 2004; Nordstrom et al., 2008). A modificação do aterro após a operação de engordamento para remover os sedimentos grossos indesejados pode ser feita manualmente, utilizando rastelos, ou mecanicamente, com máquinas de terraplanagem.

A areia uniforme é preferível aos materiais bem distribuídos para uso recreacional da praia, mas não necessariamente para uso como hábitat. A areia é frequentemente utilizada como aterro em praias com erosão de encostas litorâneas compostas de till (mistura de silte, argila, areia e pedregulhos). A areia utilizada como aterro não reproduz a superfície rochosa com exposição intermitente de substrato de argila perto da costa. O aterro para esses locais teria maior valor para o restabelecimento dos hábitats e patrimônio natural se fosse composto de materiais bem distribuídos, com uma fração de cascalho que formaria uma praia estreita e alta, com pouca probabilidade de transporte marítimo que enterrasse os substratos existentes.

Há uma preocupação em recuperar campos de matacões e pavimentos de superfície que caracterizaram trechos ao longo da costa báltica da Alemanha. Campos de matacões são mais raros agora do que no passado, porque a maioria dos matacões trazida pela erosão de falésias foi retirada para a construção de edifícios (Reinicke, 2001). A prática de retirar matacões da praia foi legalmente proibida no século XIX, mas àquela altura em muitos locais já havia sido eliminado o hábitat de fundo duro, que representava o substrato rígido principal para o desenvolvimento de macroalgas e contribuía para a biodiversidade da costa. O uso de areia como aterro pode cobrir o restante do substrato duro, contribuindo para mais perdas de hábitat (Fig. 2.6). A recuperação de hábitats de fundo duro é considerada uma opção futura na Alemanha, mas nenhum plano foi finalizado. Os matacões não são facilmente extraídos e transportados como materiais de aterro. Pode ser necessário impor restrições ao uso de aterro em áreas adjacentes ou utilizar quebra-mares para bloquear a entrada de sedimentos na região, de modo a evitar excesso de sedimentação. Se quebra-mares forem utilizados, rochas naturais seriam um bom material de construção, porque se as estruturas se deterioram ou são destruídas, elas ainda podem permanecer como campos de matacões para repor as perdas induzidas pelo homem (Ministerium für Bau, Landesentwicklung und Umwelt, s/d).

Fig. 2.6 Plataforma de matacões coberta por sedimentos de aterro no final da praia engordada de Greifswalder Bodden, em Lubmin (Alemanha)

O axioma que estabelece que praias devam ser engordadas com sedimentos semelhantes aos materiais nativos aplica-se às praias de cascalho, bem como às praias de areia. Ao mudar a elevação e o potencial de ruptura das barreiras de cascalho (como poderia ocorrer quando a areia é adicionada) pode-se alterar a suscetibilidade da zona de barreiras a montante às influências marinhas e determinar se a zona alagadiça terá água doce ou salgada (Orford e Jennings, 1998). Praias de cascalho podem ter coleções distintas de espécies de praias arenosas, porque são secas, pobres em nutrientes e de características físicas heterogêneas (Walmsley e Davey, 1997b; Gauci et al., 2005). Areia e húmus fornecem o substrato para as raízes se firmarem e a umidade para o seu crescimento em cascalhos arenosos (Scott, 1963), mas poucas praias de cascalho são vegetadas, exceto no ponto mais elevado ou em cordões inativos interiores, onde há estabilidade e proteção suficientes contra a ação das ondas (Fuller, 1987; Doody, 2001).

Mesmo que as praias de cascalho sejam desprovidas de vegetação, elas podem ter uma rica fauna de invertebrados (Doody, 2001). Praias de pedregulhos e praias de cascalho fino podem reter muito mais detritos do que praias de areia e podem diferir na composição de espécies com novas deposições de detritos (Orr et al., 2005). Alguns táxons, tais como o anfípode *Pectenogammarus planicrurus*, são encontrados apenas em cascalho grosso (Bell e Fish, 1996). Plantas generalistas, como *Eryngium maritimum*, podem ser indiferentes às características granulométricas do substrato, mas as espécies típicas de cascalho, como *Rumex crispus* ssp., *Crambe marítima* e *Glaucium flavum* podem se desenvolver melhor em substratos de cascalho, provavelmente em razão da melhor drenagem (Walmsley e Davey, 1997b).

A ecologia de praias de cascalho é discutida por Scott (1963) e Packham et al. (2001). A recuperação da vegetação em praias de cascalho é discutida por Randall (2004) e Walmsley e Davey (1997a, b). Cascalho de textura grossa fornece substrato para plantas estabelecidas e ajuda a manter a natureza esparsa, característica da vegetação; porções de até cerca de 20% de areia parecem ajudar a regeneração das sementes e manter a diversidade das espécies de dunas que são comumente associadas às praias de cascalho (Walmsley e Davey, 1997b). Quando a areia não está disponível ou é inadequada para o engordamento, cascalho mais fino pode aumentar a capacidade de retenção de água do substrato, evitar que sementes afundem demais para que brotem, aumentar as taxas de germinação e ajudar as plantas a sobreviver à seca (Fuller, 1987).

2.8 Acompanhamento e gestão adaptativa

O projeto original de qualquer programa de engordamento de praia deve ser adaptado ao longo do tempo, para refletir e compreender as informações obtidas a partir de estudos em curso, de modo a garantir que os objetivos do projeto sejam alcançados, medidas de compensação e mitigação devem ser adotadas e, assim, custos desnecessários de controle serão evitados (Minerals Management Service, 2001). O pessoal de gestão adaptativa de um programa de engordamento de praia introduz novas iniciativas de recuperação não previstas no plano original. O monitoramento deve ser estendido para o cenário em evolução além dos limites imediatos do projeto, incluindo dunas que podem ser derivadas do aterro. Para os projetos que abrangem grandes áreas ou fazem parte de programas de governos estaduais, regionais ou federais em curso, podem ser necessários conselhos de revisão científica e consultores para avaliar fatores como: (1) alteração de duração e frequência da amostragem; (2) acréscimo ou eliminação de variáveis acompanhadas; (3) monitoração de novas localizações; além de (4) sintetizar e interpretar os dados gerados ao longo de muitos anos em vários locais de projetos, (5) detectar as diferenças regionais em termos de impacto ou recuperação; e (6) responder às necessidades antes de se tornarem críticas (Minerals Management Service, 2001). O Minerals Management Service (2001) recomenda um ecologista bentônico, um oceanógrafo físico ou sedimentologista de processos, um bioestatístico e um especialista em pesca marítima para integrar o conselho de revisão científica ou painel de consultores e avaliar os impactos em áreas de empréstimo. Eles sugerem a criação de uma comissão científica de nível nacional para (1) lidar com questões em múltiplos locais; (2) desenvolver orientações abrangentes a todo o país; (3) determinar a conformidade dos programas de monitoramento com as orientações; (4) aprovar as alterações nos programas de monitoramento recomendadas por grupos regionais; e (5) ser independente do trabalho realizado em locais específicos.

2.9 Conclusão

O engordamento de praias pode ajudar a recuperar o perfil do terreno e hábitats perdidos ou mudar todas as características de uma costa e seus valores naturais e de uso humano. O engordamento com sedimentos similares fornece os recursos sedimentares e o espaço para as características naturais evoluírem. Essa evolução pode ocorrer com contribuição humana mínima, desde que as ações antrópicas posteriores sejam compatíveis, como exposto em capítulos subsequentes. O projeto inicial do aterro deverá permitir o maior retrabalho possível pela ação de ondas e ventos, dada a necessidade de o perfil de terreno proporcionar proteção contra os riscos costeiros. Um depósito relativamente grande de aterro subaéreo pode ser adequado para criar uma praia grande o suficiente para fornecer espaço para uma duna. Porém, operações posteriores de engordamento deverão ser menores e mais frequentes para imitar as transferências naturais de sedimentos. A utilização de aterro de cascalho em uma costa arenosa, o aterro de areia em uma praia de cascalho ou a utilização de sedimentos de um tipo de mineral diferente pode criar praias com utilidades diferentes para proteção costeira, hábitat e recreação.

Os danos à biota ocorrem em áreas de empréstimo e aterros e os efeitos em longo prazo são desconhecidos. As perdas ocorrem frequentemente sem uma compensação adequada. Praias engordadas devem ser vistas como mais do que recursos consuptivos para proteção da costa ou recreação. Maior atenção deve ser dada às diversas implicações e significados do engordamento da praia, e novas pesquisas devem ser iniciadas para demonstrar a viabilidade científica, tecnológica e econômica dos métodos mais compatíveis com a manutenção ou recuperação de paisagens naturais e dos hábitats. A otimização dos projetos de engordamento de praias pode exigir a expansão das escalas espaçotemporais de investigação, para avaliar a importância das praias alternativas e tipos de sedimento, identificar novas utilizações para o aterro, avaliar práticas e tecnologias alternativas e utilizar estratégias adaptativas para a gestão pós-aterro.

3
Práticas e impactos da construção de dunas

3.1 Características das dunas alteradas pelo homem

Dunas de areia são um componente integral de sistemas naturais de costa arenosa. Os sedimentos são trocados entre praia e dunas através da erosão da duna por ondas de ressaca e pelo transporte de areia da praia durante ventos fortes em terra. As dunas fornecem barreiras naturais contra extravasamento da água do mar, inundação, estresse do vento, transporte de sedimentos e *spray* marinho durante as pequenas tempestades, o que ajuda a manter a integridade geral dos hábitats da parte interior da praia. As variações na topografia dentro da duna resultam em diferenças locais de exposição a esses processos, criando uma variedade de micro-hábitats. Os valores, bens e serviços que as dunas podem oferecer (Quadro 1.2) incluem a proteção das estruturas antrópicas, nichos para plantas, substratos habitáveis, áreas de refúgio para a fauna e locais para nidificação. Também podem ter valor local específico como fontes de água subterrânea.

Dunas em áreas alteradas pelo homem diferem das dunas naturais e entre si, de acordo com a forma como são geridas para usos antrópicos múltiplos. Dunas podem ser diretamente eliminadas ou reduzidas em tamanho para facilitar a construção de edifícios, oferecer vista para o mar ou fornecer acesso às praias. Elas podem ser remobilizadas pela destruição da cobertura vegetal da superfície por pastejo ou incêndios, ou podem ser alteradas para maior proteção contra tempestades costeiras. Se forem alteradas para oferecer proteção, muitas vezes elas são concebidas como elementos lineares, com uma altura prevista de crista (Fig. 1.2). Quando a infraestrutura humana invade a praia, a duna reconstruída muitas vezes é mais avançada em direção ao mar do que uma duna natural e é mais baixa, mais estreita e tem menor variabilidade na topografia, vegetação e mobilidade (Nordstrom, 2000). Os projetos de recuperação de dunas podem envolver a sua reconstrução onde foram eliminadas, aumentando seu tamanho de acordo com o espaço disponível para permitir que processos naturais retrabalhem o seu perfil de terreno para obter topografia diversificada com uma variedade de hábitats.

A ênfase principal deste capítulo é a construção de dunas onde elas foram eliminadas, com foco em dunas frontais. Os capítulos subsequentes identificam estratégias para construir e gerenciar as dunas de diferentes tamanhos e com diferentes relações com estruturas e usos antrópicos.

Dunas podem ser construídas em dunas frontais existentes, na face em direção ao mar, no topo ou na face em direção à terra para criar uma barreira maior à erosão, inundações e extravasamento da água do mar (van Bohemen e Meesters, 1992). Elas também podem ser reconstruídas após modificações de dunas frontais existentes pela mineração (van Amerika, 2004), escavação de dutos (Ritchie e Gimingham, 1989) ou remoção de poluentes (Nordstrom, 2000). A construção no topo da duna ocorre quando o nível de proteção contra inundação e extravasamento da água do mar deve ser aumentado (Matias et al., 2005). Estender o lado da duna que fica em direção ao mar é mais comum e ocorre quando (1) a utilização do terreno da duna em direção à terra restringe a extensão da duna nesse sentido; (2) uma duna maior é indesejável porque restringe a vista para o mar; (3) a cobertura da superfície da duna frontal existente é considerada valiosa. O engordamento do lado em direção à terra das dunas frontais pode ser adequado quando (1) as praias são estreitas demais para fornecer o sedimento ou oferecer proteção adequada contra o espraiamento das ondas; (2) a duna existente é vegetada e considerada mais resistente à erosão das ondas, ou (3) a duna existente já é pequena e muito próxima do mar para sobreviver a uma tempestade.

Dunas podem ser construídas ou melhoradas permitindo que se formem naturalmente por processos eólicos (geralmente em praias engordadas onde a largura das fontes de sedimentos são suficientes) ou construindo-as com escavadeiras, cercas de contenção de areia ou plantio de vegetação. Dunas artificiais são geralmente construídas em formas artificiais, assemelhando-se a diques de terra (Feagin, 2005; Nordstrom et al., 2007c), mas pode-se fazer com que essas dunas tenham aparência e funcionamento mais naturais (Cap. 4).

3.2 Dunas construídas por transporte eólico a partir de praias engordadas

Uma largura adequada de praia é necessária para dunas incipientes tornarem-se dunas frontais por processos naturais (McLean e Shen, 2006). A maneira mais natural de recuperar dunas é proporcionar a uma nova praia sedimentos com características adequadas, que possam ser retrabalhados por ondas e ventos (Nordstrom, 2005). A duna resultante (Fig. 3.1) terá, então, as características de granulometria, estratificação interna, variabilidade topográfica, cobertura da superfície e massa de raiz de uma duna natural.

Fig. 3.1 Duna frontal em evolução em praia engordada em Ocean City, Nova Jersey, em março de 2007, 14 anos após o início da construção da duna de proteção na extremidade esquerda. A altura e o volume da nova crista da duna frontal refletem a ausência de grandes tempestades em anos anteriores

O engordamento da praia superior altera o transporte eólico, como resultado de mudanças (1) na largura da praia; (2) nas características de granulometria; (3) nas condições de umidade (devido à criação de uma superfície maior ou alteração na permeabilidade) e (4) no formato do perfil da praia ou duna. A largura adicional de uma praia engordada fornece uma fonte mais abundante de areia para a formação de dunas e sua maior proteção contra a erosão pelas ondas (van der Wal, 1998, 2004); aumenta o potencial para a ocorrência de um gradiente transversal mais amplo de processos físicos, permitindo um número maior de hábitats distintos, desde espécies pioneiras no lado em direção ao mar até arbustos e árvores no lado em direção à terra (Freestone e Nordstrom, 2001).

O transporte eólico pode ser excessivo e considerado um incômodo quando os materiais de aterro são uniformes e finos, por exemplo, usando sedimentos de dunas (Marqués et al., 2001). Se sedimentos bem distribuídos forem colocados na praia, a remoção dos materiais finos pode deixar uma superfície residual grossa de conchas ou cascalhos que resistem ao transporte eólico (Davis, 1991; Psuty e Moreira, 1992; van der Wal, 1998; Marcomini e López, 2006) e formar uma escarpa praial vertical pela ação das ondas (Fig. 2.2). Após a erosão eólica inicial da superfície, a praia engordada pode desempenhar um papel limitado nas taxas de transporte, a menos que a superfície seja revirada para aflorar areia mais fina e eliminar a escarpa praial, que forma uma armadilha para a areia arrastada pelo vento. As observações de campo de van der Wal (1998) indicam que a superfície residual de conchas pode ser formada em algumas semanas e pode permanecer em áreas que não são periodicamente inundadas pelo mar. O retrabalho da pós-praia por tempestades ou a perturbação por limpeza da praia e gradeamento das escarpas praiais podem iniciar novos ciclos de transporte eólico.

A limpeza da praia com rastelo para remover o lixo acaba com a superfície residual, expõe areia fina para a erosão eólica e reinicia o transporte eólico, mas há pouca necessidade de limpar uma praia excessivamente alta, onde as ondas não poderão depositar detritos. Não se pode depender da limpeza com rastelo para manter as praias limpas e criar uma boa fonte de sedimento de superfície, porque poucas praias são limpas dessa forma durante o inverno, quando os ventos mais fortes que movem a areia ocorrem em muitos locais.

Se uma praia engordada for construída a uma elevação baixa, permitindo sua evolução natural, a areia arrastada pelo vento irá se acumular junto à superfície mais vegetada em direção ao mar (Hesp, 1989; Kuriyama et al., 2005), na base das dunas existentes (Kuriyama et al., 2005) ou nas linhas de detritos que se formam na praia engordada, especialmente na linha superior de detritos trazidos durante tempestades (Nordstrom et al., 2007b). O acúmulo de detritos desempenha um papel importante na formação de dunas e é examinado mais profundamente no Cap. 4.

Dunas incipientes continuarão a formar-se em direção ao mar (Fig. 3.2A), até que a taxa de erosão por ondas esteja em equilíbrio com a deposição eólica, momento em que a duna mais próxima do mar pode crescer e tornar-se uma duna frontal estabelecida (Fig. 3.1). Em condições naturais, a recuperação da morfologia e dos tipos de vegetação das dunas frontais pode levar até 10 anos (Woodhouse et al., 1977; Maun, 2004). Areia arrastada pelo vento pode acumular-se na infraestrutura construída em direção ao interior se não houver obstruções, tais como estruturas de proteção ou muros marinhos. O risco de tempestades de areia e a ameaça de inundações pedem a construção de uma duna para fornecer uma barreira temporária enquanto as dunas incipientes evoluem naturalmente entre ela e o mar. Essa duna pode ser construída por máquinas ou usando cercas e plantio de vegetação.

3.3 Construção de dunas por aterro a partir de fontes externas

Dunas podem ser construídas depositando diretamente sedimentos de aterro vindos de fontes subaquáticas próximas, tais como enseadas e canais de navegação internos ou depósitos sedimentares (Baye, 1990; Matias et al., 2005), e remodelando o aterro com máquinas de terraplanagem. Essas dunas são normalmente construídas para aperfeiçoar uma função de proteção contra inundações ou são projetadas para facilitar a construção ou gestão e são essencialmente diques, muitas vezes com um topo reto e lados planos com inclinação adequada e pouca diversidade topográfica (Fig. 3.2B1). Dunas construídas como estruturas de proteção podem manter a sua forma artificial ao longo do tempo se forem reconstruídas pelo mesmo modelo antes de sofrerem erosão ou se estiverem protegidas do lado em direção ao mar por quebra-mares e aterros, que restringem a modificação por processos de ondas (Fig. 1.2), mas elas podem, ao final, evoluir e se assemelhar a formas de dunas naturais se não forem engordadas e reorganizadas repetidamente.

Geralmente, as características de granulometria, velocidade de variação e vegetação característica das dunas construídas por colocação mecânica diferem do perfil de terreno criado por deposição eólica (Baye, 1990; van der Wal, 1998; Nordstrom et al., 2002; Matias et al., 2005), mas elas podem ter areias uniformes que se assemelham a sedimentos de dunas, se forem utilizadas áreas de empréstimo adequadas. A utilização de areia marítima pode ser preferível à areia proveniente de fontes terrestres, porque ela pode não ter organismos prejudiciais do solo (van der Putten, 1990).

Dunas construídas contra inundações podem constituir o hábitat para espécies silvestres que ocorreriam em um ambiente de duna natural (Latsoudis, 1996), e algumas ações podem ser tomadas para aumentar esse valor. A irregularidade dos hábitats pode ser aumentada com a criação de uma crista de duna frontal ondulante, resultando em diferenças locais na drenagem e velocidade do vento, e com a criação de uma forma mais crenulada com saliências frontais em direção ao subambiente em direção à terra, convertendo a faixa-limite em direção à terra de uma linha para uma zona (Fig. 3.2B2). Esse tipo de contorno melhora tanto a função natural como a aparência das dunas (Nordstrom et al., 2007c). Mesmo crenulações relativamente pequenas podem melhorar a qualidade visual dos limites de vegetação (Parsons, 1995). Frequentemente, os gestores tomam o caminho oposto, usando máquinas de terraplanagem para suavizar grupos remanescentes de vegetação ou brechas que promovem o afunilamento do vento (Ranwell e Boar 1986). Fazer contornos para aumentar a variabilidade valoriza o perfil de terreno como hábitat e não somente como uma estrutura de proteção.

O plantio de uma ou mais espécies, como a *Ammophila* spp., é realizado com frequência para estabilizar a superfície de dunas construídas

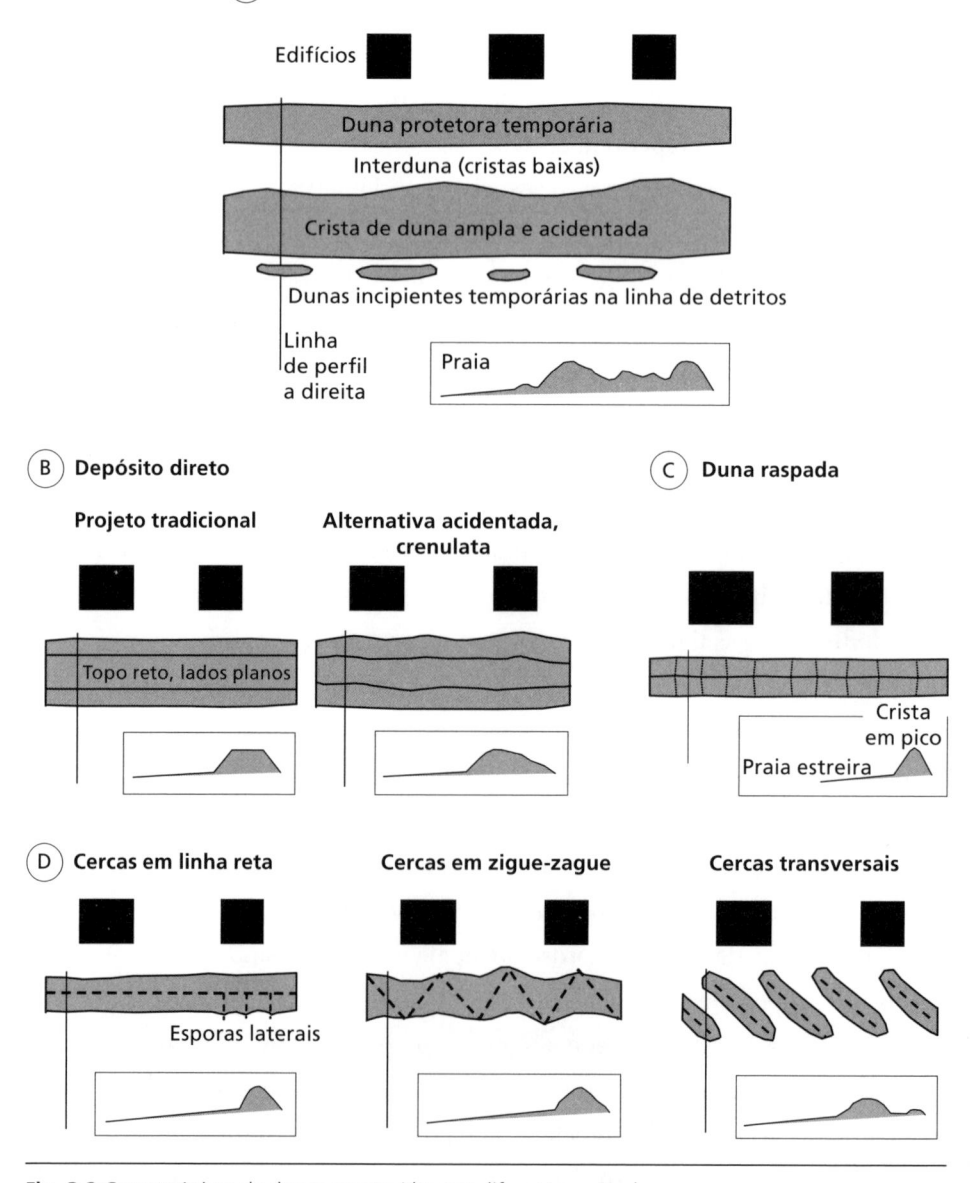

Fig. 3.2 Características de dunas construídas por diferentes métodos

artificialmente. Essas dunas podem ser construídas como proteção provisória, mas podem durar por décadas em uma praia engordada e alargada, e a acreção eólica em direção à terra pode, eventualmente, colocá-las em um nicho equivalente a uma duna posterior em uma praia natural. Inundações de areia frequentes são importantes para reforçar o vigor da *Ammophila* e de outras plantas adaptadas ao enterramento devido ao volume de solo, aumento de nutrientes, aumento da atividade de fungos micorrízicos arbusculares e o crescimento reativo das plantas (Maun, 1998). Dunas que foram construídas por aterro e plantadas com *Ammophila* podem permanecer depauperadas por anos se as entradas de areia forem bloqueadas por dunas que se formam ao largo delas. A duna com 3 m de altura em Ca'Savio, Veneto (Fig. 3.3), foi construída artificialmente com tratores para a proteção contra enchentes e, em seguida, plantadas com grama de praia europeia (*Ammophila littoralis*). Uma cerca de contenção de areia no lado em direção ao mar da duna construída bloqueava os ventos que sopravam areia ao largo da praia ampliada, criando uma duna frontal que diminuiu ainda mais a probabilidade de a areia ser arrastada pelo vento em direção ao interior. A falta de areia fresca na duna construída causou a morte da A. *littoralis* plantada, deixando uma superfície nua com fragmentos expostos de conchas que intensificam a aparência artificial do dique com taludes planos. Um problema similar ocorreu em Avalon, Nova Jersey, onde a altura da crista da duna frontal, em face da duna artificialmente engordada, foi aumentada com a utilização de múltiplos níveis de cercas de contenção de areia (Nordstrom et al., 2002). A falta de vegetação vigorosa pode tornar a aparência artificial e a superfície áspera das dunas artificialmente preenchidas facilmente perceptível.

Se não forem criados obstáculos ao transporte eólico no lado em direção ao mar das dunas construídas por depósito direto, a deposição de areia nova criará características de superfície semelhantes às dunas naturais. O acúmulo de sedimentos arrastados pelo vento em dunas artificialmente engordadas pode ser acelerado com o uso de materiais de aterro compatíveis com transporte eólico, utilizando cercas de contenção de areia na duna engordada (não à frente dela), criando um talude suave em direção ao mar no aterro inicial depositado (Matias et al., 2005).

Fig. 3.3 Aterro de duna depositado e cerca frontal construídos em Ca 'Savio, Veneto (Itália), mostram a falta de sucesso da vegetação plantada no aterro em razão do impedimento de deposição eólica pelo uso de cercas de contenção de areia em direção ao mar

3.4 Construção de dunas por raspagem de praias

Construir dunas a partir de areia da praia com máquinas de terraplanagem (como denominações diversas, como escavação, gradeamento, raspagem) é uma opção comum em alguns locais (Conaway e Wells, 2005). A raspagem é uma maneira de mover a um ritmo rápido a areia de sua fonte natural para a área de dunas situada em direção à terra, sem causar uma alteração drástica dos depósitos sedimentares. A raspagem é capaz de recriar rapidamente dunas em praias com espaço restrito e que sofrem erosão, onde novas dunas não poderiam ser formadas ou sobreviver o suficiente para fornecer proteção contra tempestades. Pequenas operações de raspagem realizadas em nível municipal são comuns, porque muitos municípios têm pronto acesso a equipamentos de terraplanagem, e outras opções podem ser muito caras ou podem levar muito tempo (Nordstrom, 2000). A raspagem também pode ser realizada em um esquema de propriedade em propriedade (Conaway e Wells, 2005), porque é acessível.

Sedimentos raspados geralmente são colocados em forma de uma crista elevada que pode ser um pouco acidentada, resultante da deposição incremental por lâminas de escavadeira (Fig. 3.4). As formas podem ser retrabalhadas para assemelhar-se a diques planejados ou a formas mais naturais, mas há pouca razão para fazer isso em perfis de terrenos provisórios emergenciais. A crista alteada pode ser independente ou situada em direção ao mar de uma duna existente. A raspagem resulta em uma superfície não vegetada com substrato pouco compactado (Fig. 3.4). A superfície é suscetível a altas taxas de transporte eólico, deixando os depósitos mais grosseiros e bem distribuídos do que os sedimentos em dunas próximas (Conaway e Wells, 2005). É previsível um maior transporte eólico em direção à terra a partir da crista da duna, mas essas perdas a partir da duna serão menores em comparação com perdas provocadas por ondas (Conaway e Wells, 2005).

Fig. 3.4 A duna raspada em Mantoloking, Nova Jersey

A recomendação de operações de raspagem como forma de proteção costeira é duvidosa (Tye, 1983; McNinch e Wells, 1992). A raspagem a partir da praia para a duna muda a morfologia do sistema praia-duna, a distribuição granulométrica e as características internas do depósito mais que o volume transversal de sedimentos. Podem ser impostas restrições quanto à profundidade máxima que os sedimentos podem ser removidos uma vez que as implicações das mudanças na configuração praia-duna não são bem conhecidas. O Estado da Carolina do Norte limita a profundidade de raspagem na praia a 0,3 m e proíbe a raspagem em direção ao mar durante a maré baixa para a maioria dos permissionários (Conaway e Wells, 2005).

O plantio de vegetação em dunas raspadas pode ser contraproducente se as praias forem estreitas e forem frequentes os ciclos de erosão por ondas e a deposição mecânica. Grande parte da praia de Bogue Banks, na Carolina do Norte, é raspada anualmente, sendo o uso de cercas de contenção de areia uma opção melhor do que o plantio para limitar a erosão eólica dos novos depósitos de dunas temporárias (Conaway e Wells, 2005). Dunas raspadas em praias estreitas têm pouco potencial de recuperação, mas servem como lembrete de que as dunas são importantes no fornecimento de proteção contra inundações.

3.5 Construção de dunas com cercas de contenção de areia

As cercas de contenção já eram utilizadas em 1423, na Holanda e na Alemanha (Cordshagen, 1964, van der Laan et al., 1997). Elas podem ser utilizadas para (1) construir uma duna onde nenhuma duna existe; (2) preencher brechas na linha de cumeada de dunas existentes; (3) criar uma duna mais alta ou mais larga, tornando-a uma barreira mais eficaz contra a elevação das ondas, vento e areia arrastada pelo vento, além do *spray* marinho proveniente da praia, ou (4) construir um novo cordão de duna do lado do mar para a duna existente. Em todos esses casos, as cercas aumentam a probabilidade de espécies menos adaptadas aos estresses provocados pelo vento, tempestades de areia e *spray* marinho sobreviverem mais próximas da água. Cercas são uma das adaptações humanas mais importantes que afetam a morfologia e vegetação em costas arenosas, porque são uma das poucas estruturas permitidas ao largo da crista da duna em muitas jurisdições. Elas são baratas e de fácil colocação, geralmente utilizadas no limite altamente dinâmico entre praia e duna e muitas vezes são utilizadas em áreas de conservação da natureza, onde outras estruturas antrópicas são proibidas (Nordstrom, 2000). O método de colocação das cercas geralmente fica a critério dos gestores, apesar de existirem avaliações técnicas e diretrizes para sua utilização (por exemplo, Coastal Engineering Research Center, 1984; Ranwell e Boar, 1986; Hotta et al., 1987, 1991).

Os materiais das cercas incluem bastões e galhos de árvores que podem ser inseridos na areia individualmente e ripas de madeira, plástico e tecido de juta presos às estacas da cerca. Utilizar cercas com características diferentes e em diferentes formações (Fig. 3.2D) pode resultar em uma variação considerável na topografia e vegetação de dunas frontais ao longo e por toda a costa. As recomendações para configurações mais efetivas de cercas variam (Miller et al., 2001). Os alinhamentos retos de cercas paralelas à costa são comuns e parecem constituir o método mais econômico de construção de dunas de proteção (CERC, 1984, Miller et al., 2001), mas podem criar inclinações muito íngremes para que a vegetação plantada se estabeleça. A colocação de cercas paralelas pode criar uma duna frontal com uma base ampla e crista arredondada que pode parecer mais natural e tornar o plantio da vegetação mais fácil (Schwendiman, 1977).

Configurações em zigue-zague (Fig. 3.2D) são usadas com frequência. Cercas paralelas em zigue-zague podem criar dunas com cristas mais ondulantes e com uma inclinação mais suave das faces do que os alinhamentos retos, resultando em formas de dunas com aparência mais natural (Snyder e Pinet, 1981). Elas podem oferecer uma barreira mais eficaz para ventos soprando ao longo da costa do que cercas colocadas em configuração reta e paralela (Marcomini e López, 2006). Foram sugeridos espigões perpendiculares aos alinhamentos costeiros retos para aumentar as taxas de captura em locais com fortes ventos costeiros. Cercas com múltiplos níveis podem criar uma duna maior, com volume muito maior do que um único nível (CERC, 1984; Mendelssohn et al., 1991, Miller et al., 2001).

A eficiência do acúmulo de areia e alterações morfológicas depende da porosidade da cerca, altura, inclinação, escala e forma das aberturas, velocidade e direção do vento, das características da areia, do número de fileiras de cercas, da distância de separação entre as fileiras de cercas e da colocação em relação à topografia. Cercas com porosidade de aproximadamente 50% e espaçamento entre as áreas abertas e fechadas com menos de 50 mm parecem funcionar bem e preenchem sua capacidade em cerca de um ano onde a areia apresenta movimento considerável, de modo que as dunas atingem uma altura semelhante à da cerca e uma inclinação de 1(v) em 4(h) a 1(v) em 7(h) (CERC, 1984). Uma única fileira de cercas é economicamente eficiente com ventos de baixa velocidade, mas uma fileira dupla (espaçada a uma distância de cerca de quatro vezes a altura da cerca) pode prender a areia em altas velocidades mais rapidamente (CERC, 1984).

Uma cerca colocada no limite em direção ao mar da vegetação natural ou da linha de duna frontal pode estar situada longe o suficiente do mar para sobreviver ao ataque das ondas durante pequenas tempestades e têm uma ampla fonte de areia arrastada pelo vento em direção ao mar (CERC, 1984). Uma praia engordada que foi alargada artificialmente não possui essa característica. Estudos sugerem que as dunas construídas com cercas têm uma alta probabilidade de resistir a tempestades quando situadas a pelo menos 100 m da praia ativa (Dahl e Woodard, 1977; Miller et al., 2001). A decisão sobre onde colocar as cercas em uma praia engordada ou em uma praia alargada pelo extravasamento das ondas de ressaca também poderia ser baseada na opção entre criar um campo de dunas com menos sulcos e maior espaço para hábitats baixos e úmidos (baixadas úmidas) entre eles ou então um campo de dunas mais altas, secas e contínuas, com múltiplos cumes.

O uso de cercas em operações de construção de novas dunas é geralmente uma ação secundária tomada após a criação de uma duna primária de proteção com tratores (Mauriello, 1989; Matias et al., 2005). Assim, as cercas ajudam a estabilizar a superfície arenosa sem vegetação e evitam que propriedades próximas à duna sejam cobertas de areia, enquanto permitem que a superfície próxima à nova cerca evolua por meio da deposição eólica. A localização dessas cercas adicionais é crucial para determinar se a superfície do relevo formado por tratores poderá evoluir para uma duna com funcionamento mais natural. Ainda será necessária uma vegetação para estabilizar a superfície (CERC, 1984) e estabelecer uma trajetória natural.

A densidade e o número de fileiras de cercas podem ser maiores em alguns lugares, e as cercas podem permanecer como elementos visíveis em dunas estáveis (Fig. 3.5). Essas cercas representam limites físicos à livre circulação da fauna e criam os seus próprios micro-hábitats. Cercas biodegradáveis podem ser utilizadas em vez de cercas de madeira ou de plástico para criar uma crista de duna inicial, evitando os riscos em longo prazo para os animais cavadores e diminuindo a influência humana na paisagem. Miller et al. (2001) constataram que o tecido de juta utilizado em cercas deteriorou-se no prazo de um ano a 18 meses da colocação, mas a acumulação foi igual à obtida por cercas de madeira ao longo desse período. Um intervalo de 18 meses permitiria que as cercas permanecessem no local durante duas estações de ventos mais fortes.

A interferência das cercas no movimento da fauna pode ser reduzida com o emprego de configurações que criem corredores, seja deixando brechas curtas entre seções mais longas das cercas, seja pela colocação de cercas como segmentos curtos transversais à costa e aos ventos predominantes (Fig. 3.2D3). Essas brechas podem ser usadas pelas tartarugas e aves, garantindo o acesso a locais além das dunas, em direção à terra. Cercas colocadas em ângulos contra ventos dominantes e tempestades reduzem a probabilidade de transporte eólico e extravasamento de água do mar, enquanto fornecem acesso ao nível da praia posterior, mas não seriam tão desejáveis quanto caminhos sobre a crista da duna se ela for construída para proteção das instalações antrópicas e o acesso for principalmente para as pessoas.

Fig. 3.5 Ocean City, NJ, mostra várias fileiras de cercas abandonadas sobre a duna após acreção em uma praia alargada por engordamento artificial

3.6 Construção de dunas com vegetação

Houve muitas experiências de construção de dunas utilizando vegetação nos anos 1960 e 1970, que resultaram na criação de muitas orientações para o plantio (por exemplo, Woodhouse e Hanes, 1967; Bilhorn et al., 1971; Graetz, 1973; Adriani e Terwindt, 1974; Woodhouse, 1974; Davis, 1975; Seltz, 1976; Dahl e Woodard, 1977; Schwendiman, 1977; Woodhouse et al., 1977; Broome et al., 1982; Salmon et al., 1982; Ranwell e Boar, 1986). As agências e departamentos governamentais desenvolveram suas próprias orientações, muitas vezes com base nesses relatórios (CERC, 1984, Hamer et al., 1992; Skaradek et al., 2003; Broome, s/d). Muitas orientações agora são encontradas em sites. Os estudos de campo de projetos de plantio mais recentes e suas avaliações incluem van der Putten (1990), Mendelssohn et al. (1991), Schulze-Dieckhoff (1992), van der Laan (1997), Freestone e Nordstrom (2001), Miller et al. (2001) e Feagin (2005). Esses estudos continuam a lançar uma nova luz sobre os resultados dos experimentos anteriores, embora a maioria das orientações reflita os princípios desenvolvidos há várias décadas.

Os fatores importantes para o plantio bem-sucedido são identificados no Quadro 3.1. Alguns destes, como a suscetibilidade ao fogo e a capacidade de fixação de nitrogênio, são mais relevantes para a utilização em dunas interiores, abordadas no Cap. 4. Para cada projeto de recuperação, a importância de cada fator na determinação dos métodos depende do local e não será discutido em detalhes aqui.

Quadro 3.1 Fatores importantes para o plantio de vegetação na construção de dunas frontais ou para estabilizar dunas móveis

Fator	Importância
Nativa ou exótica	Compatibilidade com outras espécies
Perene ou anual	Eficiência em estações sem crescimento
Adaptabilidade ao enterramento	Colocação em relação à praia e a superfícies móveis
Capacidade de fixação de nitrogênio	Auxílio ao estabelecimento de espécies em dunas posteriores
Altura e largura de ramos	Capacidade de retenção de areia e proteção para outras espécies
Época ideal de plantio	Sobrevivência da planta
Velocidade de germinação	Taxa de crescimento e habilidade de sobreviver a mudanças meteorológicas
Taxa de crescimento	Tempo necessário para atingir estabilidade; morfologia da duna
Capacidade de espalhamento subterrâneo	Sobreviver em condições extremas de superfície; morfologia da duna
Capacidade de competir com ervas daninhas	Potencial de sobrevivência; necessidade de gestão adaptativa
Densidade de crescimento	Eficiência na estabilização da superfície e retenção de areia
Suscetibilidade a doenças	Potencial de sobrevivência
Suscetibilidade ao fogo	Potencial de sobrevivência/riscos
Períodos de dormência	Potencial para transporte eólico
Valor como alimento ou proteção	Utilização pela fauna-alvo
Disponibilidade (no local ou em viveiros)	Relação custo/benefício
Métodos de instalação (colmos, sementes)	Relação custo/benefício

Quadro 3.1 FATORES IMPORTANTES PARA O PLANTIO DE VEGETAÇÃO NA CONSTRUÇÃO DE DUNAS FRONTAIS OU PARA ESTABILIZAR DUNAS MÓVEIS (continuação)

Fator	Importância
Comprimento e profundidade de plantio	Potencial de sobrevivência; habilidade inicial de retenção
	Relação custo/benefício
Espaçamento entre as plantas	Capacidade de retenção de areia; relação custo/benefício
Necessidade de fertilizantes	Sobrevivência da planta; velocidade de crescimento
Necessidade de umidade do solo	Método/profundidade de plantio

Fonte: Schwendiman (1977), Hesp (1989).

Os processos biológicos e geomorfológicos que formam dunas frontais naturais novas ou incipientes são revistos por Hesp (1989; 1991). As plantas que prosperam em ambientes dinâmicos de praia/dunas estão adaptadas aos estresses associados ao *spray* marinho, jatos de areia, enterramento de areia, inundação por espraiamento, alagamento periódico, aridez, alta intensidade de luz, temperaturas elevadas, ventos fortes, salinidade da areia e deficiência de nutrientes (Hesp, 1991). As espécies mais úteis na construção de dunas frontais reagem rápida e positivamente ao enterramento. Dentre as espécies nativas mais úteis para a construção das dunas frontais iniciais estão a *Ammophila arenaria* no norte da Europa, a *Ammophila littoralis* no sul da Europa, *Spinifex* spp. na Austrália e Nova Zelândia, *Ammophila breviligulata* na costa leste dos EUA, *Panicum amarum* e *Uniola paniculata* no sudeste e litoral do Golfo do México.

A vegetação básica para a estabilização de dunas deve ser de fácil propagação, colheita, armazenamento e transplante, com elevada taxa de sobrevivência. Deve estar disponível comercialmente em viveiros locais a um custo relativamente baixo e ser capaz de crescer em uma variedade de micro-hábitats em dunas frontais com espaço restrito (Feagin, 2005; Broome, s/d). O plantio deve ser feito o mais longe possível da água, para evitar a erosão pelas ondas antes de seu estabelecimento.

As épocas ideais de plantio são diferentes para diferentes espécies. No sudeste dos EUA, a melhor época para o plantio de *Ammophila breviligulata* é entre novembro e março; a melhor época para o plantio de *Uniola paniculata* é entre março e maio (Broome, s/d). Nas partes mais protegidas das dunas frontais na Holanda, mudas de *Festuca rubra*, *Carex arenaria* e *Elymus athericus* são mais bem-sucedidas se plantadas em novembro e não em abril, no entanto pode não haver impacto da época se forem usadas sementes (van der Putten e Peters, 1995).

As taxas de acreção no plantio de vegetação são lentas em relação às taxas com utilização de cercas, e as dunas podem apresentar acreção baixa no primeiro ano após o plantio (Mendelssohn et al., 1991, Miller et al., 2001). Se um rápido crescimento da duna for necessário, as cercas são consideradas indispensáveis na fase inicial de construção da duna (Mendelssohn et al., 1991). Cercas tendem a criar faces de dunas íngremes que podem ser incompatíveis à utilização pela fauna (Melvin et al., 1991), portanto, se o tempo não for um fator crítico, o uso apenas da vegetação é recomendado para construir uma duna com características internas e externas representativas de dunas naturais.

Para o enterramento, a *Ammophila* é especialmente adequada como principal construtora de duna em regiões com clima temperado (Van der Laan et al., 1997). A deposição de nutrientes pelo vento elimina concorrentes e permite que as plantas produzam novas raízes em substrato livre de patógenos do solo (nematoides e fungos). Quando a deposição de areia diminui, a *Ammophila* sofre degeneração (van der Putten e Peters, 1995). Há muitos casos de insucesso no plantio de *Ammophila* em locais onde há pouca deposição de areia (van der Putten, 1990), de modo que ela não deve ser plantada se barreiras ao transporte de areia estiverem posicionadas em direção ao mar (Fig. 3.3).

Algumas espécies que crescem na parte posterior das dunas que brotariam em um gradiente ambiental natural surgiram em dunas construídas em Ca 'Savio (Fig. 3.3), mas a superfície é carente da *Ammophila* remanescente que normalmente preenchia os espaços entre essas plantas. Dessa forma, não estão presentes as vantagens ecológicas oferecidas pela *Ammophila* intercalada com a vegetação em estágios mais avançados. Mesmo densas relvas plantadas de *Ammophila* podem sofrer degeneração quando entradas de areia pelo lado do mar são bloqueadas, mas isso não representa um problema quando a perda coincide com a colonização por espécies mais sucessionais (Vestergaard e Hansen, 1992). Outra alternativa é o plantio de espécies sucessionais onde a deposição de areia não pode ser reiniciada (van der Putten e Peters, 1995).

A *Ammophila* reproduz-se por meio de rizomas depositados na praia depois que as plantas são erodidas das dunas, e pode ser plantada como colmos ou por fragmentos de rizomas deixados por gradeamento. Elas também podem ser semeadas se a superfície arenosa estiver temporariamente estabilizada, mas o método mais tradicional é o plantio de feixes de colmos (van der Putten, 1990; van der Putten e Kloosterman, 1991).

Ocasionalmente a *Ammophila* reproduz-se a partir de sementes em baixadas úmidas (van der Putten, 1990), mas outras espécies podem ser mais apropriadas para plantio nesses ambientes. Nos EUA, a *Spartina patens* oferece um bom equivalente à *Ammophila* em depressões intercordões das dunas que podem estar sujeitas a secas periódicas (Feagin, 2005). O plantio de vegetação anual ou outras espécies ruderais não é tão útil ou necessária durante os esforços iniciais de plantio, pois elas acabarão por colonizar oportunamente a duna por si só (Feagin, 2005).

Geralmente, os programas de plantio usam uma única espécie. Outras espécies, inclusive algumas ameaçadas de extinção, podem colonizar áreas recuperadas se pequenas populações estiverem presentes nas proximidades e se mecanismos de dispersão como vento, água ou animais forem eficazes (Huxel e Hastings, 1999; Snyder e Boss, 2002; Grootjans et al., 2004; Redi et al., 2005). Estabilizar a superfície arenosa com uma espécie pode melhorar condições ambientais extremas e facilitar o estabelecimento de outras espécies menos adaptadas a ambientes estressantes (Bertness e Callaway, 1994; Callaway, 1995; Martínez e García-Franco, 2004; De Lillis et al., 2005). A inoculação com fungos micorrízicos arbusculares também tem o potencial de acelerar a estabilização das dunas e vegetação (Gemma e Koske, 1997; Koske et al., 2004). Cada tipo de vegetação tem características únicas que podem retardar a erosão durante tempestades (Morton, 2002) ou torná-la mais valiosa por outras razões. Algumas espécies crescem e estabilizam rapidamente a superfície, mas são suscetíveis a pragas, ao passo que outras espécies resistem às pragas e proporcionam maior estabilidade em longo prazo, mas crescem lentamente (Woodhouse et al., 1977). Algumas espécies podem criar taludes mais íngremes ou suaves, que afetam a circulação de sedimentos e da fauna.

Uma mistura de duas ou mais espécies pode ser plantada para melhorar a viabilidade da cobertura vegetal e a estabilidade das dunas em longo prazo (Woodhouse et al., 1977). Outras espécies podem ser adicionadas para diversificar a vegetação e proporcionar proteção contra o vento, aumentar hábitats alternativos, aumentar o valor estético ou controlar visitantes, mas espécies diferentes dos construtores iniciais da duna podem ser suscetíveis à perda em dunas frontais ativas, especialmente nas fases iniciais de construção da duna, quando os estresses físicos são maiores (Belcher, 1977; Mauriello, 1989).

As espécies nativas podem ser caras, exigir muito tempo de plantio e ser lentas para tornarem-se eficazes (Avis, 1995; Lubke, 2004), o que levou à utilização de espécies exóticas no passado. Algumas espécies exóticas, particularmente a *Ammophila arenaria*, da África do Sul e Austrália, ainda são utilizadas por agências governamentais para construir dunas e estabilizar superfícies, mas apenas em locais onde as espécies não excluem a recolonização de espécies nativas. A *A. arenaria* perde o vigor com o aumento da estabilidade da areia e é substituída por plantas nativas, e esse plantio ou semeadura entre as plantações de novas A. arenaria ajuda a garantir a sua rápida substituição (Hertling e Lubke, 1999). Ao considerar os problemas associados às espécies exóticas em muitos locais e a necessidade de programas para eliminá-las ou reintroduzir a dinâmica natural em paisagens excessivamente estabilizadas (Cap. 4), sua utilização parece ser pouco útil para a estabilização.

Uma vegetação representativa de estágios posteriores de sucessão pode ser plantada em áreas protegidas para acelerar a sucessão e aumentar a riqueza de espécies, embora espécies não plantadas ou semeadas possam invadir essas áreas, se fontes de sementes adequadas estiverem disponíveis na vegetação natural nas proximidades (Avis, 1995). A necessidade de áreas que sirvam de fontes para as espécies mais raras é particularmente importante para manter a variedade de espécies em locais onde sua rotatividade é alta (Snyder e Boss, 2002). Do ponto de vista da conservação da natureza, espécies inusitadas e especiais, que dependem dos aspectos mais naturais, devem ter prioridade sobre as espécies mais comuns que, muitas vezes, constituem o grosso da nova vegetação em hábitats alterados (Doody, 2001). Doody (2001) identifica muitas espécies raras e em declínio nas dunas europeias, incluindo *Liparis loeselii* ao Sul do País de Gales, *Dactylorhiza incarnata* e *Parnassia palustris* nas ilhas Wadden e *Centaurium littorale, Eryngium maritimum, Vicia lathyroides* e *Carex ligerica* na Lituânia. Muitas espécies típicas de dunas posteriores não sobreviveriam se colocadas perto da praia sob condições de uma duna em evolução natural, mas são capazes de sobreviver em razão dos esforços humanos em curso.

3.7 Múltiplas estratégias para construção de dunas

O valor do hábitat das dunas frontais construídas inicialmente para proteger instalações antrópicas pode ser muito maior, se lhe for permitido alcançar uma maior diversidade biológica e topográfica. A forma e a função naturais devem ser os objetivos quando as estruturas antrópicas não estiverem em perigo iminente. Os resultados em Ocean City, New Jersey (Fig. 3.1), revelam as vantagens de permitir que a deposição eólica natural ocorra, com o auxílio de cercas e plantio apenas de *A. breviligulata*. O projeto de proteção costeira ali não tinha nenhum objetivo global de recuperação, mas ilustra como o perfil de terreno e vegetação em funcionamento natural, com o seu dinamismo inerente, podem evoluir após praias e dunas serem inicialmente construídas para fornecer proteção às estruturas urbanas. Um projeto federal usou 6,6 milhões de m³ de aterro dragado de uma enseada próxima para criar uma berma de praia de 30 m de largura. O município colocou duas fileiras de cercas para barrar a areia a 5 m de distância e plantou uma única espécie (*Ammophila breviligulata*) nos espaços entre elas. A praia engordada oferece uma excelente fonte de sedimentos levados pelo vento e protege as dunas frontais contra danos causados por ondas durante pequenas tempestades. O município colocou fileiras de cercas para barrar a areia sequencialmente, no lado da duna em direção ao mar, para incentivar o crescimento horizontal em vez de vertical. Assim, os residentes poderiam manter a vista para o mar. A designação de locais de nidificação para batuíras-melodiosas por meio do programa estadual de proteção às espécies ameaçadas resultou na proibição da limpeza da praia com rastelo. Tal ação levou à colonização local da pós-praia por plantas e ao crescimento de dunas incipientes que sobreviveram a várias tempestades de inverno e formaram novos cordões de dunas frontais ao largo das dunas mantidas por cercas. A porção da duna em direção ao mar é dinâmica, mas a crista em direção ao interior, construída pelas cercas e plantações de *Ammophila*, mantém sua integridade como estrutura de proteção.

Um estudo de campo sobre vegetação em dunas frontais cercadas por cercas próximas à duna retratada na Fig. 3.1 revelou 16 táxons de plantas, sete anos após os esforços iniciais de construção de uma duna de proteção e 22 táxons no ano seguinte (Nordstrom et al., 2007a). A presença de fontes naturais de sementes nas proximidades permitiu a ocorrência da sucessão, mesmo enquanto algumas porções da duna mantiveram seu dinamismo. As espécies são típicas das dunas remanescentes em segmentos ainda pouco urbanizados, no litoral da região. É importante ter reservas de fontes de sementes e material vegetal nas proximidades, para a manutenção de hábitats, inclusive em reservas naturais (Castley et al., 2001). A recuperação de novos enclaves naturais em áreas urbanizadas oferece novas reservas mais próximas dos locais visados para a recuperação futura.

Pontos críticos de erosão local ocorreram onde cercas deterioradas ou trechos com pouca vegetação em dunas frontais criadas artificialmente contribuíram para o aumento de inundação de areia em áreas vegetadas adjacentes, invertendo assim a tendência de um hábitat mais estável (Nordstrom et al., 2007a). Pode-se permitir a evolução de espaços como esses ou cercas podem ser usadas para construir um cordão em direção ao mar para evitar inundação de areia e aumentar a velocidade de sucessão (Nordstrom et al., 2007a). Limitar o uso de cercas para estabilizar pequenas zonas dinâmicas irá reproduzir a sequência temporal de estabilização da duna e favorecer um mosaico de hábitats que Castillo e Moreno-Casasola (1996) consideraram valioso para a reprodução das espécies. Dependendo de como e quando cercas (ou plantio de vegetação) são utilizadas para preencher as brechas, uma duna frontal poderia refletir as diferenças de topografia e reversões cíclicas na sucessão da vegetação encontrada em um perfil de terreno mais dinâmico ou sequências mais uniformes encontradas nos perfis de terrenos mais estáveis que as pessoas muitas vezes preferem. A construção de novas cercas é uma abordagem mais tradicional e conservadora, mas que deve ser avaliada com mais cuidado, considerando seu menor potencial de recuperação. A opção por "esperar para ver" seria preferível à estabilização categórica de pequenos pontos críticos de erosão.

Tempo e espaço são fundamentais para a evolução dos gradientes de vegetação após o plantio do estabilizador inicial (Freestone e Nordstrom, 2001; Lubke e Hertling, 2001). Uma praia alargada artificialmente e o uso de cercas e plantio de vegetação para ajudar a criar e estabilizar a crista da duna inicial em Ocean City permitiu que a duna cumprisse rapidamente sua função de proteção contra inundações para edifícios e infraestruturas. Uma vez que a duna alcançou sua função protetora, poderia evoluir como um ambiente com funcionamento natural.

3.8 Conclusão

A maioria dos projetos de construção de dunas não é concebida como projeto de recuperação, mas pode atingir objetivos de recuperação com pequenas mudanças em suas práticas. Geralmente, planos de plantio complexos não são necessários após o plantio do estabilizador inicial, e muitas vezes não há necessidade de estabilizar as porções de areia sem cobertura ou as brechas nas dunas frontais se porções das dunas em direção ao interior continuarem a fornecer proteção para instalações situadas ao seu largo. Dunas frontais naturais são inerentemente dinâmicas e fragmentadas (Martínez et al., 2004; Garcia Novo et al., 2004), e a duna deve conter porções com fácies de vegetação temporária de acordo com o histórico de eventos ambientais (Garcia Novo et al., 2004). Porções de dunas naturais estão sempre em um estágio inicial. A composição de espécies pode mudar de ano para ano em alguns lugares, embora a variedade de espécies e a cobertura sejam quase constantes (Snyder e Boss, 2002). Assim, as tentativas de criar imediatamente uma estrutura de comunidade madura em ambientes recuperados e as tentativas de estabilizar categoricamente áreas sem cobertura podem não ser necessárias. A seleção de locais de recuperação próximos a hábitats ocupados por espécies-alvo pode compensar atrasos na recuperação de espécies.

Cercas e plantio de vegetação podem ser usados para construir dunas em um ambiente carente de areia, mas, inevitavelmente, o engordamento da praia será necessário para manter uma duna saudável e bem vegetada em uma costa em erosão (Mendelssohn et al., 1991). Um projeto de engordamento de praia em grande escala pode fornecer o volume necessário de areia para a formação de dunas, mas o engordamento de manutenção será necessário para manter a integridade das dunas, em razão da erosão e competição por espaços recreacionais. A paisagem de duna recuperada (não apenas a praia de recreação ou o desenvolvimento) deve ser considerada como um recurso e ser protegida pelo engordamento. A preservação do perfil do terreno e hábitats existentes, sejam naturais ou criados pelo homem, pede pequenas e frequentes operações de engordamento de manutenção, embasando estudos que sugerem essas operações para a manutenção de praias como estruturas de proteção (Dette et al., 1994; van Noortwijk e Peerbolte, 2000). O calendário de três anos, previsto para projetos de realimentação em Nova Jersey (USACOE, 1989, 1996), foi suficiente para garantir essa proteção.

4

Recuperação, processos, estrutura e funções

4.1 Crescente complexidade e dinamismo

Ações que podem ser tomadas para restabelecer praias e dunas modificadas pelo homem a uma trajetória natural incluem a recuperação de sedimentos, formas básicas de perfis de terrenos, características de micro-hábitats e processo de retrabalho por ondas e ventos. As considerações sobre a recuperação de sedimentos e das formas básicas de perfis de terrenos foram apresentadas nos Caps. 2 e 3. Este capítulo identifica as ações que podem ser tomadas para garantir que os perfis de terrenos criados ou geridos para atingir determinadas funções utilitárias e os perfis de terrenos degradados pela exploração humana possam funcionar mais naturalmente mediante (ou na ausência de) ações humanas, para reiniciar os ciclos de crescimento e decadência e favorecer o retrabalho por ondas e ventos. A gestão de perfis de terrenos para atingir seu pleno potencial de restabelecimento envolve a avaliação desses terrenos, de acordo com vários critérios relacionados a indicadores ecológicos, geomorfológicos e sociais (Quadro 4.1), permitindo a estes a liberdade para evoluir com a mínima contribuição humana. A maioria dos esforços para controlar paisagens a fim de aperfeiçoar valores naturais consegue atingir apenas alguns poucos objetivos de recuperação, enquanto a mobilidade das formas e dos hábitats pode ser limitada pela necessidade de manter os projetos pequenos por causa do custo ou das restrições espaciais, mas, coletivamente, esses esforços revelam as maneiras como muitos objetivos de recuperação podem ser conduzidos. Uma questão importante para garantir o sucesso em longo prazo dos projetos de recuperação ambiental é a liberdade dada para que os processos naturais ocorram.

Quadro 4.1 Indicadores geomorfológicos, ecológicos e sociais que podem ser utilizados para estabelecer as condições desejadas para planos de recuperação, avaliar os resultados ou fornecer a base para a gestão adaptativa

Composição

Distribuição, padrões

Proporções e números de espécies e tipos de manchas

Proporções de espécies endêmicas e exóticas

Número de espécies ameaçadas ou em extinção

Estrutura

Heterogeneidade

Conectividade

Dispersão

Fragmentação

Tamanho de mancha e frequência de distribuição

Altura do dossel, densidade e extratos

Função

Dinâmica das manchas

Fluxos de energia

Níveis tróficos e ligações

Taxas de produtividade/crescimento

Perturbações e persistência

Adaptações

Histórias de vida e processos demográficos

Processos físicos

Direção, velocidade, sazonalidade do vento

Quantidade e sazonalidade das chuvas, efeitos adversos sobre o transporte eólico

Altura, periodicidade e sazonalidade de ondas, características de tempestades

Níveis de água (marés, maré meteorológica)

Correntes costeiras e bancos sedimentares

Barreiras que impeçam a troca de sedimentos (estruturas de proteção, cercas)

Características do perfil de terreno

Largura e altura da praia, presença de escarpas praiais

Características de superfície (tamanhos de grãos transportáveis, superfícies residuais, detritos/lixo)

Quadro 4.1 INDICADORES GEOMORFOLÓGICOS, ECOLÓGICOS E SOCIAIS... (continuação)

Características do perfil de terreno
Altura da duna, largura, número de cordões, baixadas úmidas, idade, taludes e locais sujeitos a extravasamento de água do mar na duna
Locais de mobilidade de areia na duna
Características do solo
Perfil do solo
Nutrientes
Presença de sementes, infauna
Tendências de relação ao uso humano
Oportunidades para recreação
Interesse histórico ou arqueológico
Saúde e segurança
Qualidades estéticas
Ambiente psicológico
Interesses das partes envolvidas
Coerência com planos e políticas governamentais

Fonte: Westman, 1991; Lubke e Avis, 1998; Espejel et al., 2004.

4.2 A QUESTÃO DO DINAMISMO

Alterações antrópicas em praias e dunas podem introduzir instabilidade temporária, mas a gestão em longo prazo dos recursos costeiros para uso humano geralmente leva a uma maior estabilidade (Nordstrom, 2000). A implantação de projetos massivos de estabilização de dunas após períodos de ativação de campos de dunas em séculos passados estabeleceu um forte precedente para estabilizar todas as porções não vegetadas de dunas. A estabilidade ainda é muitas vezes o objetivo principal da gestão das dunas construídas ou modificadas para fins de proteção costeira (Simeoni, 1999), e os sistemas estabilizados podem até ser favorecidos por gestores de recursos naturais que pretendem proteger uma espécie importante ou um inventário ambiental específico. Nem sempre é fácil para os gestores considerar a mudança como um fator positivo em termos de conservação (Doody, 2001), mas muitos cientistas defendem que sistemas dinâmicos permitem que a natureza se submeta a trocas de sedimentos, nutrientes e biota; siga os ciclos de acreção, erosão, crescimento, e decadência; e mantenham diversidade e complexidade (De Raeve, 1989; Wanders, 1989; Doody, 2001). Maior diversidade, por sua vez, resulta em maior capacidade de resistência (García-Mora et al., 2000). Níveis moderados de perturbações podem ter efeitos benéficos sobre o recrutamento de espécies (Grime, 1979) e superar a invasão por espécies menos desejáveis (Ketner-Oostra e Sýkora, 2000). A tolerância ao enterramento de espécies sobre dunas de areia é uma das principais causas da zonação de espécies vegetais em dunas frontais costeiras, e o enterramento de plantas construtivas de dunas pode ter um efeito positivo e estimulante ao crescimento das plantas e evitar a degeneração (Maun, 2004). Muitas espécies florísticas podem ocorrer em dunas de areia, mas as espécies mais dependentes de hábitats de dunas tendem a se concentrar em zonas com maior movimento de areia (Castillo e Moreno-Casasola, 1996; Rhind e Jones, 1999).

Formas naturais costeiras são dinâmicas, mas não frágeis. O conceito de fragilidade está relacionado à percepção de que um perfil de terreno deve manter uma forma específica para funcionar como estrutura de proteção ou de que a manutenção de um inventário de espécies estático é o equivalente à proteção da natureza (Nordstrom et al., 2007c). Tempestades trazem as maiores mudanças naturais para praias e dunas e fazem parte do ciclo natural de mudanças, além de representarem o perigo natural mais universal e recorrente enfrentado por animais de costas arenosas (Brown et al., 2008). As tempestades podem causar grande mortalidade de organismos, mas a recuperação pode ser rápida, mesmo em ambientes continentais às praias e dunas frontais (Valiela et al., 1998). A capacidade de sobrevivência de certos organismos por meio de comportamento é uma característica fundamental de muitos animais de costas arenosas, e a competição interespecífica é minimizada, porque poucas espécies da macrofauna conseguem tolerar condições adversas (Brown, 1996). Alguns integrantes da fauna podem tirar proveito das mudanças que ocorrem diariamente nas praias, ao passo que outras tiram proveito de novos ambientes criados por tempestades pouco frequentes. Os ambientes naturais preferidos por batuíras para nidificação são os canais de maré e plataformas formadas por extravasamento da água do mar (Melvin et al., 1991) que são subprodutos da recente e rápida mudança física. Assim, as tempestades criam e definem o ecossistema, e não o ameaçam (Brown et al., 2008). Ações humanas para minimizar o impacto das tempestades podem ameaçar o ecossistema, estabilizando ou reduzindo a zona dinâmica ou separando seus componentes ao utilizar estruturas de proteção.

Mudanças rápidas são a norma para dunas costeiras. Elas são ambientes robustos, dinâmicos e heterogêneos que frequentemente apresentam um padrão de agregação de áreas com e sem vegetação, com composição vegetal irregular, devido ao funcionamento de uma série de filtros ambientais que produzem um ambiente variado e mantém a sua diversidade (Ritchie e Penland, 1990; Doody, 2001; García-Novo et al., 2004; Martínez et al., 2004). Uma duna mantida como um sistema dinâmico pode ser mais resistente à erosão, mais barata de manter, ter maior valor ambiental e ser mais sustentável do que uma duna fixa (Heslenfeld et al., 2004). A sequência de sucessão de dunas costeiras raramente ocorre em uma progressão linear de uma fase para outra, mas revela uma complexidade na sua variação espacial e temporal que dá uma diversidade não encontrada em hábitats mais estáveis, tais como florestas, pastagens permanentes ou mangues (Doody, 2001). A condição ideal para ambientes de dunas pode ser aquela em que diferentes trechos evoluem em velocidades ou fases diferentes, proporcionando muitos ambientes alternativos caracterizados por diferentes graus de movimento sedimentar e coberturas de solo. Diferentes espécies de aves reprodutoras preferem diferentes tipos e densidades de vegetação (Verstrael e van Dijk, 1996). As zonas mais ricas das dunas encontram-se onde aglomerados de vegetação estabilizada ocorrem perto da areia exposta instável e onde as espécies de nidificação em solo exposto podem se alimentar da vegetação mais densa ou encontrar refúgio (Doody, 2001). Algumas espécies da fauna dependem da justaposição de areia sem cobertura e manchas de vegetação (Maes et al., 2006).

Os gestores muitas vezes visam fechar e revegetar as ravinas formadas nas dunas por ação dos ventos. Elas perturbam a cobertura vegetal, debilitam o substrato, contribuem para a inundação de areia em suas margens, aceleram os ventos localmente, reforçam o transporte de sal aerossol mais para o interior e invertem as tendências sucessionais (Hesp, 1991). Elas também podem sofrer erosão eólica próximo ao nível freático, onde podem evoluir para baixadas úmidas (Doody, 2001). Muitos desses efeitos eram considerados indesejáveis há menos de duas décadas (Nordstrom e Lotstein, 1989), mas as opiniões a esse respeito estão mudando. O ambiente intersticial de baixadas úmidas pode oferecer um ambiente relativamente hospitaleiro para a fauna intersticial (van der Merwe e McLachlan, 1991) e baixadas úmidas atuam como centros de diversidade em dunas móveis ou dunas superiores estabilizadas (Grootjans et al., 2004; Lubke, 2004). Áreas secas com pouca vegetação, mais acima das dunas em ambientes recém-criados ou em evolução não são tão insustentáveis como muitas vezes se pensa. Fauna de invertebrados prospera em dunas expostas e secas que são, muitas vezes, mais quentes do que áreas circunvizinhas (Doody, 2001). Um número relativamente elevado de espécies e abundância de microartrópodes do solo podem ocorrer em dunas jovens, apesar da pouca cobertura vegetal e variedade de espécies de plantas, e do reduzido teor de material orgânico (Koehler et al., 1995).

Muitas vezes, o limite de dinamismo que pode ser tolerado está relacionado com a distância até a infraestrutura mais próxima. Os perfis de terrenos costeiros e a vegetação sobre eles dissipam a energia das ondas e marés, amortecendo a energia sobre uma área ampla, de modo a reduzir o estres por unidade de área abaixo dos limiares críticos, pelo menos para estresses de energia baixos e moderados; um requisito importante para que isso aconteça é haver espaço suficiente para o desenvolvimento de formas de equilíbrio (Mimura e Nunn, 1998; Pethick, 2001). Se houver espaço insuficiente, podem ser necessários esforços de gestão para controlar e adaptar as mudanças, em vez de impedi-las ou liberá-las completamente, usando uma estratégia que pode ser chamado de "dinamismo controlado" (Nordstrom et al., 2007c). Os controles podem visar à magnitude da mudança, oferecendo proteção contra alguns efeitos de tempestades ou alguns efeitos antrópicos, mas não contra todos eles; ou controlar a localização das alterações, protegendo ou abandonando hábitats naturais ou usos humanos em algumas regiões, mas não em todas. Este capítulo e os que seguem identificam muitas das concessões que precisarão ser feitas para aumentar o dinamismo dos perfis de terrenos costeiros.

4.3 Alteração ou remoção de estruturas de proteção costeira

As pessoas usam estruturas de proteção à erosão costeira há séculos, estabelecendo um precedente difícil de ser quebrado. A recente ênfase na utilização de aterro como a principal opção de proteção costeira reduziu imensamente o número de novas estruturas construídas, mas ainda é muito cedo para esperar que as estruturas existentes sejam modificadas para permitir perfis de terrenos e hábitats mais dinâmicos. Provou-se que projetos em pequena escala são possíveis, como a remoção de estruturas de proteção da costa para permitir que fazendas ou áreas de acampamento fossem submetidas ao retrabalho por ventos e ondas. Dunas alteradas por acampamentos podem se recuperar lentamente pelo deslocamento de áreas de utilização mais intensiva para locais mais afastados da praia e das dunas frontais ativas (Isermann e Krisch, 1995). A remoção dirigida é uma opção viável para o restabelecimento de um sistema costeiro geomorficamente autossustentável (ou seja, autorregulado) em costas urbanizadas (Cooper e Pethick, 2005), mas os investimentos em infraestrutura provavelmente impedem o uso dessa opção em larga escala, pelo menos no curto e médio prazos (Nordstrom e Mauriello, 2001; Blott e Pye, 2004).

4.3.1 Rompendo diques e dunas

Diques são realocados em direção à terra ou rompidos em diversas seções em todo o mundo, mas geralmente em ambientes estuarinos (Holz et al., 1996; Abraham, 2000; Warren et al., 2002; Myatt et al., 2003; Balletto et al., 2005; Garbutt et al., 2006). Essas alterações podem ser impulsionadas pela necessidade de recuperar prados de capim marinho perdidos, melhorar as condições para as espécies ameaçadas que utilizam as zonas úmidas e aumentar o grau de proteção oferecida pelos diques menores que substituem diques antigos (Jeschke, 1983; Lutz, 1996).

As brechas naturais em diques na costa aberta podem ter efeito positivo sobre a biodiversidade (van der Veen et al., 1997). Pelo menos um projeto de relocalização de dique está previsto para uma nova praia/sistema de dunas na costa exposta. O local está situado em uma península na costa báltica da Alemanha, no parque nacional perto de Zingst, no Estado de Mecklemburgo-Pomerânia Ocidental. Lá, um novo dique será construído no centro da península, seguido de abertura de brechas no dique antigo em direção ao mar e remoção do dique antigo do lado da baía. O antigo sistema de diques protege a superfície da península, que foi recuperada para proporcionar pastagem e proteger o continente de inundações. As alterações previstas permitirão a invasão das ondas do mar Báltico sobre uma área maior, diminuindo a energia das ondas antes de chegar ao novo dique e criando um mosaico de areia plana, duna, áreas baixas e úmidas e comunidades arbustivas sobre a antiga área de pastagem. O extravasamento da água do mar ocorrerá sobre uma área maior da restinga, mas não por toda a sua largura, como era possível durante as grandes tempestades antes da construção dos diques antigos. Um dique no centro da restinga ainda protegerá o continente das grandes marés meteorológicas no Mar Báltico e evitará a formação de um canal de maré. A remoção do dique do lado da baía permitirá inundações periódicas da restinga por aquele lado, onde as alturas das ondas e os níveis de arrebentação são menores do que no lado do mar Báltico. Essas inundações farão com que a superfície baixa evolua para um prado de capim marinho. Permitir as inundações periódicas nos pôlderes antigos trará sedimentos mais finos, reiniciará o crescimento da turfa e permitirá que a superfície acompanhe o aumento do nível do mar. A superfície estará indisponível para exploração humana durante as inundações periódicas, mas irá fornecer pasto durante o verão, quando não houver enchentes (Nordstrom et al., 2007c). Praticamente toda a península irá evoluir por processos naturais, ao passo que a proteção do continente contra cheias será mantida. A diferença entre a paisagem recuperada e uma paisagem verdadeiramente natural será a dissociação do contato entre o planalto e a área mais baixa e úmida com a nova localização do dique, a falta de contribuição periódica de processos do Mar Báltico sobre a vegetação e menos inundações e retrabalho do continente durante grandes tempestades.

As dunas, assim como os diques, podem ser mecanicamente rompidas, ou pode-se permitir que as dunas sejam erodidas até o ponto em que são rompidas por ondas de ressaca. Planejadores estatais em Mecklemburgo-Pomerânia Ocidental pretendem permitir que uma duna artificialmente construída, a nordeste da comunidade de Markgrafenheide, seja erodida naturalmente, reduzindo seu valor de proteção, para que a área mais baixa em direção à terra seja inundada e aumente a área de hábitat úmido. O assentamento seria, então, suscetível às inundações, por isso um novo dique anelar foi construído em torno dele, fornecendo uma barreira maior do que a existente anteriormente. Em Zingst, a quantidade de terras altas protegidas pelo dique e o sistema de dunas será reduzida, mas o nível de proteção à infraestrutura antrópica será aumentado (Nordstrom et al., 2007c).

A ideia de dunas frontais como a defesa principal contra o mar também foi abandonada em Schoorl, na Holanda (Arens et al., 2001, 2005), com a criação de uma brecha na duna frontal para que a água do mar inundasse periodicamente as depressões intercordões em direção à terra e a vegetação e o solo fossem retirados dessa área. Essas ações combinadas recuperaram vários gradientes ambientais, incluindo água doce/salgada, seco/úmido, vegetadas/não vegetadas e ricos em carbonatos/pobres em carbonato. A larga zona de dunas interiores à brecha ofereceu espaço adequado para a natureza evoluir sem ameaçar outros recursos em direção à terra (Arens et al., 2001).

4.3.2 Alterando os efeitos das estruturas duras

Construir estruturas de proteção costeira com perfil baixo e reduzir a elevação das estruturas de proteção existentes são práticas mais comuns com o reconhecimento da necessidade de proporcionar hábitats naturais mais compatíveis, melhorar a estética para a recreação, ou restabelecer as transferências de sedimentos para as áreas adjacentes. As estruturas duras existentes podem ser modificadas para acomodar um maior dinamismo, por exemplo, mantendo apenas as partes mais baixas de muros marinhos e quebra-mares para servir como bermas subaquáticas para as praias ao largo (Zelo e Shipman, 2000; Aminti et al., 2003; Cammelli et al., 2006). Como alternativa, pode-se deixar que as estruturas duras sejam enterradas sob as novas dunas frontais e permaneçam ali para fornecer proteção reforçada.

Geralmente, permite-se que os quebra-mares se deteriorem caso falte dinheiro para o seu reparo ou substituição. A necessidade de restabelecer as transferências de sedimento natural proporciona maior incentivo para permitir a deterioração de quebra-mares, que não são substituídos em alguns locais onde o sedimento é necessário, em praias adjacentes ou onde as dunas e diques em direção à terra são rompidos (Nordstrom et al., 2007c). Os quebra-mares existentes podem ser cortados (Donohue et al., 2004; Rankin et al., 2004) e aqueles nas extremidades dos campos de espigões podem ser encurtados ou alterados para proporcionar maior espaçamento entre os enrocamentos e permitir a passagem de mais sedimentos. Kraus e Rankin (2004) estudaram as alternativas para projetos de quebra-mares que permitem a circulação de sedimentos, ao mesmo tempo que reduzem as taxas de erosão.

O projeto de quebra-mares deve considerar vários aspectos em conjunto, incluindo aspectos técnicos, ambientais, de construção, econômicos, de navegação, de segurança, recreacional e estético (Gómez-Pina, 2004). Vários desses aspectos podem ser melhorados, diminuindo a interferência do quebra-mar em processos naturais. Mais atenção poderia ser dispensada aos aspectos estéticos, especialmente quando os projetos podem melhorar a apreciação da natureza. Os usuários de praias preferem locais sem estruturas proeminentes (Morgan e Williams, 1999), e a aceitação de (e demanda por) mais costas com funcionamento natural aumentará se mais recursos naturais dominarem a paisagem.

Em alguns locais, uma porcentagem substancial de sedimentos praianos é derivada da erosão das encostas litorâneas, e a necessidade de restabelecer os depósitos sedimentares e limitar os gastos públicos para a proteção costeira lançam cada vez mais atenção sobre a conveniência de abandonar as estruturas de proteção ou de fornecer apenas uma defesa parcial e lidar com os efeitos da erosão das encostas (Brampton, 1998). Essa erosão pode desempenhar um papel significativo como fonte de areia em algumas células litorâneas (Runyan e Griggs, 2003), mas a evolução natural das encostas litorâneas traz outros benefícios, inclusive valor ecológico e estético (Brampton, 1998).

Projetos alternativos para a proteção das encostas litorâneas foram apresentados no Nature Conservancy Council (1991) e incluem bermas subaquáticas de rocha mais baixas, paliçadas de madeira mais permeáveis em praias de encosta e a criação de pontos fortes separados em alguns locais, formando um plano de formato irregular. Alguns métodos têm a vantagem adicional de serem consideravelmente mais baratos do que proteger toda a extensão da falésia (Brampton, 1998) e podem criar uma maior variedade de hábitats.

Os espigões são usados nas bases de falésias há décadas para fornecer proteção parcial (Brampton, 1998), mas há um crescente interesse em abandonar esse tipo de prática. Em Mecklemburgo-Pomerânia Ocidental, na Alemanha, campos de espigões em frente a certas encostas litorâneas em erosão sem apoio de estruturas construídas estão agora se alterando e fornecendo sedimentos para as praias adjacentes. Acredita-se que algumas encostas litorâneas menos móveis atuem como promontórios (pontos de articulação) que ajudam a estabilizar as planícies adjacentes em erosão e evitam uma mudança na orientação da costa, impedindo que sofram erosão. Os quebra-mares são muitas vezes utilizados nesses locais, bem como os espigões e aterros. Os quebra-mares são projetados para permitir que suficiente energia das ondas passe por eles para facilitar o transporte de sedimentos para praias a jusante. Os sedimentos que passam pelos quebra-mares não são derivados da erosão da encosta; um aterro é usado para proteger a base da encosta e fornecer material para o transporte. Transferências de sedimentos são mantidas, mas essas encostas não têm uma forma natural caracterizada por falésias ativas, morros, quedas de detritos, superfícies irregulares e com mosaicos de vegetação que ocorrem em encostas litorâneas em erosão ativa. As encostas poderiam permanecer em um estado mais natural se o único meio de proteção da costa fosse o engordamento artificial aplicado a uma taxa que correspondesse à perda natural da praia. A base da encosta estaria, então, sujeita à erosão durante eventos extremos, mas não tanto como nas condições preexistentes (Nordstrom et al., 2007c).

As recentes mudanças da política na Itália, para descentralizar responsabilidades de nível nacional para as autoridades regionais e locais, combinadas à legislação europeia que exige novas políticas de gestão integrada da zona costeira, encorajaram as autoridades locais a aplicar opções mais brandas para a proteção costeira. A gestão das zonas costeiras na Toscana agora inclui o uso de engordamento de praias e a utilização de estruturas de proteção submersas nos locais onde quebra-mares de perfis elevados costumavam ser usados para fornecer proteção (Aminti et al., 2003; Cammelli et al., 2006). Em Marina di Pisa, dez quebra-mares destacados de frente para um muro marinho de 2.000 m serão rebaixados a 0,5 m abaixo do nível do mar e uma praia de cascalho será construídas ao largo (Cammelli et al., 2006). Estão planejadas conversões de diversos outros quebra-mares para estruturas baixas, em conjunto com a construção de espigões submersos.

Assim como a retirada controlada em estuários, os projetos para abandonar ou reduzir os níveis de proteção em costas expostas são considerados viáveis porque (1) os novos ambientes naturais terão tanto valor que o projeto é considerado rentável; (2) o ambiente de exploração antrópica que será exposto aos processos naturais tem tão pouco valor nas condições atuais que os esforços de proteção podem ser interrompidos, e (3) as estruturas de proteção existentes são insuficientes para fornecer proteção no futuro e teriam de ser reconstruídas de qualquer modo. Parte do apelo de realocar diques para mais longe da costa, em direção à terra, e permitir que quebra-mares se deteriorem é a economia de gastos com a proteção de uma costa mais extensa, mas a mudança também pode alcançar muitos dos objetivos apresentados no Quadro 1.4, incluindo a criação de corredores ecológicos, acréscimo de porções litorâneas ao domínio público, convertendo-os em áreas naturais em vez de áreas agrícolas, adição de hábitats para espécies ameaçadas de extinção e a oferta de maior proteção para áreas construídas mais adentro do continente, contra a subida do nível do mar. Os custos para projetos com um componente de recuperação ambiental podem ainda ser financiados por meio de recursos para a compensação ou mitigação de ações em outros lugares (Nordstrom et al., 2007).

Os projetos concebidos ou implementados na costa protegida de Puget Sound, que aumentam a probabilidade de formação ou de sobrevivência dos ambientes naturais, incluem (1) enterramento de revestimentos rochosos na praia, quer sob a superfície ou apenas com alguns centímetros expostos acima da superfície; (2) construção de espigões no nível da superfície da praia; (3) remoção de partes superiores de uma estrutura de proteção e restabelecimento da encosta litorânea situada na linha da estrutura, enquanto a praia é engordada, e utilização do restante da estrutura submersa para criar uma berma subaquática para manter a praia no novo local, e (4) utilização de toras ancoradas em vez de concreto ou enrocamento (rip-rap) como estruturas de proteção costeira (Zelo et al., 2000). A maioria desses projetos foi concebida para propriedades particulares, onde o controle da erosão era a principal preocupação do proprietário, mas em que órgãos públicos manifestaram uma preocupação inicial em relação aos possíveis impactos ambientais das soluções usuais de blindagem. Muitos projetos foram realizados em locais com ondas de energia relativamente baixa. O leque de alternativas é mais limitado em locais de alta energia, mas nem todas as alternativas criativas são restritas (Zelo et al., 2000).

Os processos naturais irão retrabalhar porções da face litorânea anteriormente urbanizadas, mas que foram abandonadas, e começarão a estabelecer novos ambientes sedimentares oportunistas. Algumas medidas podem ser tomadas para aumentar a probabilidade de esses enclaves evoluírem para ecossistemas naturais com a remoção de características artificiais e substituição dos principais elementos naturais que não poderiam chegar ao local em razão da intervenção de estruturas antrópicas. Um exemplo desse tipo de enclave natural é o Weatherwatch Park, em Seattle, Washington (Zelo et al., 2000). Essa rua sem saída, de 41 m de comprimento, era uma doca de balsas até 1920, quando se tornou um terreno baldio onde entulhos e detritos de madeira se acumularam. O entulho foi eliminado, a margem foi amplamente revegetada e foram construídas trilhas para a praia. O contato praia/planalto tem um recuo em direção à terra de cerca de 10 m da linha da estrutura de proteção de cimento em segmentos de cada lado do parque. Essas estruturas protegem o enclave, favorecendo o acúmulo e a retenção de sedimentos e toras à deriva, que podem ser retrabalhados em uma praia de equilíbrio, representante das antigas praias em forma de saco da região. O projeto é importante pela sua simplicidade e não por sua sofisticação tecnológica, como exemplo do que é possível atingir para recuperar ambientes naturais em funcionamento em âmbito de propriedades individuais (Zelo et al., 2000).

4.4 Restrição à limpeza de praias com rastelo

Uma das ações mais comuns e prejudiciais ao ambiente natural da praia é eliminar detritos (jogados pelas pessoas ou trazidos pelo mar) por limpeza mecânica, criando uma praia com valor recreacional, mas pouco valor em recursos naturais (McLachlan, 1985; Ochieng e Erftemeijer, 1999; Nordstrom et al., 2000; Colombini e Chelazzi, 2003; Dugan et al., 2003). Muito se sabe sobre o valor dos detritos como hábitat e fonte de alimento (Colombini e Chelazzi, 2003), mas pouco se sabe sobre os impactos das formas alternativas de lidar com esses detritos em costas urbanizadas. Assim, é fundamental encontrar uma maneira de manter os detritos para a preservação ou recuperação de hábitats de praias e dunas em áreas urbanizadas.

4.4.1 O valor dos detritos

Linhas de detritos são compostas de lixo natural com macrófitas, como algas e capim marinho, troncos, frutos, sementes e carniça, junto com lixo produzido pelo homem, que consiste principalmente de materiais inorgânicos (Colombini e Chelazzi, 2003; Balestri et al., 2006). Às vezes, pode haver um excesso de detritos associados à proliferação de algas ligadas ao aumento de nutrientes de origem antropogênica (Morand e Merceron, 2005) ou uma enorme mortandade de peixes.

As linhas de detritos contêm fauna que prospera nesse micro-hábitat, assim como sementes, colmos, rizomas de vegetação costeira e nutrientes que ajudam no crescimento da nova vegetação (Ranwell e Javali, 1986; Gerlach, 1992). Novas dunas podem se desenvolver em linhas de detritos ao largo das dunas existentes (Godfrey, 1977), e o gradiente ambiental e a diversidade topográfica podem ser estendidos em direção do mar, criando mais micro-hábitats e aumentando a biodiversidade. A composição de espécies em detritos recém-depositados pode diferir dos detritos mais antigos, provavelmente por causa da sua decomposição (Orr et al., 2005). Algumas espécies possuem ciclos biológicos evoluídos ligados aos detritos; outras espécies adaptaram a sua abundância, distribuição espacial e hábitos alimentares aos padrões espaciais e temporais dos detritos (Colombini et al., 2000; Colombini e Chelazzi, 2003). A falta de produção primária *in situ* nas praias por plantas macroscópicas atribui grande importância à matéria orgânica em decomposição trazida de fontes externas ao ambiente de praia (Brown e McLachlan, 1990).

Muitos táxons terrestres que não são normalmente classificados como intermareais, como besouros, aranhas e formigas, são encontrados nos detritos (Fairweather e Henry, 2003). O lixo natural fornece alimento e **abrigo** para os macroinvertebrados que habitam as dunas, os quais, por sua vez, servem de fonte de alimento para níveis tróficos superiores. Frutos e sementes fornecem um elo genético vital, um agente de dispersão primário para as plantas e uma fonte de alimento; a carniça (geralmente água-viva, bivalves, peixes e ocasionalmente aves e outros animais) fornece uma fonte de alimento de grande valor para aves e mamíferos forrageiros (Colombini e Chelazzi, 2003).

4.4.2 O problema da limpeza com rastelo

As alterações nos detritos alteram o ecossistema (Brewer et al., 1998). A remoção de detritos elimina tanto o hábitat como a grande quantidade de invertebrados contidos neles, com a consequente diminuição da biodiversidade (Colombini e Chelazzi, 2003). A limpeza com rastelo remove detritos da praia ou os leva de um ambiente para outro e perturba a fauna enterrada e a vegetação pioneira. A remoção de detritos impede a formação de dunas iniciais que poderiam se tornar dunas frontais de evolução natural. A limpeza com rastelo pode aumentar as taxas de transporte eólico a partir da praia para qualquer duna frontal existente entre a terra e a praia, mas elimina as chances de ciclos naturais de crescimento e destruição das dunas da praia.

A limpeza das praias com rastelo tornou-se uma prática comum e generalizada nos EUA depois que resíduos hospitalares foram encontrados em praias (Nordstrom e Mauriello, 2001; Fairweather e Henry, 2003). Em Nova Jersey, grandes quantidades de detritos flutuantes durante os verões de 1987 e 1988 levaram ao fechamento de praias e uma grande perda de receitas (Ofiara e Brown, 1999). As partes interessadas de municípios costeiros perceberam que a limpeza das praias com rastelo para criar um ambiente limpo (mas estéril) era positiva para sua imagem pública. No início dos anos 1990, muitos municípios em Nova Jersey limpavam suas praias com rastelo e muitos obtiveram empréstimos do Estado por meio do *Clean Beach Program* (Programa Praia Limpa) para a aquisição de equipamentos. O financiamento adicional aumentou o orçamento e a equipe nos departamentos de obras públicas, assim como sua capacidade de modificar as praias e dunas com equipamento e mão de obra próprios (Nordstrom e Mauriello, 2001). Na Europa, o sistema *Blue Flag* de premiação exige a remoção de detritos naturais feios junto com o lixo produzido pelo homem, o que aumenta a probabilidade de uma praia receber mais turistas e gerar mais receita para a economia local (Somerville et al., 2003; Davenport e Davenport, 2006).

Os sedimentos removidos da praia em operações de limpeza podem ser depositados nas dunas (Nordstrom e Arens, 1998). Esse processo altera suas características de granulometria e adiciona nutrientes, sementes e partes de plantas. A deposição de lixo e sedimentos nas dunas é considerada pelos gestores como uma forma de preservar o equilíbrio de sedimentos no sistema de praias/dunas, mas o problema da criação de micro-hábitats visualmente feios e exóticos deve ser equilibrado com as vantagens para a proteção costeira.

A limpeza das praias com rastelo é atualmente uma ação local, por isso as sugestões para limpeza compatível com os objetivos de recuperação são descritos no Cap. 6. No entanto, a limpeza com rastelo tem importância suficiente para tornar sua reavaliação necessária em níveis mais elevados de gestão.

4.5 Restrição ao tráfego de veículos nas praias e dunas

Veículos usados em praias podem reduzir as populações de diatomáceas, micróbios e macrofauna, como o grauçá (*ghost crab*), e podem pulverizar e dispersar matéria orgânica em linhas de deriva, destruindo a vegetação de dunas jovens e causando perda de nutrientes (Godfrey e Godfrey, 1981; Moss e McPhee, 2006; Foster-Smith et al., 2007). A condução de veículos sobre e ao largo das dunas pode danificar gravemente a vegetação (Anders e Leatherman, 1987; Godfrey e Godfrey, 1981).

Nem todos os danos causados por veículos *off-road* são causados pelo uso excessivo ou arbitrário. Os motoristas podem pensar que não causam danos, mesmo quando estão, porque só consideram vulnerável a zona vegetada da pós-praia. Os danos podem ocorrer também nas linhas de detritos (onde grande parte da vida na praia está concentrada), nos rizomas subterrâneos ou na vegetação dormente que parece estar morta (Godfrey e Godfrey, 1981; Anders e Leatherman, 1987; Hoogeboom, 1989). A proibição ao tráfego de veículos em partes da praia, entre as linhas de detritos, deixaria intactos os micro-hábitats mais ricos em espécies e as dunas incipientes. Restringir o acesso perpendicular à costa a poucas travessias reduziria o número de áreas impactadas na zona de dunas iniciais e a extensão espacial do impacto visual das marcas de pneus (Nordstrom, 2003).

O ressurgimento da vegetação em locais afetados indica que a recuperação rápida é possível após o impacto causado por veículos (Godfrey e Godfrey, 1981; Anders e Leatherman, 1987, Judd et al., 1989), portanto a suspensão do uso de veículos sobre o maior número possível de áreas é um primeiro passo para o restabelecimento de perfis de terrenos degradados. Godfrey e Godfrey (1981) e Priskin (2003) concluíram que é melhor ter algumas trilhas de alto uso bem geridas e bem patrulhadas do que ter muitas trilhas pouco usadas espalhadas, por isso devem ser tomadas medidas para reduzir o número de trilhas onde são permitidos veículos.

4.6 Remoção ou alteração de cercas de contenção de areia

Cercas de contenção de areia podem ajudar a construir dunas rapidamente (Cap. 3), mas elas criam perfis de terrenos lineares e impedem a livre troca de sedimentos e biota através delas. Nordstrom et al. (2000) sugerem a utilização de cercas apenas para criar a primeira crista da duna, que funciona como o núcleo em torno do qual a duna natural poderá evoluir. A duna resultante teria contornos mais naturais, maior variabilidade topográfica e uma maior diversidade de espécies do que o tipo de duna-dique tipicamente associada à urbanização. Quando houver infraestrutura humana localizada em direção à terra, pode ser necessário colocar cercas de contenção de areia em grandes ravinas que baixam a crista a níveis que são inaceitáveis para a proteção contra inundações, mas essa prática pode ser conduzida de forma mais seletiva do que a forma como era realizada no passado.

O uso de cercas para criar uma duna de sacrifício do lado em direção ao mar de uma duna existente é uma prática comum que não tem nenhuma base científica, e questiona-se se essa utilização de cercas seria mais valiosa do que a utilização de uma cerca simbólica, menos cara, que impedisse os usuários de pisotearem as dunas, mas que permitisse que a areia fosse arrastada em direção à terra, para que as dunas existentes pudessem aumentar seu volume (Nordstrom, 2003).

As cercas remanescentes situadas em direção à terra das linhas ativas podem manter-se aparentes nas dunas (Fig. 3.5) e servir de micro-hábitats em ambientes que de outra forma seriam homogêneos. Eles também podem interferir com os animais escavadores. Miller et al., (2001) sugerem a utilização de materiais biodegradáveis sobre ripas de madeira e fibras sintéticas, de maneira a apresentar menos riscos para os animais escavadores. Um tecido de juta que degrada naturalmente reduz o problema de cercas remanescentes, sendo menos dispendioso do que cercas de madeira. O tecido de juta perde a sua capacidade de reter areia rapidamente e a duna pode ter um perfil mais plano do que um criado com cercas de madeira (Miller et al., 2001), mas um perfil mais plano seria um obstáculo a menos para a fauna.

As mesmas cercas utilizadas para reter areia são frequentemente utilizadas para controlar o tráfego de pedestres (Nordstrom et al., 2000; Matias et al., 2005), criando novas características deposicionais que não imitam a localização ou orientação dos perfis de terrenos naturais. Esporões laterais também criam uma aparência artificial das formas perpendiculares à costa se forem excessivamente longos. Cercas de contenção de areia construídas ao longo de caminhos de acesso à praia criam dunas perpendiculares à costa de aparência artificial. Essas cercas isolam visualmente os visitantes do ambiente da duna, diminuindo seu contato com a natureza. Cercas simbólicas ou cercas de corda que fornecem indicações para os visitantes, mas não interferem com o transporte de sedimentos ou com o movimento da fauna seriam melhores para controlar o movimento de visitantes.

As cercas são frequentemente instaladas em parques não urbanizados e áreas de conservação, onde elas não são necessárias, convertendo o que poderia ser um ambiente dinâmico em uma duna estável. Um exemplo é o Island Beach State Park, em Nova Jersey, onde se permitiu que as dunas em uma parte não urbanizada do parque evoluíssem pela erosão das ondas, extravasamento da água do mar e transporte eólico durante vários anos.

Esse era um dos poucos exemplos da dinâmica costeira natural ao longo de uma costa intensivamente alterada pelo homem (Gares e Nordstrom, 1995). Posteriormente, tomou-se a decisão de fechar todos os corredores na duna frontal com a instalação de cercas. O local agora é pouco indicativo de como o ambiente natural poderia evoluir ou como as dunas nas proximidades de áreas urbanizadas evoluiriam se lhes fosse permitido ser mais dinâmicas. Cercas de contenção de areia são amplamente utilizadas além do necessário, tanto em áreas urbanizadas como não urbanizadas, e seu emprego deve ser avaliado mais cuidadosamente.

4.7 Proteção de espécies ameaçadas

Iniciativas recentes para proteger espécies ameaçadas por meio do controle da exploração antrópica revelam um grande potencial para restabelecer o funcionamento natural de praias e dunas (Nordstrom et al., 2000; Breton et al., 2000). Nos EUA, a proteção de espécies ameaçadas de extinção faz parte de regulamentos estaduais para a gestão da zona costeira e também é de responsabilidade do US Fish and Wildlife Service. Os regulamentos exigem que os municípios garantam que aves marinhas ou tartarugas não sejam afetadas pelas atividades humanas. A identificação de ninhos nas praias pode levar à criação de enclaves protegidos, nos quais atividades como engordamento, limpeza com rastelo, escavação, raspagem e *backpass* de areia ficam restritas durante a época de nidificação. A eliminação dessas perturbações leva ao acúmulo de lixo em linhas de detritos, à colonização por plantas e ao crescimento de dunas iniciais. As dimensões do enclave protegido devem ter extensão suficiente ao longo da costa para fornecer áreas de forragem ou refúgio ou permitir que as dunas frontais, a praia e as linhas de detritos forneçam um gradiente transversal contínuo. Uma vez iniciadas, essas zonas de vegetação e estratificação não são limpas com rastelo e podem evoluir para campos de dunas (Fig. 3.1).

Assim que as políticas para espécies ameaçadas estejam em vigor, elas podem ser aplicadas a outras espécies. A proteção de aves litorâneas de Nova Jersey é restrita às espécies listadas como ameaçadas de extinção pelo

US Fish and Wildlife Service, mas o Estado propôs alterações para incluir hábitats de alimentação para outras aves marinhas. Isso seria feito alterando normas de manutenção para praias e dunas que fazem parte das regras de gestão da zona costeira, a fim de limitar a limpeza com rastelo para uma faixa de até 91 metros de áreas formalmente designadas para banho e vigiadas por salva-vidas. Essa expansão de zonas de proibição de limpeza com rastelo converteria uma parcela substancial da praia superior em um ambiente de funcionamento natural (Nordstrom e Mauriello, 2001).

A proteção de espécies ameaçadas pode ter efeitos negativos quando a paisagem é modificada especificamente em função delas e as necessidades de outras espécies ficam relegadas a um segundo plano. Um dos maiores problemas em programas de melhorias das condições para aves marinhas é o progresso natural da topografia e da vegetação, que pode levar à eliminação artificial destas características de pós-praias e dunas em evolução. Batuíras com acesso a bancos lodosos, praias da baía e hábitats de lagoas efêmeras parecem apresentar uma maior taxa de sobrevivência (Goldin e Regosin, 1998), levando alguns gestores a sugerir que se faça a redução artificial das dunas e lagoas na praia posterior. Algumas espécies-alvo podem nidificar em substratos artificiais (Krogh e Schweitzer, 1999), e existe um grande potencial para melhorar a sua utilização em ambientes costeiros por ações humanas, mas é necessário encontrar meios para tornar esses ambientes naturalmente funcionais e compatíveis com outras espécies dependentes de ambientes litorâneos.

4.8 Alteração das condições de crescimento

Dunas em fase de estabilização podem levar a uma perda de estágios sucessionais iniciais de vegetação e invasão de arbustos, acompanhada pelo declínio na riqueza de espécies nos campos gramados e mangue de dunas (Boorman, 1989; Rhind e Jones, 1999; Kutiel et al., 2000). As características da vegetação ou do solo em estágios mais avançados da sucessão podem ser modificadas para suportar as características da vegetação em estágios iniciais. Em muitos casos, a vegetação em estabilização é um tipo exótico, fornecendo um incentivo adicional para a recuperação da paisagem. A renovação da vegetação pode ser realizada pela (1) redução da altura e biomassa de gramíneas, por meio do pastejo controlado ou corte (Jungerius et al., 1995; Kooijman e de Haan, 1995; Kooijman, 2004); (2) eliminação da vegetação indesejável, através de extração, corte, queima ou utilização de substâncias químicas; (3) remoção do solo para favorecer o desprendimento eólico; (4) alteração das condições hidráulicas para o desenvolvimento de baixadas úmidas. A remoção da vegetação e do solo vegetal pode reiniciar a atividade eólica em dunas estabilizadas (van Boxel et al., 1997; Arens et al., 2004; Hilton, 2006), enquanto o pastejo e o corte permitem que a vegetação existente cresça, mas em ritmo ou estágio diferente.

Podem ser usados indicadores ecológicos (Quadro 4.1) para avaliar a condição do ambiente, fornecer sinais de alerta para mudanças ou diagnosticar a causa do problema (Espejel et al., 2004). Eles também podem ser usados para estabelecer as condições-alvo para a recuperação e avaliar os resultados que servirão de base para a gestão adaptativa. Continuarão a ocorrer mudanças na composição e estrutura da vegetação em dunas recuperadas, resultando em alterações na fauna (van Aarde et al., 2004), por isso a avaliação do sucesso dos esforços de recuperação deve ser um exercício contínuo, também colocada no contexto de variáveis abióticas e humanas.

4.8.1 Reintrodução ou restrição de pastejo

O pastejo excessivo pode levar a uma desestabilização e a movimentos de areia generalizados, por isso o pastejo de rebanhos domésticos foi eliminado em muitos locais. Em contraponto, o pastejo moderado pode resultar em um padrão diversificado de areia exposta, campos gramados, arbustos em paisagens anteriormente estabilizadas (van der Meulen e Salman, 1995; de Bonte et al., 1999). O estabelecimento de limites adequados de pastejo e o controle para ajustá-los são críticos (Doody 2001; Baeyens e Martínez, 2004).

Na Holanda, os campos gramados ricos em espécies foram gradualmente reduzidos em virtude da deposição de nitrogênio atmosférico e diminuição de pastejo, resultando no aumento de espécies como *Ammo-*

phila arenaria, Calamagrostis epigejos e *Carex arenaria*, reduzindo a penetração de luz nos solos de dunas e provocando uma diminuição em plantas baixas e espécies de vida curta (Kooijman e de Haan, 1995; de Bonte et al., 1999). O pastejo (e corte) controlado pode neutralizar os efeitos da invasão da grama sobre a vegetação, aumentando a disponibilidade de luz para as espécies rasteiras, enquanto o pisoteio por animais pastando pode abrir camadas de musgo e terra vegetal, proporcionando mais oportunidades para espécies vegetais e animais (Boorman, 1989; Kooijman e de Haan, 1995; Bonte et al., 2000; Kooijman, 2004).

O pastejo não atenderá necessariamente às demandas de todas as espécies específicas de hábitats de dunas expostas (Maes et al., 2006). O efeito do pastejo será diferente, de acordo com os tipos de espécies para pastagem, a intensidade da pastejo (determinada pelo número de animais) e a presença ou ausência de espécies palatáveis, de modo que os métodos devem variar de acordo com o tipo de ambiente: campo gramado, baixada úmida ou mangue (Boorman, 1989; Bonte et al., 2000). As taxas de pressão de pastejo podem ser elevadas inicialmente em matagais e posteriormente reduzidas. Por outro lado, áreas densas em arbustos e florestas podem exigir o corte antes que o pastejo seja iniciado.

As vantagens e desvantagens do pastejo nas dunas são descritas por Boorman (1989) e van Dijk (1992). Pode haver impactos adversos associados a grandes concentrações locais de esterco, compactação ou afofamento do solo, pisoteio de líquens e outras espécies sensíveis (van Dijk, 1992), além de danos colaterais a árvores e arbustos. Os gestores podem ficar relutantes em usar pastejo, em razão de (1) associação negativa com a dispersão descontrolada de areia no passado; (2) resistência em permitir qualquer prática agrícola em dunas; (3) visões negativas das cercas necessárias para conter os animais; (4) falta de conhecimento detalhado da associação de espécies para pastagem e seus efeitos ecológicos; (5) ceticismo em relação a resultados em longo prazo; (6) medo de reações negativas entre animais e visitantes; e (7) temor da poluição microbiológica do aquífero (van Dijk, 1992). Assim como muitas outras modificações na paisagem, o momento é importante, e o pastejo pode ser restrito durante meses, quando as plantas florescem e lançam sementes (Doody, 2001). As conclusões das experiências de pastejo determinam que, apesar das muitas reações diferentes de vegetações específicas ao pastejo e as diferenças desconhecidas quanto às preferências de animais de pasto, a diversidade de espécies é melhorada com o pastejo. Comparado ao corte, o pastejo pode ser menos oneroso para grandes áreas, mais adequado para taludes íngremes, mais propício à criação de fronteiras naturais entre as comunidades de plantas e mais compatível com o patrimônio cultural (van Dijk, 1992).

4.8.2 Corte

O corte, assim como o pastejo, é eficaz no combate à invasão de gramíneas e no aumento da riqueza de espécies, abrindo o dossel da vegetação para oferecer alguma vantagem à vegetação rasteira na competição por luz, espaço, nutrientes e água (Anderson e Romeril, 1992; Jungerius et al., 1995; Kooijman, 2004). O corte também pode contribuir para uma maior eficácia de pastejo de coelhos e animais domésticos, porque os animais preferem pastar em áreas abertas e encontrar novas plantas em crescimento mais palatáveis do que o material antigo (Anderson e Romeril, 1992). O corte deverá ser acompanhado pela retirada do material, para que a luz possa atingir a superfície. A remoção da camada antiga de detritos pode ajudar a expor algumas áreas à luz. A frequência de corte está relacionada ao clima da região, que afeta a taxa de crescimento da vegetação e o número e tipos de animais de pastejo que tiram proveito do crescimento da nova vegetação.

4.8.3 Remoção da vegetação e do solo

A remoção da vegetação exige decisões sobre o método a ser utilizado, o tamanho do local, o tipo de efeito esperado nos limites da área e se ilhas de hábitats preexistentes na área de remoção serão mantidas. A remoção da vegetação para criar ou renovar brotação pode ser feita em uma área menor e ser mais tolerante à recuperação das plantas do que a remoção para criar um terreno para a nidificação de aves. Normalmente, espera-se criar uma situação em que porções de solo descoberto possam ser sustentadas, sem evoluir para grandes áreas sem vegetação que migram para fora da área-alvo.

Alguns gestores entendem que as ravinas são o estágio inicial da conversão de uma paisagem estável para uma manta de areia migratória, mas há evidências que sugerem que ravinas isoladas, formadas por processos naturais, acabarão por estabilizar naturalmente sem causar a desestabilização de uma área maior (Gares e Nordstrom, 1995; Pluis e de Winder, 1990). Muitas vezes, a alteração no estado de dunas estáveis e vegetadas para dunas sem vegetação e móveis, ou de dunas móveis para dunas estáveis, requer uma alteração significativa das condições ambientais (Arens et al., 2004), e é provável que dunas com vegetação possam tolerar mais áreas sem vegetação do que é atualmente permitido sem aumentar significativamente o risco de remobilizar campos de dunas.

Arens et al. (2004) avaliaram a morfologia, o potencial de deriva de areia e o restabelecimento da vegetação em uma duna parabólica reativada a 2 km do mar. Ocorreram deposição no lado em direção ao mar da crista e erosão na crista, alterando a forma da duna parabólica para uma forma de domo transgressivo, com várias ravinas sobre a crista. A deposição a sotavento da crista ocorreu com depósitos pequenos, a até 200 m de distância. Partes do pé da duna a sotavento subiram para 12 m em dois anos. A duna permaneceu praticamente sem vegetação por pelo menos quatro anos. Os resultados indicam que o transporte eólico é grande o suficiente para impedir o estabelecimento de vegetação em curto prazo, mesmo que as condições sejam muito mais úmidas e com menos ventos do que a média. As medições de volume revelaram que a taxa de transporte de areia foi semelhante às taxas máximas de acreção de dunas frontais na Holanda (Arens et al., 2004).

A grama pode ser morta ou retirada colocando um tecido sobre ela para eliminar a luz solar, cortando mecanicamente as raízes e rizomas, com escavadeiras, queimando-a, com aplicação de herbicidas ou sal, manualmente ou utilizando rastelos (NPS, 2005). Algumas dessas opções podem ser mais eficazes se forem combinadas. A remoção manual pode minimizar os danos ao solo (Kutiel et al., 2000) e permitir um controle nos mais exigentes padrões, mas os custos de mão de obra são elevados. A colocação de tecido pode não eliminar os rizomas ou evitar a dispersão ou germinação de sementes. O uso de escavadeiras pode remover rizomas, mas rizomas e sementes permanecerão nos sedimentos a serem redepositados e podem ter de ser removidos através de triagem. O uso de rastelo é eficaz em áreas de vegetação escassa. A queima é rápida e econômica em grandes áreas, mas pode ser perigosa para seres humanos e fauna; ela não mata os rizomas e pode incentivar o crescimento posterior de espécies indesejáveis. Os herbicidas são de fácil aplicação e podem ser usados em pequenas áreas, mas o uso em larga escala pode contaminar os ecossistemas com efeitos desconhecidos para a saúde humana. O sal é de fácil aplicação, mas pode contaminar o ambiente local (NPS, 2005).

O uso de rastelo é uma boa ação posterior para controlar o crescimento de novas plantas em locais onde a manutenção de superfícies não vegetadas é importante para espécies que nidificam em zonas de areia sem vegetação. Passagens frequentes e pontuais de rastelo podem manter um sistema de praias/dunas em evolução em sua fase inicial pela varredura de pontos mais elevados ou áreas de vegetação prestes a converter-se de uma duna incipiente em uma duna frontal.

A forma mais drástica de reiniciar a sucessão em um ambiente de praia/duna é retornar ao estágio inicial da evolução das dunas pelo seu nivelamento e remoção de qualquer vegetação remanescente para recriar as condições que representam uma plataforma de inundação. Essa opção já foi utilizada ou é considerada em alguns locais dos EUA, onde dunas evoluíram para uma condição que não fornece mais locais adequados para a nidificação de aves marinhas ameaçadas de extinção. Um projeto planejado (NPS, 2005) implicará a escavação e a raspagem de uma duna próxima a um canal de maré para remover tufos de grama e rizomas e, em seguida, uma limpeza com rastelo da superfície para remover a vegetação morta, a fim de criar áreas de nidificação para batuíras-melodiosas (*Charadrius melodus*), trinta-réis-róseos (*Sterna dougallii*) e a planta ameaçada em nível nacional nos EUA, a *Amaranthus pumilus*. A ação é tomada para superar os efeitos da construção de um cais no canal de maré, que transformou a restinga protetora, anteriormente baixa, dinâmica e frequentemente inundada, em um campo de dunas estáveis com povoamento denso de *Ammophila breviligulata*. Pequenos segmentos da duna primária serão removidos para permitir a entrada de ondas de ressaca, a fim de restabelecer superfícies naturais de areia sem vegetação. Posteriormente, serão conduzidos tratamentos para controlar a vegetação durante o inverno, anualmente, quando aves marinhas estão ausentes. Serão estabelecidas regras para deixar alguma vegetação, pois algumas espécies, incluindo o trinta--reis-róseo, selecionam áreas com maior cobertura vegetal ao redor dos ninhos (NPS, 2005).

4.9 Substituição da vegetação

A vegetação pode ser plantada em dunas para recuperar superfícies sujeitas à deriva de areia, superfícies eliminadas pela mineração ou enterramento de dutos, ou superfícies plantadas com espécies exóticas. Em um contexto de recuperação, uma hipótese de trabalho razoável é que os esforços de revegetação tentem reproduzir a paisagem existente antes da perturbação. Se isso não for possível, devem-se utilizar espécies nativas da região que necessitam de dunas ou praias durante pelo menos parte de seu ciclo de vida. Espécies que não são naturalmente dependentes de dunas podem ser alvos de recuperação por seu hábitat preferido não estar disponível.

4.9.1 Estabilização das áreas de deriva de areia

A paisagem em muitas dunas interiores antes da perturbação humana intensiva era provavelmente caracterizada por densa vegetação, incluindo árvores e arbustos (Sharp e Hawk, 1977; van Aarde et al., 2004). Grande parte dessa vegetação foi destruída em razão da abertura da terra para a agricultura, queimadas, pastejo e outras atividades humanas, resultando em campos gramados abertos e deriva de areia, que criaram condições perigosas para o desenvolvimento humano (Sherman e Nordstrom, 1994).

A vegetação foi utilizada para construir e estabilizar dunas em locais de dunas móveis ao longo de séculos (Sharp e Hawk, 1977; Skarregaard, 1989), com esforços na Grã-Bretanha em períodos tão longínquos quanto a época de tempestades dos séculos XIV e XV (Ranwell, 1972). Dificilmente se deu muita consideração à imitação das dunas originais quanto aos vários tipos de espécies, apesar de algumas operações de estabilização de areia terem se tornado projetos reais de recuperação quando espécies nativas das dunas foram usadas e as restrições ao uso da área replantada (normalmente controlando o pastejo) permitiram que a paisagem evoluísse em uma trajetória razoavelmente natural. Existem muitos exemplos de estabilização com a utilização de espécies exóticas, incluindo os muitos projetos de florestamento comuns na Europa dos séculos XVIII ao XX. A ênfase na estabilização, em vez de na recuperação, continuou até as últimas décadas, quando a atenção se voltou para o uso de espécies nativas (Avis, 1995; Hertling e Lubke, 1999).

Métodos pormenorizados de estabilização e as espécies-chave utilizadas para esse fim são apresentados por Schwendiman (1977) e Sharp e Hawk (1977). A estabilização de grandes áreas caracterizadas pelo movimento da areia é mais eficiente quando feita em etapas, usando um construtor inicial de duna, como a *Ammophila* spp., seguido, alguns anos depois, por gramíneas e leguminosas após a diminuição do movimento de areia e quando as gramíneas perderem seu vigor inicial, seguida de plantas lenhosas (primeiro arbustos, depois árvores) em porções em direção à terra das áreas estabilizadas.

A diferença básica entre a estabilização de áreas de dunas posteriores e a construção de dunas frontais (Cap. 3) é a necessidade de fornecer uma superfície estável e introduzir plantas fixadoras de nitrogênio em porções do interior da duna, apesar de a construção de uma duna frontal ainda ser necessária para limitar as entradas de sedimentos vindo da praia.

Existe literatura substancial sobre os problemas de tempestades de areia e os métodos de estabilização, incluindo muitos relatos datados de um século ou mais (por exemplo, Marsh, 1885; Lamb, 1898; Gerhardt, 1900).

Esses projetos não são avaliados aqui porque raramente são verdadeiros projetos de recuperação, e o interesse atual é tornar muitas dessas áreas estabilizadas mais dinâmicas (Nordstrom e Lotstein, 1989; Arens et al., 2001).

4.9.2 Recuperação de dunas escavadas

A escavação para mineração e enterramento de dutos destrói a topografia, a vegetação e o solo existentes e aumenta a probabilidade de transporte eólico. A fauna que utiliza os hábitats também será deslocada, mas provavelmente apenas temporariamente se as condições forem recuperadas em seguida à utilização ativa (Lubke e Avis, 1998). Assim como na estabilização de áreas de deriva, os critérios para a recuperação de terras escavadas muitas vezes são relacionados à estabilidade e cobertura vegetal dos terrenos em vez da reabilitação do ecossistema global, que deveria ser o objetivo (Lubke et al., 1996).

Sugestões para a reabilitação dos locais escavados são apresentadas na Quadro 4.2. O conhecimento anterior sobre a finalidade e a utilização da paisagem pós-recuperação é útil para conscientizar as partes da importância das mudanças que serão feitas e para garantir que os dados relevantes sejam coletados antes do início do projeto. Mapas topográficos e da cobertura do solo e dados de base sobre as características do solo e da fauna são importantes antes do início da construção, para garantir um padrão para a posterior reconstrução da paisagem, caso a paisagem anterior à construção seja a condição-alvo. Dados sobre as variáveis culturais terão de ser recolhidos onde há exploração antrópica da duna (Lubke e Avis, 1998).

Restringir a quantidade do terreno que será modificado e recuperá-lo em trechos em um ritmo compatível com a escavação ajudará a minimizar a perturbação e a possibilidade de ter areia arrastada pelo vento. Superfícies de areia nua, sujeitas à erosão eólica, podem ser protegidas por aspersão com um aglutinante ou cobertas com palha ou aparas de vegetação (incluindo as retiradas durante a escavação); alternativamente a areia trazida pelo vento pode ser detida com a utilização de cercas (Ritchie e Gimmingham, 1989).

Quadro 4.2 Sugestões para a reabilitação de locais de mineração em dunas

Elaborar um plano de reabilitação antes da perturbação inicial
Definir a utilização do terreno após o uso para mineração
Minimizar a área desmatada
Manter bolsões de plantas representativas em áreas adjacentes
Reabilitar a um ritmo que acompanhe a velocidade de mineração
Impedir a introdução de ervas daninhas e pragas
Remodelar o terreno degradado para torná-la adequada para o uso desejado em longo prazo
Tornar os perfis de terrenos compatíveis com a paisagem circundante
Minimizar o potencial de erosão durante e após a perturbação
Remoção de materiais perigosos ou artificiais
Reutilização de solo vegetal (sem armazenamento por longos períodos) ou um substituto com o banco de sementes semelhantes
Afofar superfícies compactadas e garantir que o solo possa suportar o crescimento da planta
Revegetar com espécies compatíveis com os tipos preexistente ou circundantes (a menos que eles sejam exóticos)
Monitorar e fazer os ajustes até que a vegetação seja autossustentável ou atenda às necessidades de gestão

(Modificado de EPA, 1995; Lubke e Avis, 1998)

O equipamento de terraplanagem é utilizado para preencher a área escavada e remodelar a duna. Pode-se tomar a decisão de imitar a duna original ou remodelá-la para exercer uma função alternativa. Recuperar o formato anterior à perturbação parece intuitivamente óbvio, mas o formato pré-distúrbio pode ter sido alterado pelo homem e não ser representativo de uma duna natural. Podem ser necessárias certas diferenças em relação tanto ao formato pré-perturbação como a uma forma natural das dunas caso sejam utilizadas máquinas para o replantio. Os taludes talvez tenham de ser mais suaves para permitir o crescimento de nova vegetação quando da utilização de técnicas mecânicas, exigindo um recuo mais para o interior da crista da duna (Ritchie e Gimmingham, 1989). Essa alternativa pode não ser viável se a duna remodelada não imitar as dunas adjacentes. A maior compatibilidade do plantio manual pode tornar esse método preferível ao plantio mecânico. Pode ser desejável que algumas dunas assumam sua própria forma e padrão antes de estabilizá-las com vegetação (Lubke e Avis, 1998), mas esta não é uma alternativa fácil de ser colocada em prática, dadas as incertezas do efeito de tempestades de areia e a curta duração da maioria dos contratos de recuperação de terrenos escavados.

Os procedimentos para dunas interiores podem diferir daqueles de dunas frontais no que tange ao solo da superfície. O solo retirado durante a escavação de dunas interiores deve ser armazenado e, eventualmente, colocado sobre a superfície da duna recuperada para permitir o crescimento de espécies típicas de uma fase posterior da sucessão (van Terra et al., 2004). Os sedimentos devem ser armazenados em solo onde as espécies importantes não serão destruídas por enterramento (Ritchie e Gimmingham, 1989). O solo superficial deve ser substituído o mais rapidamente possível, para não perder nutrientes, microfauna e flora (Lubke e Avis, 1998). Superfícies compactadas por máquinas de terraplanagem podem ter de ser afofadas também. Solo superficial importado não deve ser usado, porque pode levar ao crescimento de plantas daninhas a partir de sementes no aterro (Ritchie e Gimmingham, 1989). Dunas frontais ativas não devem exigir nenhuma adição de solo para permitir a sobrevivência de vegetação típica.

Deve-se decidir se o plantio deverá imitar a composição de espécies da cobertura original ou simplesmente ser visualmente aceitável, mas compatível com o ambiente, usando espécies nativas em seus nichos aproximados. Neste último caso, as espécies da vegetação circundante podem colonizar a área, mas será necessário tempo para o seu estabelecimento. A paisagem reconstruída pode ser estável e relativamente rica em espécies após vários anos, mas é provável que tenha aparência um pouco diferente da paisagem circundante, porque as trajetórias de crescimento da vegetação plantada serão diferentes, mesmo que a distribuição das plantas seja a mesma (Ritchie e Gimmingham, 1989). Acompanhamento e gestão adaptativa podem ser realizados para garantir que o local recuperado evolua como uma paisagem autossustentável, mas também para garantir aos interessados que qualquer afastamento da paisagem preexistente ou que as diferenças em relação às dunas adjacentes sejam aceitáveis.

4.9.3 Controle de espécies exóticas

A vegetação exótica pode ter sido plantada por ser mais eficaz na estabilização de dunas, mais valiosa economicamente ou mais atraente. Espécies exóticas também podem invadir um local a partir da flora de terras agrícolas próximas (Doody, 2001), de imóveis residenciais e comerciais ou de planaltos ermos adjacentes às praias e dunas. A vegetação exótica pode formar adensamentos monoespecíficos, competir e expulsar espécies nativas. Ao eliminar o movimento da areia, as espécies exóticas podem acelerar a sucessão vegetal, resultando em uma rápida taxa de extinção local, com consequências de longo prazo para o restabelecimento de espécies pioneiras. A remoção de povoamentos densos de espécies exóticas pode levar dunas a retornarem a estágios iniciais de sucessão, criando uma superfície menos estável que favoreça as espécies que dependem das perturbações e aberturas na vegetação (Wiedemann e Pickart, 2004).

O florestamento era comum na Europa no passado para proteger as plantações contra ventos do mar, estabelecer uma indústria florestal e estabilizar dunas (Blackstock, 1985; Sturgess, 1992), mas a prática está em desuso na maioria dos países, pois está associada à perda de flora e fauna, alterações de características do solo, níveis freáticos mais baixos, germinação em áreas adjacentes não florestadas e condições desfavoráveis para as espécies nativas (Sturgess, 1992; Janssen, 1995; Muñoz-Reinoso, 2003). A recuperação de uma flora diversificada em áreas que permaneceram florestais, durante muitos anos, não foi possível pela simples eliminação das árvores, por causa de grandes mudanças no solo, incluindo baixo pH e alto teor de matéria orgânica que retém mais água do que a areia limpa. Entretanto, as condições de suporte para muitas espécies originais das dunas podem ser melhoradas pela remoção da camada de detritos (serapilheira), bem como das árvores (Sturgess, 1992; Sturgess e Atkinson, 1993). O tipo de solo, ácido ou calcário, parece ser importante para os tipos de vegetação que se desenvolvem em clareiras de pinhos, e o vigor das florestas remanescentes adjacentes às clareiras e a influência de sua exposição ao litoral determinam o desenvolvimento de mata fechada (em áreas mais protegidas) ou vegetação semelhante a charnecas ou prados em evolução (áreas mais expostas) (Lemauviel e Roze, 2000). Se os recursos para eliminar plantações forem limitados, deve-se determinar qual novo tipo de ambiente tem o maior valor para os recursos disponíveis. A recuperação da flora original da duna após corte raso de sua vegetação pode não ser possível, mas pode ser viável criar um tipo de vegetação com maior valor para a conservação do que a plantação de pinheiros preexistente (Sturgess e Atkinson, 1993). Um exemplo espanhol é a substituição dos bosques ameaçados de *Juniperus oxycedrus* ssp. *macrocarpa* por plantações de pinho abandonadas (Muñoz-Reinoso, 2004).

São exemplos de vegetação exótica introduzida em sistemas de dunas e agora alvo de remoção: *Casuarina equisetifolia*, *Acacia cyclops* e *A. saligna* da Austrália para a África (Lubke, 2004); *C. equisetifolia* para o México (Espejel, 1993); *Chrysanthemoides monilifera* da África para a Austrália (Chapman, 1989; Mason e French, 2007); *Ammophila arenaria* da Europa para os EUA (Cooper, 1958; Pinto et al., 1972; Wiedemann e Pickart, 2004), África do Sul (McLachlan e Burns, 1992) e Austrália (Hilton et al., 2006); *Carex kobomugi* da Ásia para os EUA (Wootton et al., 2005); Eucalyptus spp. na bacia do Mediterrâneo (van der Meulen e Salman, 1996); pinheiros (por exemplo, *Pinus nigra* ssp. *laricio* e *P. contorta*) utilizados em todo o mundo (Doody, 1989; Sturgess, 1992; Leege e Murphy, 2000).

O tipo e a gravidade dos problemas com espécies exóticas variam. Algumas espécies permitem a manutenção das populações sem excluir outras espécies (*A. arenaria* na África do Sul); outras substituem totalmente as nativas e alteram a morfologia das dunas (*A. arenaria* nos EUA) ou envolvem mudanças complexas no ecossistema, alterando as características do solo, que podem desencadear invasões de outras espécies (Lubke e Hertling, 2001; Knevel et al., 2002; Lubke, 2004; Wiedemann e Pickart, 2004; Hilton et al., 2005). Algumas espécies exóticas podem aumentar a atratividade da duna, como a *Oenothera biennis* na Europa (Doody, 2001) e *rosa rugosa* na Europa e nos EUA (Christensen e Johnsen, 2001; Mitteager et al., 2006), dispensando a aparente necessidade de removê-las.

As espécies exóticas são, muitas vezes, preferidas em relação às espécies nativas para o paisagismo em terrenos particulares situados em dunas ao largo da praia. Muitas dessas espécies não estão adaptadas aos ambientes de dunas e exigem esforços consideráveis para mantê-las (Mitteager et al., 2006). Não é provável a incursão dessas espécies em porções de praias e dunas mantidas pelo Estado, mas as exóticas adaptadas a ambientes de dunas são problemáticas, como a *Carex kobomugi*, que é usada no lugar da nativa *Ammophila breviligulata* em algumas propriedades particulares na costa nordeste dos EUA e está invadindo as dunas em áreas naturais. Muito mais pode ser feito para controlar a utilização de terrenos em propriedades particulares a fim de atingir as metas de recuperação (ver Cap. 6).

Os primeiros esforços para remover a vegetação exótica e substituí-la por espécies nativas foram direcionados apenas aos invasores mais óbvios, mas avanços no entendimento dos ecossistemas de dunas levaram à detecção precoce de problemas e abordagens mais orientadas pelo sistema de recuperação, enfocando o restabelecimento dos processos de dunas e o gerenciamento de múltiplos táxons de forma integrada (Wiedemann e Pickart, 2004). A remoção de espécies exóticas pode ser feita manualmente, por escavação, enterramento, queima e aplicação de herbicidas. A remoção manual tem a vantagem de permitir que plantas nativas relictas, características do solo, nutrientes e umidade sejam mantidos no local e acelerem a recuperação, mas a remoção manual é trabalhosa e é mais adequada onde a vegetação ainda não se fixou amplamente (Wiedemann e Pickart, 2004). Sementes de espécies exóticas podem permanecer após a remoção manual das plantas, assim um programa de manutenção pode ser necessário para remover os invasores recorrentes conforme germinam (Lubke, 2004). A magnitude do problema de espécies invasoras das dunas pode ir além dos recursos disponíveis para tratar tal problema (Wiedemann e Pickart 2004), fazendo com que a detecção em estágios iniciais e a administração tenham importância fundamental.

4.10 Recuperação das baixadas úmidas

Muitas das espécies vegetais incomuns em baixadas úmidas de dunas tendem a prosperar durante os primeiros estágios sucessionais de seu desenvolvimento e não são mais geradas por processos naturais, exigindo a criação de novas baixadas úmidas ou a reabilitação de baixadas mais antigas (Rhind e Jones, 1999). Projetos de recuperação para recuperar a biodiversidade das baixadas úmidas são relativamente frequentes na Europa, onde a biodiversidade foi reduzida em razão da diminuição dos níveis de água nas áreas adjacentes, da reivindicação para uso agrícola e do florestamento com plantações de pinhos (Grootjans et al., 2004). Baixadas úmidas podem ser criadas artificialmente, escavando cavas em porções mais elevadas das dunas para criar lagos ou pela construção de dunas artificiais no lado em direção ao mar de planícies mais baixas inundadas. Quando ocorre invasão de gramíneas ou arbustos em baixadas úmidas, a vegetação característica pode ser renovada por corte ou pastejo onde os solos da superfície não foram descalcificados ou removendo os torrões, permitindo que as espécies-alvo remanescentes de vegetação próxima colonizem a baixada úmida (Jungerius et al., 1995; Rhind e Jones, 1999; Grootjans et al., 2004).

A construção de baixada úmida em planícies inundadas muitas vezes não é intencional (Grootjans et al., 2004). Este tipo de baixada úmida foi desenvolvido em Avalon, NJ (Fig. 4.1), onde novas cercas de contenção de areia foram colocadas bem ao largo do limite terrestre da ampla pós-praia criada durante uma tempestade de latitude média, em março de 1962. A baixada úmida de Avalon foi vista como uma área potencial para reprodução de mosquitos e tratada para a esterilização de larvas pela Comissão de Controle de Mosquitos do Estado, e agora os moradores da orla consideram-na um recurso ambiental e não mais um estorvo, em parte por causa da comunidade de vegetação diversificada (Nordstrom et al., 2002).

As baixadas úmidas não são comuns em áreas urbanizadas, onde as restrições à largura das zonas dunares ou as tentativas de aumentar o tamanho de dunas protetoras reduzem sua probabilidade de formação e sobrevivência. As baixadas úmidas que se formam em plataformas de inundação revelam o potencial de criação de hábitats de baixadas úmidas usando operações de engordamento de praias. Essa opção funcionará caso o aterro forme uma plataforma ampla o suficiente para acomodar tanto a duna frontal como a baixada úmida do lado em direção ao mar, oposta à infraestrutura humana.

Fig. 4.1 Baixada úmida de duna em Avalon, NJ, que se formou em praia invadida pelo mar durante uma tempestade em março de 1962. A baixada é protegida contra o extravasamento da água do mar e a areia arrastada pelo vento por uma duna criada a partir da utilização de cercas de contenção de areia em direção ao mar da praia inundada. A foto foi tirada 39 anos após a criação da duna de proteção

4.11 Tempo necessário para a naturalização

O tempo é um elemento importante para atingir o estado-alvo desejado. Muitas ações tomadas para recuperar hábitats e paisagens com uso de estruturas ou máquinas de terraplanagem são simplesmente uma forma de encurtar o tempo para alcançar um estado-alvo, antecipando o que seria necessário por processos naturais. Esses projetos devem ser vistos como soluções emergenciais, não como soluções padrão. É provável que alguns resultados de recuperação tidos como "ruins" sejam resultado da falha em permitir que a paisagem tenha tempo suficiente para evoluir. A ânsia por resultados imediatos pode ser questionada em situações que a natureza precisa de tempo para alcançar as metas (Arens et al., 2001).

Em alguns casos, a ação humana pode ser necessária para atingir um estado-alvo, mas uma influência humana inferior pode ser suficiente. Operações de engordamento com sedimentos de preenchimento diferentes dos materiais originais em tamanho, forma ou arredondamento requerem tempo para que os processos naturais adequem e segreguem os materiais. A energia das ondas e a morfodinâmica da praia são essenciais para esse processo. O retrabalho de sedimentos nas zonas de arrebentação ativa e espraiamento será mais rápido em praias com um regime de alta energia das ondas, e sedimentos enterrados serão expostos com maior frequência em praias que passam por ciclos de erosão e deposição. Praias engordadas a uma elevação em que o espraiamento da onda não alcança a parte superior da pós-praia não serão retrabalhadas por processos naturais de ondas e terão uma aparência artificial (Fig. 2.2). Nesses casos, pode ser necessário gradear a praia para permitir que ela evolua de uma forma mais natural. O gradeamento não é feito para produzir a forma final da praia, mas para facilitar a ação das ondas.

O cascalho usado como aterro pode ser proveniente de pedreiras próximas, com as mesmas características mineralógicas dos sedimentos originais. Ele pode ser processado por peneiramento, para ter granulometria semelhante ao original, mas ainda assim será menos arredondado. A taxa de abrasão de sedimentos de praia depende da dureza, bem como do tempo de exposição aos transportes (Dornbusch et al., 2002; Cammelli et al., 2004). Os sedimentos que permanecem na superfície ativa da antepraia tornam-se arredondados rapidamente, mas os sedimentos retidos em locais mais altos dos cordões de cascalho permanecerão angulares. O gradeamento das praias para retornar sedimentos à zona de espraiamento ativo pode reiniciar o processo de arredondamento (Cap. 2), mas este deve ser um último recurso, a menos que haja uma grande demanda recreacional para a praia. É compreensível que as intervenções humanas sejam necessárias para criar características desejáveis em praias e dunas modificadas, principalmente para uso humano, mas as intervenções a fim de encurtar o tempo parecem ser menos justificáveis na tentativa de alcançar um estado natural. O novo perfil de terreno deve ser tão sustentável quanto possível apenas por processos naturais.

4.12 Determinação dos níveis apropriados de dinamismo

A interação natural de sedimentos, paisagem e biota não precisa ser ilimitada para manter as funções naturais. Dinamismo e complexidade do relevo são importantes características naturais que favorecem a biodiversidade, mas não sabemos quanto dinamismo e complexidade são fundamentais para manter a viabilidade em longo prazo. Ciclos de erosão e deposição podem ser reduzidos em termos de espaço ou alterados em sua magnitude ou periodicidade pelo homem, mudando assim a história natural e a extensão espacial do perfil de terreno e biota, mas isso não significa que eles serão eliminados.

A formação de brechas em dunas frontais, acompanhadas por ciclos de erosão e acreção nas brechas e nas dunas adjacentes, é uma ocorrência comum em dunas naturais (Gares e Nordstrom, 1995). Essas brechas podem ser reproduzidas por processos humanos pela eliminação da cobertura da superfície, mas em alguns casos a simples não utilização de cercas para reparar entalhes na crista da duna pode conseguir o mesmo resultado. O vigor de muitas espécies formadoras de dunas, como a *Ammophila* spp., e o seu valor potencial em facilitar o crescimento de outras espécies tornam o plantio de vegetação uma alternativa natural à utilização de cercas. Em muitos casos, a ação ideal para renovar paisagens é não fazer nada e permitir a formação e evolução de brechas naturais nas cristas de dunas frontais. A variedade do relevo topográfico local criaria diferenças em pequena escala na proteção e proximidade ao nível freático, que aumentaria a variedade de hábitats em pequenas distâncias ao longo de toda a costa e daria uma aparência mais realista, do tipo de paisagem naturalmente funcional que se desenvolve quando as espécies nativas dominam.

É mais fácil projetar os níveis máximos de proteção do que os níveis ideais de dinamismo. As condições de erosão adequadas são difíceis de prever e variam para as diferentes espécies. Existe um risco de fornecer muita ou pouca proteção contra as pressões naturais, de modo que os projetos terão de se orientar por tentativas e erros, com pouca previsão do comportamento do produto final (Barton, 1998; Lee, 1998). A capacidade de prever quantitativamente e simular o extravasamento da água do mar e os depósitos resultantes está apenas começando a surgir (Donnelly et al., 2006), tornando difícil a recuperação de praias para a nidificação de batuíras, por exemplo. Quando essas incertezas são somadas à consideração de que a altura ideal para criar hábitats para batuíras é menor do que a elevação necessária para a proteção das estruturas urbanas, a dificuldade de determinar um estado-alvo aumenta drasticamente.

A gestão de dunas será sempre complicada, pois os sistemas variam consideravelmente no tempo e no espaço (Sherman, 1995). Seu dinamismo deve ser aceito em estratégias de gestão e incluído em planos de gestão, mas as dunas ainda devem ser monitoradas para que não atinjam um nível de erosão excessivo por negligência ou tornem-se excessivamente administradas e mantidas como formas estáticas (Davies et al., 1995). Costas urbanizadas podem manter o seu dinamismo natural, se a urbanização for suficientemente recuada da costa para manter uma reserva natural contra danos provocados por ondas (Jenssen e Salman, 1995). Uma das razões para as porções de dunas na Holanda serem reativadas é que a urbanização está tão afastada da costa, que nenhuma instalação é ameaçada. Por outro lado, os esforços humanos podem criar uma forma mais estável de proteção ao largo da zona dinâmica, compensando assim a falta de espaço. Dinamismo e outros valores e funções podem ser acrescentados assim que os níveis de proteção forem atingidos, o que pode ser realizado em uma escala relativamente grande (van Koningsveld e Mulder, 2004). É provável que a maioria dos projetos ainda seja experimental e em pequena escala, mas são necessários para documentar a viabilidade em áreas maiores.

4.13 ATIVIDADES EXTERNAS

Programas globais de recuperação devem incluir o controle externo de atividades que influenciam os depósitos sedimentares, as mudanças bióticas ou os níveis de poluentes (Morand e Merceron, 2005). Por exemplo, poderia ser feito mais para tentar controlar o lixo que entra na praia a partir de fontes externas, monitorando as fontes e modificando as práticas em uso (Williams e Tudor, 2001, Cunningham e Wilson, 2003). A redução do lixo humano não só reduziria os riscos associados a poluentes não biodegradáveis, assim como os hábitats exóticos e as espécies indesejáveis associados a eles, como reduziria também a necessidade de limpeza de praias com rastelo. A remoção de represas em córregos que deságuam na costa (Willis e Griggs, 2003) é outro recurso externo que ajudaria a recuperar os ambientes costeiros, neste caso fornecendo os sedimentos necessários para garantir o espaço para a formação de características naturais em direção ao mar das instalações antrópicas. Pode ser mais fácil influenciar algumas atividades nas bacias dos rios que deságuam nas águas costeiras se as bacias hidrográficas forem controladas pelas mesmas autoridades regionais que controlam as atividades costeiras ou se as bacias hidrográficas estiverem incluídas no plano de gestão integrada das zonas costeiras. A criação de instituições gestoras de bacia hidrográfica na Itália, em 1994, resultou em uma gestão mais sustentável dos rios, com a obrigação de considerar o depósito sedimentar levado à costa pelo fluxo de corrente (Autorità di Bacino Del Fiume Arno, 1994; Cammelli et al., 2006).

Ajustes externos podem estar além da capacidade da maioria dos gestores de praias, assim como restrições políticas e econômicas podem impedir que elas sejam relacionadas aos esforços de recuperação não local. Desse modo, eles não são discutidos em detalhe neste livro.

4.14 Conclusão

Aumentar o dinamismo dos perfis de terrenos estáveis melhora as trocas de sedimentos, nutrientes e biota e os ciclos de acreção, erosão, crescimento e decadência dos perfis de terrenos e vegetação, que manterão a diversidade, complexidade e resistência e criarão uma imagem mais natural do litoral. A mobilização inicial pode ocorrer por ação humana direta ou pela interrupção de programas de estabilização. Posteriormente, a paisagem deve evoluir com a mínima contribuição humana. Espaço e tempo suficientes são críticos para o desenvolvimento de formas em equilíbrio. Se o espaço e o tempo forem limitados, os esforços humanos contínuos podem ser necessários para controlar o nível de dinamismo ou restabelecer os ciclos de mudança.

Deixar as linhas de detritos no lugar é uma maneira fácil e financeiramente eficiente de preservar as condições naturais. Um maior dinamismo pode ser alcançado com a remoção ou modificação de estruturas de proteção costeira ou permitindo que estas se deteriorem ou sejam enterradas. Os programas de proteção às espécies ameaçadas têm grande potencial para restabelecer o funcionamento natural das praias e dunas por meio da restrição da exploração econômica, mas podem ter efeitos negativos se as necessidades de outras espécies forem subservientes.

A vegetação exótica e a vegetação ou o solo que representam estágios de sucessão mais avançados podem ser removidos para acomodar uma maior variedade de espécies nativas. A renovação dos processos de superfície e de vegetação também pode ser alcançada pela redução da altura e biomassa de gramíneas. A vegetação pode ser plantada em dunas para recuperar superfícies que foram eliminadas ou estão sujeitas à deriva de areia, mas a estabilização em grandes áreas, como ocorria no passado, parece contraproducente, dada a ênfase atual na diversidade e complexidade das formas e hábitats.

O grau de dinamismo e complexidade crítico para manter a resiliência dos hábitats e das espécies em longo prazo é específico para cada local e ainda pouco conhecido. Muitos dos métodos utilizados para aumentar o grau de dinamismo representam rupturas com práticas históricas, por isso é provável que a maioria dos projetos seja experimental e em pequena escala até que seja demonstrada a viabilidade de futuros projetos em larga escala.

5

Opções em ambientes reduzidos

5.1 Resultados alternativos de recuperação

Os ambientes costeiros devem ser geridos como grandes unidades, levando em conta as áreas adjacentes (van der Meulen e Salman, 1995), mas a recuperação de gradientes geomorfológicos e ecológicos plenos por toda a costa pode ser impossível em razão das restrições geográficas e da fragmentação dos hábitats provocadas pelo homem (Rhind e Jones, 1999; Doody, 2001; Freestone e Nordstrom, 2001; Pethick, 2001). Limiares abióticos, barreiras físicas e perturbações criam fronteiras entre sistemas ecológicos adjacentes na natureza (Gosz, 1991; Johnstone et al., 1992; Risser, 1995). Os impactos humanos frequentemente acentuam esses limites (Correll, 1991), segmentam-nos pelo uso da terra ou da propriedade (Forman, 1995), detêm os fluxos naturais (Harris e Scheck, 1991) e criam novos fluxos (Bennett, 1991). Dados o ritmo e a escala sempre crescentes da ação antrópica, é de fundamental importância identificar como os hábitats naturais podem ser acomodados em gradientes ambientais truncados, comprimidos, dissociados ou fragmentados. A contínua transformação de paisagens naturais para exploração econômica aumentou a importância de aproveitar ao máximo os enclaves não urbanizados restantes e converter propriedades urbanizadas em ambientes naturais. A conversão de vastas extensões de paisagens intensamente alteradas em ambientes funcionando naturalmente é improvável, mas a recuperação gradual de áreas menores é possível e pode ser vantajosa no curto prazo para resolver problemas locais de reserva de sedimentos e riscos de inundação, além de mudar em longo prazo a mentalidade sobre as políticas adaptativas e o valor das formas e dos hábitats naturais (Pethick, 2001).

O grau de semelhança no tamanho ou naquantidade de recursos naturais, entre perfis e hábitats recuperados em áreas urbanizadas, e perfis de terrenos naturais, depende do espaço disponível e de quanto se permite aos processos naturais e perfis de terrenos funcionarem naquele espaço. Idealmente, a natureza deve emergir dos esforços de gestão e não resultar diretamente deles (Simpson, 2005). Em ambientes reduzidos, pode ser necessário aceitar soluções que envolvam a influência humana ativa para atingir os objetivos quando as questões temporais e espaciais são comprimidas ou fragmentadas em unidades de gestão pelas partes interessadas com objetivos concorrentes. A manutenção dos ecossistemas exigirá esforços humanos proativos para manter as reservas sedimentares, oferecer espaço e gerar valorização dos aspectos intrínsecos recreativos e educacionais da natureza (Brown et al., 2008).

A divisão da costa em unidades de gestão claramente separadas e definidas pode reduzir a probabilidade de um consenso sobre como criar gradientes ambientais transversais completos. Em costas urbanizadas de muitos países, as unidades de gestão são formadas por uma zona de gestão pública (geralmente municipal) em direção ao mar e uma zona de gestão privada, visivelmente diferente, na parte continental. Essas zonas são muitas vezes separadas por uma estrutura paralela à costa, como um muro marinho, estrutura de proteção, calçadão de madeira (*boardwalk*), passeio, barreira contra ventos ou areia, ou um corredor do lado oposto à crista da duna, onde a areia é removida para minimizar sua deposição em terrenos particulares (Fig. 5.1). Em alguns casos, dunas frontais de proteção, geridas pelo poder público, são contíguas às dunas em propriedades particulares (Fig. 5.2), porque não há interferência das estruturas paralelas à costa com as transferências de sedimentos ou porque os gerentes não tomam medidas preventivas contra a acreção eólica natural em frente ou sobre as estruturas e permitem que elas sejam enterradas.

Fig. 5.1 Ocean City, Nova Jersey, mostrando a separação das dunas e propriedades particulares por três linhas de características artificiais - uma cerca de contenção de areia no lado em direção à terra, um corredor sem vegetação e uma estrutura de proteção

Fig. 5.2 Ship Bottom, Nova Jersey, mostra a integração da duna entre terrenos geridos pelo município e por entidades privadas

Existem medidas que podem ser tomadas para converter zonas artificialmente diferenciadas pela gestão em um gradiente mais contínuo que contenha os micro-hábitats encontrados em segmentos não urbanizados da orla, desde espécies pioneiras e dunas iniciais na pós-praia, a árvores e arbustos nos ambientes continentais mais estáveis. As possibilidades de voltar a ter sistemas funcionando mais naturalmente são ilustradas aqui, examinando os tipos de gradientes ambientais realizáveis em orlas urbanizadas, onde o espaço é restrito. As maneiras de implementar programas para alcançar esses estados de recuperação, tendo em conta os interesses das partes envolvidas, são apresentadas nos Caps. 6 e 7.

5.2 Gradiente natural

A perturbação é fundamental para a composição e a riqueza da vegetação nas praias e dunas (Keddy, 1981; Moreno-Casasola, 1986; Barbour, 1990; Ehrenfeld, 1990). Os tipos e intensidade de perturbação diferem de acordo com a distância da água tanto em praias de areia como de cascalho (Doing, 1985; Randall, 1996; Walmsley e Davey, 1997b; Dech e Maun, 2005; Lortie e Cushman, 2007). A riqueza é reduzida perto da praia, onde poucas espécies conseguem suportar o estresse da mobilidade da areia e o *spray* marinho (Moreno-Casasola, 1986). Plantas pioneiras (por exemplo, *Cakile edentula*) suportam o *spray* marinho e jatos de areia vindos de dunas embrionárias da praia posterior e gramíneas (por exemplo, *Ammophila* spp. e *Spinifex* spp.) formam cordões de dunas frontais (Hesp, 1989; Seabloom e Wiedemann, 1994). No lado voltado à terra das dunas frontais, a proteção contra o *spray* marinho e a inundação de areia favorece o crescimento de arbustos lenhosos nas porções em direção ao mar e de árvores e espécies de sequeiro nas porções situadas no continente (Fig. 5.3A). Em dunas naturais de costas com balanço sedimentar relativamente equilibrado, a transição de plantas pioneiras para florestas plenamente desenvolvidas pode se estender ao longo de gradientes ambientais de centenas a milhares de metros, dependendo da frequência e magnitude dos ventos que promovem o estresse físico (McLachlan, 1990). A erosão das praias e dunas durante tempestades pode eliminar os subambientes de dunas na direção do mar. A deposição pós-tempestade irá repor os sedimentos na praia e dunas frontais começarão a se formar novamente, restabelecendo o gradiente natural.

A eliminação da porção do lado em direção ao mar do gradiente ambiental em praias com um balanço sedimentar negativo pode aproximar arbustos e árvores da praia e dos estresses associados a ela, criando um subambiente mais comprimido entre a praia ativa e os arbustos e árvores. As ações antrópicas, muitas vezes, limitam as reservas sedimentares, eliminam os subambientes de dunas situados na parte continental (e em alguns casos todos os subambientes) e restringem o espaço onde os processos naturais poderiam, posteriormente, retrabalhar a praia, duna e terrenos elevados, mas eles também podem aumentar o balanço sedimentar através do engordamento de praias, oferecendo assim mais espaço para os subambientes evoluírem.

É teoricamente possível que o engordamento da praia forneça o volume e a amplitude de areia necessários para permitir a formação de um gradiente natural de duna (Fig. 5.3A). Um aterro em grande escala fornece o potencial para recuperação de todo o conjunto de espécies associadas ao sistema de praias/dunas. Na costa nordeste dos EUA, esse cenário favoreceria espécies ameaçadas, como a batuíra-melodiosa, o talha-mar (*Rynchops niger*), o trinta-réis-miúdo (*Sterna antillarum*) e o trinta-réis-boreal (*Sterna hirundo*), que nidificam sobre a areia de vegetação escassa e a superfície conchífera ou utilizam-nas, assim como usam as áreas de forragem ao longo da zona intermareal ou da linha de detritos. A duna ao largo dessas praias fornece o hábitat para o pirupiru (*Haemotopus palliatus*) e a cotovia cornuda (*Eremophila alpestris*), que utilizam as praias costeiras e dunas de areia e forrageiam sementes e insetos da vegetação baixa. Praias que não foram limpas com rastelo fornecem hábitat para invertebrados, como a cicindela (*Cicindela dorsalis dorsalis*), que usa a zona intermareal superior até a alta zona de detritos. Plantas também podem ser alojadas, incluindo o amaranto (*Amaranthis pumilus*), encontrado em áreas interdunas e areia exposta depositada em projetos de engordamento de praias, e enoteráceas (*Oeno-*

(A) **Gradiente natural** Possui todos os micro-hábitats e espécies; micro-hábitats funcionam naturalmente. Bom para proteção costeira.

(B) **Gradiente truncado** Um micro-hábitat com poucas espécies; micro-habitat funciona naturalmente. Superfície móvel.

(C) **Gradiente comprimido** Muitas espécies; variedade de micro-hábitats; superfície estável. Exige ação humana.

(D) **Gradiente dissociado** Micro-hábitats e espécies limitados. Superfície estável.

Casos melhorados com engordamento

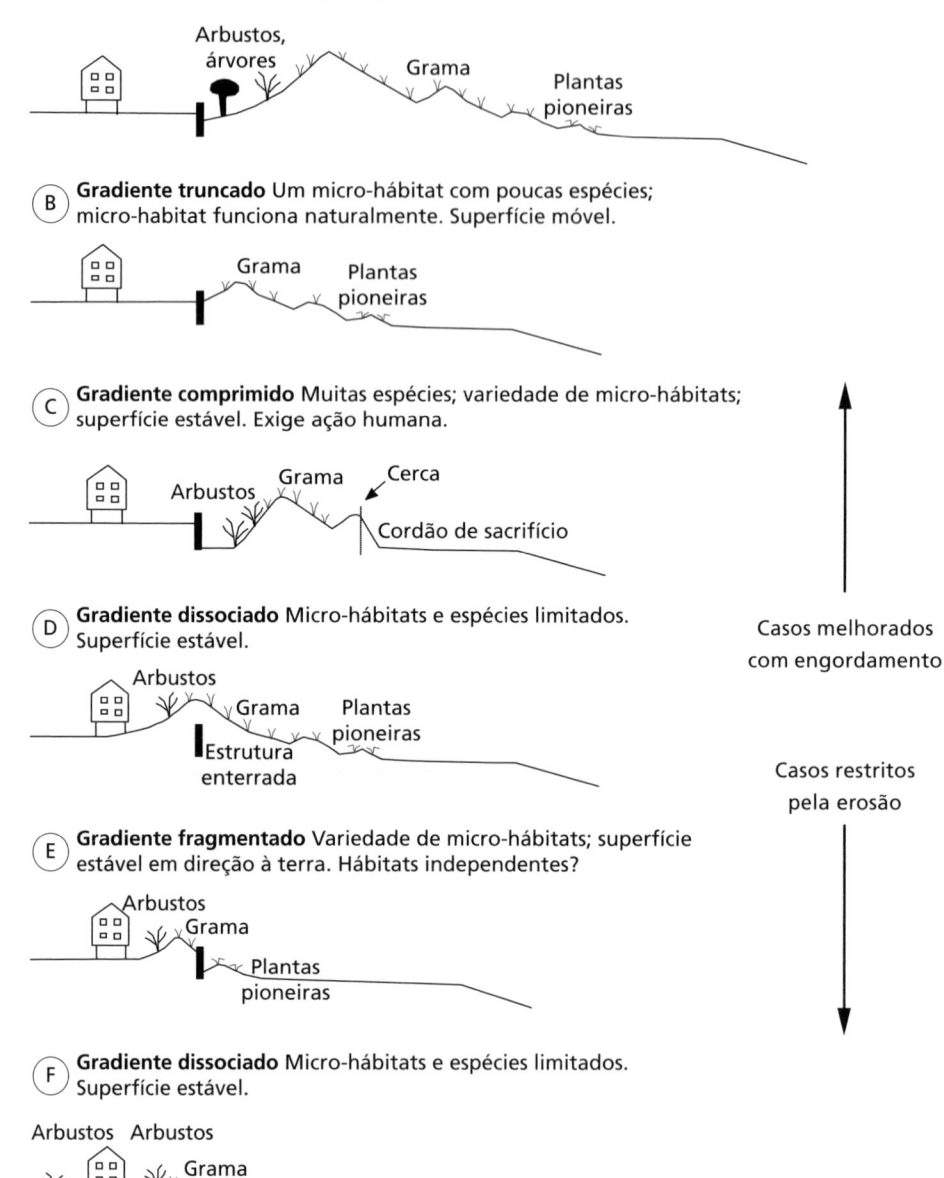

(E) **Gradiente fragmentado** Variedade de micro-hábitats; superfície estável em direção à terra. Hábitats independentes?

Casos restritos pela erosão

(F) **Gradiente dissociado** Micro-hábitats e espécies limitados. Superfície estável.

Fig. 5.3 Tipos alternativos de dunas em orlas urbanizadas, representando exemplos de estados-alvo para a recuperação; modificado de Freestone e Nordstrom (2001) e Nordstrom e Jackson (2003)

thera humifusa), poligonales (*Polygonum glaucum*), beldroegas-da-praia (*Sesuvium maritimum*) e sapinho-da-praia (*Honckenya peploides*), que podem crescer na pós-praia ou dunas (NPS, 2005). Alguns desses animais e plantas são sensíveis à presença de seres humanos ou pisoteamento direto, mas esses impactos podem ser controlados com restrições ao uso da praia.

A altura, largura, inclinação para o mar, cobertura vegetal e cordão de duna mais voltado para o mar refletem a interação da erosão por ondas de ressaca e do transporte eólico. Se esse cordão evoluir por processos naturais, será baixo e acidentado nos estágios iniciais de evolução, como ficaria logo após o engordamento ou após uma grande tempestade ter removido qualquer cordão da duna frontal anterior. O cordão pode tornar-se relativamente alto e amplo ao longo de vários anos sem grandes tempestades (Fig. 3.1). Um cordão formado sem o auxílio de cerca de contenção de areia pode ser mais amplo e mais baixo do que um cordão formado com a ajuda de uma cerca, e a área de solo descoberto pode ser mais ampla e com mais manchas, mas o cordão irá fornecer um grau de proteção contra o vento e a ação das ondas em áreas continentais e aumentará a probabilidade de colonização por novas espécies.

Restrições de custo em projetos de realimentação e a competição com a demanda humana pelo espaço criado com o aterro inicial podem não permitir a construção de uma praia ampla o suficiente para um gradiente natural de dunas e vegetação plena se formar e sobreviver. A recuperação de dunas em um litoral urbanizado normalmente ocorrerá a uma distância transversal muito menor do que uma duna natural ocuparia. A questão passa a ser, então, quais e quantos valores humanos e naturais poderão ser acomodados no espaço disponível (Nordstrom e Jackson, 2003). Onde o espaço é crítico e limitado por estruturas situadas na praia em direção à terra, a duna pode ser gerida para oferecer um micro-hábitat dinâmico e com o funcionamento natural de uma duna inicial (gradiente ambiental truncado) ou uma amostragem espacialmente compacta de um transecto mais amplo de uma duna natural (gradiente ambiental comprimido) que deve ser melhorado por esforços humanos (Freestone e Nordstrom, 2001).

5.3 Gradiente truncado

Gradientes de evolução natural que são truncados por estruturas antrópicas na parte terrestre (Fig. 5.3B) podem ser constituídos apenas do subambiente da duna caracterizado por plantas pioneiras. Mas esse subambiente oferece hábitat para as aves nidificadoras, são fontes de sementes de espécies pioneiras que, por sua vez, servem de alimento para a fauna e são exemplos de ciclos de crescimento e destruição que destacam o caráter dinâmico das costas naturais (Nordstrom et al., 2000). Os ataques das onda são frequentes em dunas iniciais que se formam na praia, e essas formas não sobrevivem por muito tempo. Seu tamanho reduzido e a proximidade com o mar oferecem pouca proteção contra o *spray* marinho e a areia trazida pelo vento. Plantas características de dunas posteriores estáveis não conseguem prosperar e a vegetação caracteriza-se por espécies encontradas apenas na praia ativa e porções ao largo das dunas naturais. Edifícios e terrenos situados em direção à terra estão sujeitos a invasão por areia trazida pelo vento, mas os moradores e turistas mantêm sua vista para o mar.

Um gradiente truncado pode ser visto como uma abordagem inativa (não ação) de gerenciamento de recuperação que também é um resultado válido. Ele representa uma tentativa inicial realizável de recuperação em costas onde os gerentes atualmente nivelam e limpam a praia com rastelo para mantê-la como uma plataforma de recreação plana, sem lixo e livre de vegetação. Para fazer essa conversão, os gestores devem reconhecer que os valores naturais, incluindo os valores humanos associados à apreciação da natureza, podem ser preferíveis aos usos anteriores de recreação, e as partes interessadas devem aceitar praias naturais como locais de recreação adequados (Nordstrom e Jackson, 2003).

5.4 Gradiente comprimido

A sequência transversal de espécies vegetais encontradas em áreas naturais pode ser representada em ambientes espacialmente restritos (Fig. 5.3C), mesmo que as distâncias não possam ser representativas (Nordstrom et al., 2002; Feagin, 2005), mas as espécies típicas do ambiente de duna posterior só podem existir perto da praia se as condições de crescimento forem reforçadas por uma superfície relativamente estável, protegida de inundações de água, areia, e *spray* marinho. A manutenção artificial de uma barreira de sacrifício de proteção em direção ao mar de dunas frontais com cercas de contenção de areia pode fornecer maior proteção contra a invasão das ondas, inundações e areia arrastada pelo vento, além de maior riqueza de espécies em um determinado espaço do que em gradientes truncados.

A Fig. 5.4 revela como perfis de terrenos construídos e utilizados como estruturas de proteção podem evoluir para uma condição que parece natural, pelo menos quanto à vegetação da superfície. Em 1987, um projeto de engordamento estadual/municipal usou sedimentos dragados de um canal de maré próximo para criar uma praia de proteção e um dique de areia, que foi moldado por máquinas de terraplanagem com uma altura de 3,7 m acima da maré baixa média. A forma inicial da estrutura e a grande quantidade de conchas e cascalhos grossos no aterro revelaram sua origem não eólica. O uso subsequente de cercas de contenção de areia em direção ao mar para construir uma duna frontal alta de proteção contra inundações provocadas por tempestades resultou em uma maior diversidade topográfica. A duna frontal é maior do que uma duna natural e fornece proteção considerável em direção à terra. O zoneamento da vegetação transversal à margem (Fig. 5.4) é praticamente semelhante ao de uma duna natural, mas o gradiente ambiental é comprimido em uma zona muito mais estreita, e espécies de duna posterior estão a apenas alguns metros da praia posterior. Arbustos como o alecrim-do-norte (*Myrica pennsylvanica*) rompem a superfície do dique gradeado, aumentando o seu valor estético (Nordstrom e Mauriello, 2001; Nordstrom et al., 2002). A duna da Fig. 5.4 não transmite uma imagem verdadeiramente natural devido à sua forma projetada e contexto espacial alterado, mas tem grande potencial de recursos em sua diversidade de espécies. A vegetação diversificada em um gradiente comprimido fornece o que muitas das partes interessadas locais considerariam uma paisagem esteticamente mais agradável. Às vezes, uma imagem representativa agradável pode ser preferível a uma imagem ecologicamente pura como um meio de envolver mais os membros da sociedade e desenvolver uma apreciação das metas de sustentabilidade (Parsons e Daniel, 2002; Ozgüner e Kendle, 2006). O gradiente comprimido fornece uma imagem mais assertiva de estabilidade geomórfica do que um gradiente truncado, dando-lhe um valor utilitário que promove a aceitação de dunas onde as formas naturais não são apreciadas. O aumento na altura da crista da duna, necessária para a estabilidade, pode restringir a vista para o mar dos residentes, o que pode tornar a opção pouco atraente para algumas partes interessadas.

A gestão ativa pode criar um gradiente comprimido rapidamente, mas esse tipo de duna deverá ser mantido à custa de esforços contínuos em uma praia estreita onde a erosão por ondas ou o transporte eólico contribuem para a instabilidade das dunas. Esses esforços deverão incluir a reconstrução rápida das dunas, com tratores ou substituições de cercas arrancadas durante o ataque por ondas e o uso periódico (mas muitas vezes em pequena escala) de operações de engordamento de praia para

Fig. 5.4 Avalon, NJ, mostra a diversidade da vegetação favorecida por uma duna de proteção frontal alta e praia estreita em erosão, que impede a invasão de areia em direção à terra

manter pelo menos uma praia estreita à frente da duna. As atuais tentativas de muitos gerentes em manter dunas como estruturas de proteção para praias em erosão cria o tipo de relevo que permitiria a formação de um gradiente comprimido, mas o possível conjunto completo de espécies pode não evoluir ou sobreviver se a maior parte da duna (não apenas a parte sacrificial em direção ao mar) for tratada apenas uma estrutura de proteção e, portanto, a recuperação ambiental considerada dispensável (Nordstrom e Jackson, 2003).

5.5 Gradiente expandido

Geralmente, os gestores municipais que constroem ou mantêm dunas para oferecer hábitats ou proteção contra tempestades para a infraestrutura urbana podem fazê-lo apenas na porção de propriedade privada da praia, o que resulta em uma duna pequena em relação à sua contraparte natural. Mesmo que a porção de propriedade privada ao largo da duna seja contígua à parte cuidada pelo poder público, ela pode ser pouco semelhante a esta ou parecer pouco com uma duna natural (Fig. 5.5). Estudos sobre costas onde as propriedades particulares estão situadas próximas à praia, chamam a atenção para a aceitação dos residentes de alternativas de paisagismo natural em suas propriedades, a fim de fornecer hábitat para animais selvagens, reforçar a imagem de um litoral urbanizado, influenciar as ações de paisagismo tomadas pelos futuros moradores e aumentar a probabilidade das características naturais serem um fator positivo na revenda de propriedades litorâneas (Conway e Nordstrom, 2003; Mitteager et al., 2006). Essa extensão da duna para propriedades particulares pode criar um gradiente ambiental expandido (Fig. 5.3D).

Nos Estados Unidos, por exemplo, propriedades particulares costeiras recebem pouca atenção de cientistas e gestores como possíveis locais de recuperação, mas essas propriedades são importantes recursos potenciais, porque os efeitos cumulativos da gestão individual podem ser grandes. Em alguns países, residentes individuais têm grande liberdade quanto à seleção de opções de paisagem e não precisam esperar que recursos públicos sejam disponibilizados ou aturar as diversas reuniões públicas e revisões pelas quais passam as entidades governamentais antes que a ação seja tomada. A divisão do terreno em lotes pequenos resulta em uma grande proporção de gestores, de modo que a gestão pode ser mais intensa do que em dunas geridas municipalmente. A rega, adubação, adição de solo e coberturas, o plantio de espécies alternativas e a construção de barreiras de diferentes tamanhos e configurações podem ser mais práticos, quando conduzidos por gerentes de propriedades individuais.

A vegetação em propriedades particulares é frequentemente selecionada de acordo com concepções urbanas de paisagismo e utilizada como uma afirmação da propriedade ou forma de obter privacidade. A opção do proprietário de um terreno em investir tempo e esforço para plantar ou manter a vegetação natural depende em parte das preferências do morador e em parte das limitações dos processos naturais. As Figs. 5.2 e 5.6 revelam algumas das diferenças nas características do perfil transversal de dunas à margem da fronteira entre praias públicas e propriedades particulares,

Fig. 5.5 Duna em propriedade particular em Manasquan, Nova Jersey. A cerca de delimitação e o pátio impermeáveis interferem no transporte de sedimentos. As alterações topográficas, a vegetação exótica e o uso humano substituem a vegetação natural

dadas as diferentes preferências pelo tipo de vegetação. Uma abordagem que minimiza alterações humanas pode resultar em espécies típicas de um gradiente ambiental dinâmico (Fig. 5.2), enquanto o plantio e a rega podem favorecer espécies de dunas posteriores típicas de locais muito mais afastados em direção à terra (Fig. 5.6). Essas duas opções são análogas aos gradientes truncados e comprimidos, possíveis em dunas municipais com suas vantagens e desvantagens.

Podem ser utilizadas fileiras de árvores para demarcar as laterais das propriedades. Vista de lado, uma fileira de árvores perpendicular à costa pode imitar a altura da vegetação do gradiente transversal, com vegetação baixa próxima à água, porém, árvores de estatura semelhante plantadas em uma fileira perpendicular à costa podem transmitir a imagem de uma cerca ao invés de um subambiente representativo. Muitas das mudanças desejáveis nas paisagens em terrenos particulares são facilmente alcançadas se os proprietários estiverem cientes das razões. Mais sugestões detalhadas para gerenciar propriedades particulares são apresentadas no Cap. 6.

Fig. 5.6 Propriedade particular em Bay Head (Nova Jersey) mostra gramíneas, arbustos e árvores representativos de um amplo gradiente natural, porém comprimido em uma curta distância transversal da costa

5.6 Gradientes fragmentados e dissociados

Porções de uma duna podem permanecer adjacentes a edifícios em terrenos limpos (Figs. 5.3E e 5.3F), assim como enclaves de dunas maiores, do tamanho de um lote, podem permanecer em áreas sem construções no interior de zonas urbanizadas. Se as manchas de vegetação em áreas urbanizadas tiverem grande variedade de tamanho e idade, elas podem conter quase tantas espécies quanto as áreas não fragmentadas (Escofet e Espejel, 1999). Esses remanescentes são um possível recurso que não deve ser ignorado nos esforços de recuperação. Os remanescentes de dunas podem ser separados da praia ou duna frontal por enrocamentos (Fig. 5.7), estruturas de proteção, calçadões de madeira, edifícios, jardins, áreas de estacionamento, superfícies recreacionais. A distinção feita aqui é entre dunas fragmentadas, nas quais as trocas de sedimentos e biota podem ocorrer através e ao longo da costa, embora essas trocas possam ser limitadas, e dunas dissociadas (relictas), nas quais se impede as trocas naturais.

Dunas dissociadas que se encontrem em direção à terra de estruturas de proteção paralelas à costa (Fig. 5.7) podem sobreviver como remanescentes bem depois de praias e porções costeiras dessas dunas serem eliminadas pela erosão das ondas. Muitas remanescentes têm espécies de vegetação encontrada em dunas frontais (por exemplo, *Ammophila*), mas a redução na quantidade de areia que pode ser arrastada das praias estreitas ou passar por cima das estruturas permite que se desenvolvam arbustos característicos de dunas estáticas posteriores.

Dunas fragmentadas e dissociadas variam muito de tamanho, localização, duração e vegetação, pois podem ocorrer em vários cenários de uso do terreno e refletem diversas preferências de paisagismo. Em alguns casos, as estruturas podem parecer ter pouco efeito negativo sobre a distribuição da vegetação pelas dunas (Fig. 5.8). Ambos os tipos de dunas podem ser remanescentes da duna original que foi modificada para acomodar a construção de instalações urbanas ou podem ser formas criadas pelo homem, tais como áreas de disposição para extravasamento da água do mar ou areia arrastada pelo vento a partir de terrenos ou estradas adjacentes.

Fig. 5.7 Duna frontal dissociada em Stone Harbor, Nova Jersey

Dunas situadas em direção à terra entre as propriedades, com edifícios, têm o aspecto mais artificial de todos os tipos de dunas quanto à vegetação e características internas do sedimento (quando modeladas mecanicamente), mas a falta de dinamismo dessas dunas e sua localização relativamente distantes da orla as tornam adequadas para o crescimento de espécies típicas de dunas posteriores que necessitam de tempo para evoluir, incluindo árvores como o azevinho americano (*Ilex opaca* Ait.) (Nordstrom e Jackson, 2003).

Muitas vezes, proprietários de terrenos veem os lados da casa situados em direção ao mar e em direção à terra como duas unidades de gestão diferente, com os limites da casa como uma transição entre os dois. Mitteager et al. (2006) observaram que os proprietários consideram o lado da casa em direção à terra como a frente da casa. O espaço para a natureza desse lado é restrito por vias de acesso e estacionamento para carros, sendo arbustos ornamentais frequentemente a única vegetação plantada. Parece haver pouco incentivo para adotar uma aparência natural no lado em direção à terra das casas, especialmente se as propriedades do outro lado da estrada paralela à costa (e não na zona de dunas) mantiverem um aspecto urbanizado (Mitteager et al., 2006).

Fig. 5.8 As dunas frontais em Rehoboth, Delaware (EUA), mostram um calçadão de madeira com um impacto mínimo na distribuição transversal da vegetação

5.7 Encadeamentos

Alguns resultados (Fig. 5.3) são relativamente fáceis de alcançar, ao passo que outros exigem mudanças das políticas e práticas. Gradientes naturais exigem espaço e o engordamento da praia pode ser necessário para criar esse tipo de gradiente em áreas urbanizadas. Uma duna em pleno funcionamento pode ser considerada um luxo por gestores que pensam que ela interfere com o uso recreacional ou que é uma estrutura de sacrifício para proteção à costa. Encontram-se gradientes naturais em frente a áreas urbanizadas somente quando as normas ambientais ou de segurança especificam grandes distâncias de recuo para novas construções ou proíbem a construção nas raras áreas de acreção.

Gradientes truncados, com seu dinamismo natural, não necessitam de ações de gestão ativa e são menos onerosos para manter do que suas alternativas (uma plataforma recreacional plana ou a duna de proteção de um gradiente comprimido). O dinamismo que garante o valor natural ao gradiente truncado é geralmente visto como uma característica negativa pelos gestores locais. Dessa forma, pode ser necessário um programa de esclarecimento ao público para identificar as vantagens de permitir processos naturais ou deixar que o gradiente truncado evolua para um gradiente expandido pela migração em direção à terra (Nordstrom e Jackson, 2003).

O gradiente ambiental comprimido, com seu rico inventário de espécies, seu valor para a proteção costeira e sua localização completamente na área de gestão pública da costa faz desta uma opção comum e preferencial em muitos locais. O custo de manutenção de uma duna como barreira primária contra o ataque contínuo das ondas com cercas de contenção de areia e tratores torna essa opção relativamente cara. O financiamento de diversas fontes nacionais, estaduais e municipais é frequentemente usado para a manutenção da duna como uma estrutura de proteção pelo engordamento da praia, por isso esse tipo de duna tem uma alta probabilidade de sobrevivência. Teoricamente, o gradiente comprimido pode evoluir para um gradiente expandido (em direção à terra) se cercas e tratores não forem mais utilizados para manter o cordão sacrificial, mas essa ação significaria o abandono de uma política pública de oferecer proteção às propriedades situadas em terra, o que é improvável (Nordstrom e Jackson, 2003), e a responsabilidade pela manutenção dos hábitats ricos em espécies na porção continental passaria a ser dos proprietários de terrenos particulares.

Um gradiente expandido representa uma extensão de um gradiente truncado, com gradientes fragmentados e dissociados que representam formas de erosão de um gradiente expandido anterior. Seria necessário um consenso entre as partes interessadas para facilitar a formação de gradientes expandidos ao longo de grandes extensões da linha costeira. O custo da manutenção da vegetação natural situada em direção à terra da crista da duna poderia ser dividido entre as diversas partes envolvidas.

A gestão intensiva de cada propriedade seria possível, mas cada morador teria de ser informado sobre como usar as práticas de paisagismo ambientalmente compatíveis, além de não haver nenhuma garantia de que os proprietários iriam adotá-las, a menos que um município especifique isso em suas portarias de zoneamento. O gradiente expandido tem vantagens perceptíveis sobre o gradiente truncado para atingir um sistema de dunas com aparência e funcionamento mais naturais, mas a opção é mais difícil de ser alcançada, embora diversos residentes individuais tenham aproveitado essa opção para demonstrar a sua viabilidade em locais específicos (Nordstrom e Jackson, 2003).

Gradientes fragmentados e dissociados representam estados de degradação ambiental, mas oferecem a oportunidade para a ocorrência de natureza em locais onde ela normalmente não ocorreria. Geralmente, as partes interessadas consideram a primeira construção ou estrutura como a fronteira entre a natureza e a habitação humana. A manutenção de enclaves de dunas naturais em propriedades particulares ajudaria a eliminar essa distinção e ofereceria uma imagem do litoral mais compatível com um ambiente natural. Essas dunas podem ser o único vestígio da ocorrência de dunas mais antigas, o que torna a sua preservação e valorização fundamentais, apesar de seu pequeno tamanho e falta de dinamismo. Dunas em terrenos loteados e dunas dissociadas situadas em direção à terra junto à edificações, que devem sua existência ao descarte de sedimentos, não são remanescentes de dunas naturais, e sua importância como alvos de recuperação da natureza é incerto.

6
Um programa baseado no local para a recuperação de praias e dunas

6.1 A necessidade de ação local

Abordar as principais causas de declínio da saúde dos ecossistemas, como a eutrofização, pode estar além da capacidade das unidades individuais de gestão, mas medidas de gestão local podem ser tomadas para recuperar componentes individuais da paisagem (Verstrael e van Dijk, 1996). A expressão "pensar globalmente, agir localmente" é apropriada tanto para a recuperação costeira como para resolver os problemas de poluição ou de gestão da água. Ações locais frequentemente são fundamentais para a otimização do valor de projetos e planos desenvolvidos por autoridades superiores (De Ruyck et al., 2001). Projetos de construção de praias e dunas em grande escala são geralmente financiados, projetados e construídos por governos em nível nacional e estadual/municipal e tendem a ser de capital intensivo, com custos mínimos de manutenção (Townend e Fleming, 1991), sem monitoramento ou manutenção posteriores ou critérios de desempenho baseados em considerações de hábitats naturais. A gestão das praias e dunas criadas nesses projetos é controlada por jurisdições locais. Programas locais são necessários para assegurar que esses projetos atinjam seu potencial pleno de recuperação.

Um programa integrado de âmbito local para aumentar o número, tamanho e utilidade dos ambientes naturais em áreas urbanizadas envolve (1) fazer com que as partes interessadas aceitem perfis de terrenos naturais e hábitats como elementos apropriados em uma paisagem costeira antropizada;

(2) identificar indicadores ambientais e condições-alvo de referência com as características dos enclaves naturais existentes; (3) estabelecer locais amostrais para avaliar os efeitos positivos e negativos da retomada de um sistema mais dinâmico; (4) desenvolver orientações e protocolos realistas para serem utilizados na recuperação e gerenciamento de perfis geográficos e hábitats em outros locais; (5) mudar as preferências dos interessados para favorecer iniciativas de recuperação; e (6) desenvolver programas de educação ambiental para estabelecer uma nova apreciação por componentes funcionais da paisagem (Nordstrom, 2003).

Este capítulo é uma síntese dos fundamentos observados nos programas de recuperação locais (por exemplo, Breton et al., 2000; Nordstrom et al., 2002). A maioria dos exemplos é de programas em Nova Jersey, EUA, mas muitos dos elementos podem ser aplicados em outros contextos. A justificativa para muitas das sugestões é apresentada em capítulos anteriores.

6.2 Obter aceitação para perfis de terrenos e hábitats naturais

A aparência, função e utilização de perfis de terrenos e hábitats mudarão consideravelmente após a recuperação, portanto antecipar e sanar as preocupações das partes envolvidas deve ser parte importante de um programa de recuperação. Pesquisas com usuários de praias frequentemente revelam uma preferência pela limpeza e não por recursos naturais (Cutter et al., 1979; Vandemark, 2000), ressaltando a dificuldade em permitir que a natureza evolua em praias que foram limpas com rastelo para eliminar o lixo e produzir uma superfície limpa e organizada. Um dos aspectos mais difíceis de um programa de recuperação é convencer os residentes e funcionários municipais da necessidade de criar formas naturais e hábitats onde estes não existiam (Mauriello, 1989).

Na tentativa de construir dunas em Nova Jersey, os reguladores estatais têm de lidar constantemente com os interesses locais que resistem à construção de dunas ou querem fazê-las tão pequenas quanto possível, a fim de manter a vista para o mar dos calçadões de madeira e residências (Nordstrom e Mauriello, 2001). Em estudos de caso de Lavallette, Nova

Jersey, Mauriello e Halsey (1987) e Mauriello (1989) oferecem uma perspectiva sobre as concessões necessárias para a construção de dunas onde elas não existiam. Elas foram construídas como requisito para a utilização de recursos federais e estaduais para a reparação de instalações danificadas após uma tempestade. Elas foram construídas segundo orientações da Federal Emergency Management Agency, que especificava uma duna com altura mínima de 2,56 m acima do nível médio do mar e uma área transversal superior a 50,2 m^2 acima do nível recorrente histórico de inundação por chuvas intensas nos últimos 100 anos. A preocupação com a invasão de instalações antrópicas por ventanias de areia levou à colocação de cercas de contenção de areia no lado continental das dunas frontais e de um corredor plano entre as dunas e o calçadão, onde equipamentos de terraplanagem poderiam ser usados para remover mecanicamente os sedimentos levados pelo vento para o interior. Essas práticas tornaram as dunas estreitas, lineares e de posição fixa (Fig. 6.1).

Fig. 6.1 A duna em Lavallette, Nova Jersey, mostra a natureza baixa, estreita e linear de uma duna de proteção formada onde há pouco espaço para a sua evolução e pouco interesse em aumentar o seu tamanho em razão do desejo de manter a vista para o mar

A duna em Lavallette, assim como muitas outras em costas urbanizadas, existe onde as larguras das praias são insuficientes para permitir a criação natural de uma duna desse porte, de forma que esta não pode evoluir para um funcionamento ou aparência natural porque não pode migrar em direção à terra. Em áreas de espaço restrito, as dunas têm geralmente uma única crista estreita. O tamanho reduzido da duna e a proximidade com o mar oferecem pouca proteção contra o *spray* marinho e a areia soprada pelo vento. Plantas características de uma duna posterior estável não conseguem prosperar e a vegetação caracteriza-se por espécies comumente encontradas nas porções em direção ao mar das dunas naturais. A *Ammophila breviligulata* é geralmente abundante porque é plantada, mas se observa também a vara-de-ouro litorânea (*Solidago sempervirens*), proporcionando alguma diversidade da vegetação. A imagem que essa duna transmite não é natural, em razão de sua aparência linear e truncada, mas a duna é um passo em direção à aceitação de formas naturais por residentes. O próximo passo no processo de recuperação é usar o engordamento da praia para adicionar mais espaço e permitir o crescimento de uma duna maior, mais dinâmica, com maior diversidade de relevo e vegetação.

A duna em Lavallette foi iniciada logo após os danos provocados por uma tempestade. Tempestades proporcionam uma oportunidade para a recuperação de recursos naturais e para a aprovação de leis que preveem fontes estáveis de financiamento para a proteção costeira (Nordstrom e Mauriello, 2001). Os proprietários podem estar dispostos a vender suas terras após os danos causados às estruturas, oferecendo assim uma oportunidade para a compra e conversão de grandes áreas de conservação ou parques de preservação da natureza pelo poder público (Nordstrom et al., 2002). Essa oportunidade é percebida apenas ocasionalmente, porque a maioria das edificações é reconstruída, poucas pessoas estão dispostas a mudar e há pouco financiamento público para a compra de imóveis pelo valor de mercado justo. Existe muito mais dinheiro disponível para medidas de proteção costeira contra tempestades futuras, mas esses recursos poderiam ser utilizados para engordar as praias e construir dunas em áreas onde não existiam ou para tornar as dunas maiores.

O governo nacional, estadual e municipal tem influência sobre os gestores locais pelos acordos de auxílio para a proteção costeira, disponibilizando dinheiro caso as jurisdições locais tenham suas atividades e regulamentos em conformidade com as regras de gestão da zona costeira em praias, dunas e áreas de risco de erosão. O Estado de Nova Jersey, por exemplo, adotou um Plano de Mitigação de Riscos formal, que recomenda a criação e o reforço das dunas como um dos principais esforços de redução de riscos, por ter sucesso documentado, custo relativamente baixo e facilidade de implantação, e repassam recursos aos municípios para o plantio de vegetação em dunas e materiais para a construção de cercas de contenção de areia. Como uma condição de financiamento, os municípios assinaram um acordo estatal de auxílio, que exige a adoção ou alteração de leis municipais para se enquadrar nas regras de gestão das zonas costeiras estaduais. A ênfase estadual e nacional na criação e reforço das dunas como medida de proteção da costa e uma opção reembolsável para a redução de risco ajudaram a obter o apoio municipal. Os incentivos econômicos podem ser a chave para o restabelecimento da base de recursos naturais, mas uma vez que esta seja estabelecida, pode-se proporcionar um maior incentivo para a recuperação (Nordstrom e Mauriello, 2001).

Normalmente, a proteção costeira é a razão principal para a construção e manutenção das dunas em áreas urbanizadas, não os valores estéticos ou patrimoniais. Como resultado, muitas vezes os regulamentos proíbem a perturbação direta de dunas que possa mobilizá-las ou reduzir suas dimensões, mas areia pode ser adicionada por tratores e, muitas vezes, vegetação estabilizadora (inclusive exótica) pode ser plantada. As dunas resultantes podem ter pouca semelhança com as dunas naturais e oferecer poucos dos bens e serviços identificados na Quadro 1.2, mas as partes interessadas estariam mais propensas a aceitar essas dunas e estariam cientes de, pelo menos, uma de suas funções utilitárias mais importantes.

A aceitação de dunas pode progredir lentamente, iniciando em ações agressivas de algumas pessoas relevantes e programas-chave em municípios, mas a preferência pelas paisagens naturais pode mudar à medida que as pessoas se conscientizarem, como resultado de melhorias sucessivas na qualidade ambiental (Arler, 2000). Pelas conversas com os gestores nos municípios onde as dunas foram criadas por iniciativas nacionais e estaduais, reconhece-se que as dunas são um meio eficaz e barato de reduzir os danos causados por tempestades. Muitos deles também acham que as dunas são uma melhoria estética, porque recuperam um grau de beleza natural, mas ainda assim eles podem não gostar do bloqueio da vista para o mar (Nordstrom e Mauriello, 2001). A introdução de espécies interessantes ou animais carismáticos (como algumas espécies de aves) também pode catalizar para uma nova apreciação da natureza (Baeyens e Martínez, 2004).

6.3 Identificar condições de referência

Uma tarefa desafiadora é selecionar uma condição ou estado de referência em um sistema natural dinâmico sujeito a alterações humanas (Aronson et al., 1995). Em áreas de intensa urbanização, é importante selecionar locais de referência que não tenham uma natureza de tal forma desenvolvida que possam tornar as condições observadas inatingíveis nos locais de recuperação (White e Walker, 1997; Ehrenfeld, 2000). Um inventário de espécies típicas de ambientes naturais em dunas posteriores de uma costa estável ou em acreção não pode ser usado para determinar as espécies que deveriam ser plantadas em uma duna estreita em erosão e próxima ao mar, a menos que investimentos contínuos garantam sua sobrevivência. Vários locais de referência, geralmente semelhantes aos locais com potencial de recuperação em sua justaposição de características naturais e construções com as áreas próximas, podem oferecer ampla descrição de variação ecológica e um leque de contextos espaciais e temporais, como sugerido por Clewell e Rieger (1997) e White e Walker (1997).

Definem-se os locais de referência defensáveis facilmente para um município com base em dados de outros locais daquele município ou em municípios limítrofes com a maior diversidade e riqueza de espécies em um hábitat de duna mais funcional naturalmente. As dunas devem ser previamente classificadas para identificar quantos tipos diferentes existem. Os dados de campo podem ser recolhidos ao longo de transectos representativos, para fornecer detalhes das diferenças na biota ao longo de gradientes ambientais, desde as linhas de detritos até o limite terrestre do sistema de dunas. Hábitats distintos resultantes do gradiente transversal em processos físicos incluem pós-praia, duna inicial, lado em direção ao mar da duna frontal, crista da duna frontal, lado a sotavento da crista, duna posterior protegida e, caso exista, baixada úmida. O limite terrestre será definido por um ponto de referência antrópico que represente o verdadeiro limite para possíveis hábitats, seja o hábitat formado pela migração de dunas naturais ou por esforços humanos ativos de recuperação. O verdadeiro limite não será necessariamente o limite existente. Hábitats naturais em direção à terra das dunas frontais que estejam atualmente isolados (dissociados) da praia por usos antrópicos ou por estruturas podem ser incluídos como estados-alvo representativos para a recuperação onde a construção de um transecto transversal contínuo não seja possível.

Levantamentos transversais de topografia e de vegetação (por exemplo, Freestone e Nordstrom, 2001) fornecem detalhes dos efeitos da elevação, distância da costa e proteção contra o vento e espraiamento de onda. As espécies devem ser identificadas como exóticas ou nativas para avaliar os efeitos de invasões a partir de propriedades particulares próximas. Os dados devem revelar a relação entre a biodiversidade e as variáveis da gestão (por exemplo, limpeza com rastelo, cercas, plantio), bem como as variáveis naturais (por exemplo, distância até a linha de maré alta, dimensões das dunas); assim, pode-se antecipar a relevância das ações humanas para o sucesso dos resultados de recuperação. Um estudo de acompanhamento, de pelo menos um ano, poderia determinar ao final se a vegetação das dunas aumentou em diversidade e velocidade de colonização onde se permitiu a manutenção das linhas de detritos, onde os processos naturais têm maior liberdade ou onde as decisões de gestão são tomadas para permitir as trocas de sedimentos, reforçar as características topográficas ou nutrir a vegetação (Nordstrom, 2003).

6.4 O ESTABELECIMENTO DE ÁREAS EXPERIMENTAIS

Áreas experimentais oferecem uma maneira para os gestores identificarem a viabilidade da implementação de mudanças, a fim de obter sistemas de funcionamento mais naturais. Não é realista pensar que a conversão de ambientes antropizados pode ocorrer rapidamente e em grandes escalas espaciais. Existem muitas variáveis desconhecidas para convencer a todos os interessados de que a mudança é boa ou possível, assim como não há informação suficiente sobre algumas questões para afirmar que a recuperação de ambientes naturais não criará novos problemas. Áreas experimentais podem ser usadas para (1) testar se os projetos funcionarão como idealizados; (2) identificar efeitos secundários indesejáveis; (3) fornecer informações técnicas específicas para os gestores municipais e proprietários individuais; (4) revelar o valor dos componentes da paisagem em funcionamento natural para os turistas; (5) provar para os interessados que as opções de recuperação são realizáveis com mudanças nas políticas ou práticas (Breton et al., 2000; Nordstrom, 2003).

Algumas das características úteis para áreas experimentais são apresentadas no Quadro 6.1. Eles devem estar presentes na mesma região dos possíveis locais de recuperação e ter a mesma escala espacial. Dunas em propriedades particulares ou dunas remanescentes em lotes não urbanizados entre dois urbanizados podem ser utilizadas como áreas experimentais para propriedades particulares. Porções de dunas municipais com funcionamento natural (Fig. 3.1) devem ser utilizadas como áreas experimentais para os municípios adjacentes, onde as dunas foram eliminadas ou limitadas em tamanho ou número de funções utilitárias.

As vias de acesso à praia sob administração pública têm grande potencial como áreas de demonstração. Nesses locais, os turistas e moradores vivem na parte continental a partir da primeira fileira de casas e têm sua primeira visão da duna no caminho para a praia, e esta muitas vezes é a única maneira que os visitantes têm de visualizar todos os subambientes transversais na duna. As vias de acesso público podem estar entre os poucos locais onde os gestores municipais têm controle total sobre a largura da duna em áreas urbanizadas. Ao alterar a aparência da topografia e da vegetação nessas zonas transversais, os gestores podem influenciar a imagem que um município apresenta aos seus residentes e visitantes. Vias de acesso são lugares convenientes e altamente visíveis para documentar a viabilidade do plantio de espécies nativas e o apelo visual que essas espécies podem ter.

QUADRO 6.1 CARACTERÍSTICAS ÚTEIS DE ÁREAS EXPERIMENTAIS PARA PROJETOS DE RECUPERAÇÃO EM MUNICÍPIOS URBANIZADOS

Proximidade de possíveis locais de recuperação futura e semelhanças quanto à limitação de espaço e relação com características naturais e construções
Não haver remoção mecânica de lixo ou utilização de veículos na praia
Sem barreiras impermeáveis ou cercas de contenção de areia para controle de acesso
Dimensões da duna suficientes para oferecer proteção contra tempestades para estruturas antrópicas em direção à terra
Porções de dunas funcionando como subambientes dinâmicos, sem sacrificar a função de proteção costeira
Livre de vegetação exótica
Integrada com áreas experimentais em propriedades situadas em direção à terra
Áreas disponíveis para experimentos com a natureza
Segmentos dedicados a objetivos específicos de gestão ambiental (por exemplo, nidificação de aves, tartarugas)
Monitoradas por programas em andamento
Integrada com programas de conscientização

Alguns municípios têm segmentos não urbanizados relativamente grandes em seu litoral urbanizado (Breton et al., 2000; Nordstrom et al., 2002). Um segmento não urbanizado de 1,5 km de extensão que o município de Avalon, Nova Jersey, comprou após uma tempestade em 1962 fornece espaço para perfis de terrenos evoluírem naturalmente e é um local para testar estratégias de gestão compatíveis com o ambiente. Um dos testes avaliou os resultados de suspender a utilização de cercas de contenção de areia e limpeza com rastelo. Esses experimentos foram iniciados em 1991, a pedido de funcionários de uma unidade de pesquisa e educação de uma universidade próxima. O Departamento de Agricultura dos EUA também iniciou um experimento para testar o potencial de crescimento de aveia-do-mar (*Uniola paniculata*) mais ao norte do que é normalmente encontrada. A suspensão do uso de cercas de contenção de areia e limpeza com rastelo em uma duna frontal (Fig. 6.2) compara-se favoravelmente a dunas construídas com cercas em termos de volume, mas com uma inclinação mais suave em direção ao mar e com menos restrições de movimentação transversal de sedimentos e biota.

É possível incluir outros usos em praias e enclaves de dunas que funcionam naturalmente. A New Jersey Division of Fish, Game, and Wildlife (Divisão de pesca, caça e animais selvagens de Nova Jersey) exige que os municípios garantam que aves de nidificação costeira não sejam prejudicadas por tráfego de pedestres e veículos, limpeza com rastelo e engor-

Fig. 6.2 Dunas frontais em Avalon, New Jersey, onde foi conduzido um experimento para a formação de uma duna sem o uso de cercas de contenção de areia (em primeiro plano à direita)

damento da praia. O trecho não urbanizado em Avalon permite que o município atinja este objetivo da gestão estadual sem restringir seriamente os usos da praia em áreas urbanizadas adjacentes. Assim, Avalon foi o primeiro município a aprovar um projeto de manejo de aves com o Estado (New Jersey Division of Fish, Game and Wildlife, 1999). A área é continuamente monitorada e faz parte do programa de educação municipal, como será descrito mais adiante neste capítulo.

As ações para documentar a compatibilidade entre a exploração humana e os processos naturais em áreas municipais experimentais serão detalhadas mais adiante neste capítulo. Elas incluem restringir a remoção de lixo à coleta manual de lixo humano, utilizar de cercas simbólicas para o controle de acesso ao mesmo tempo que permitir a livre troca de sedimentos e biota; permitir que trechos de dunas sejam dinâmicos uma vez que tenham alcançado as dimensões necessárias para a proteção costeira, utilizar apenas a vegetação nativa em programas de plantio e remover espécies exóticas. As ações em dunas geridas por proprietários individuais incluem a remoção de barreiras ao transporte de areia em suas propriedades, a remoção de vegetação exótica e o plantio (ou simplesmente a não remoção) de espécies de vegetação natural que sobreviveriam ali, dado o grau de exposição às tempestades de areia e ao *spray* marinho (Nordstrom, 2003). Os proprietários privados podem não adotar o mesmo tipo de duna ou mistura de vegetação que os seus vizinhos. Mesmo se chegassem a um consenso, a grande variedade de condições específicas de cada local em função de edificações, estradas e estruturas de proteção impossibilitaria uma abordagem única. As abordagens de paisagismo devem ser flexíveis e oferecer um amplo espectro de estados-alvo que se adequem a diferentes níveis de compromisso e diferentes graus de exposição para a praia e processos naturais costeiros.

6.5 Desenvolver diretrizes e protocolos

As diretrizes para a recuperação de processos naturais e de componentes do sistema devem identificar as melhores e piores práticas de gestão e seus impactos na mudança das características e valor do litoral e devem ser adaptadas a diferentes níveis de gestão, graus de comprometimento e potencial de sucesso, considerados os controles físicos. As orientações para as praias engordadas serão diferentes das praias não engordadas, porque praias engordadas maiores fornecerão maiores quantidades de sedimentos à construção de dunas, mais espaço para as dunas crescerem e mais tempo para elas evoluírem antes que sejam ameaçadas pela erosão. A distribuição transversal de perfis de terrenos e hábitats em praias engordadas pode ser semelhante a um gradiente natural se houver tempo suficiente para a duna posterior evoluir, o que requer engordamento de manutenção. Diretrizes para propriedades urbanizadas separadas da praia ativa e das dunas frontais por estruturas de proteção paralelas à costa (gradientes truncados e dissociados) podem exigir mais instruções específicas sobre a necessidade de esforços contínuos para controlar espécies exóticas. Os itens seguintes identificam os fatores que devem ser considerados na elaboração de diretrizes e protocolos para praias e dunas de gestão pública e privada. As alternativas de gestão derivadas desses fatores são apresentadas no Quadro 6.2.

6.5.1 Gestão de lixo e detritos

As sugestões para a gestão de lixo (Quadro 6.2) devem incluir formas de remoção seletiva com métodos não mecânicos, que são viáveis quando a ética ambiental da comunidade é forte e residentes e visitantes aceitam a imagem de uma praia de funcionamento natural. A praia pode ser dividida em zonas de gestão com método ou frequência da limpeza diferentes. Linhas de detritos produzidas por tempestades no alto da pós-praia podem ter maior quantidade de lixo (Bowman et al., 1998). Assim, a porção costeira da praia seca, que é mais intensamente utilizada pelos visitantes, poderia ser limpa, enquanto a linha de detritos mais alta poderia ser mantida intacta. A linha de detritos produzida por tempestades é crítica porque tem a maior probabilidade de sobreviver a futuras pequenas tempestades e evoluir para um hábitat dunar inicial.

6 Um programa de base local para a recuperação de praias e dunas

Quadro 6.2 Alternativas para a recuperação e manutenção de praias e dunas em segmentos costeiros de gestão pública e privada

Gerenciamento de lixo da praia
Limpeza de apenas alguns trechos da praia
Divisão da praia em zonas de gestão com diferentes métodos ou frequência de limpeza
Limpeza das praias com menos frequência
Remover o lixo produzido pelo homem e manter no local o lixo natural
Usar métodos de remoção não mecânicos
Manutenção da linha de detritos produzida por ressacas como núcleo de dunas frontais iniciais
Manutenção da linha de detritos mais recente como área de forrageamento
Estabelecer zonas de restrição à limpeza com rastelo ao longo da costa
Limpeza apenas nos meses quando as praias são intensamente utilizadas
Terraplanagem
Terraplanagem principalmente para fornecer proteção costeira ou devolver sedimentos extravasados para a praia
Proibir terraplanagem em superfícies de evolução natural
Imitar perfis de terrenos naturais
Não exceder as taxas de reposição em áreas de empréstimo
Monitoramento de áreas de empréstimo e de aterro para avaliar o sucesso
Condução de veículos na praia
Proibição ao tráfego nas praias e dunas, sempre que possível
Concentrar o tráfego de veículos em alguns trechos muito utilizados
Restrição a trilhas e acessos perpendiculares à praia para poucos locais
Restrição a veículos públicos e particulares
Restrição à condução de veículos em linhas de detritos, bem como em áreas com vegetação
Caminhos de acesso
Restrição dos visitantes a um limitado número de caminhos de acesso através de dunas
Demarcação clara das entradas, mas manter os cruzamentos o mais discreto possível
Uso de passarelas apenas onde é esperado uso intenso
Estruturas
Redução do impacto físico e visual de estruturas, inclusive de estruturas móveis
Construções devem ser situadas o mais adentro da parte continental possível e o tamanho e número de habitações devem ser reduzidos

Quadro 6.2 Alternativas para a recuperação e manutenção (continuação)

Estruturas

Elevar estruturas de uso antrópico acima das superfícies ativas

Permitir a formação de características naturais em e sobre estruturas de proteção costeira

Proibir o uso de barreiras impermeáveis

Evitar a delimitação de linhas de propriedade, especialmente com materiais exóticos

Paisagismo em propriedades em direção à terra

Evitar paisagens "urbanas", tais como gramados e sebes aparadas

Substituir a vegetação exótica, de manutenção cara, por vegetação nativa

Caso seja utilizada vegetação plantada, fazer o plantio em manchas para obter um cenário natural e a sensação de relevo topográfico

Selecionar plantas com base na manutenção, interesse visual (altura, cor, textura) ou cheiro.

Implantação de programas de conscientização

Combinar programas ativos (excursões, caminhadas pela natureza, remoção de lixo) com programas passivos (sinalização, exposições em museus)

Uso de salva-vidas e fiscais como monitores, sempre que possível

Destacar o papel das ações humanas, tanto na degradação como na recuperação de ambientes naturais

Resolver a discrepância entre as características naturais e as características que os visitantes veem

Reuniões frequentes entre gestores municipais e as partes envolvidas

Incentivar a conscientização das partes interessadas

Publicar e distribuir boletins informativos

Promover exposições ambientais em museus locais

Incorporar programas aos currículos das escolas públicas

Incentivar a participação dos moradores em atividades de recuperação

Manutenção e avaliação de ambientes recuperados

Desenvolver planos formais, mas a preços acessíveis, para a manutenção, monitoramento e gestão adaptativa

Avaliar se os objetivos são atingidos e se são melhores do que as alternativas; exigir acompanhamento

Documentação da sobrevivência das plantas, a necessidade de replantio e a previsão de funções especiais

Avaliação da erosão, mudanças na topografia, necessidade de realimentação e mudanças em outros locais

Quadro 6.2 Alternativas para a recuperação e manutenção (continuação)

Manutenção e avaliação de ambientes recuperados
Realizar avaliações rigorosas o suficiente para aprender com os erros do passado
Fazer inferências a partir das principais variáveis facilmente mensuradas (por exemplo, a riqueza de espécies, porcentagem de cobertura)
Reexame das formas e biota vários anos após a recuperação para se ter expectativas realistas
Instituição de projetos que exijam pouco financiamento (por exemplo, remoção de lixo, suspensão de usos não compatíveis)

Podem-se estabelecer segmentos com restrição à limpeza com rastelo, como enclaves ao longo da costa onde não há apoio público para limpar toda a extensão de uma jurisdição. O segmento com restrição à limpeza com rastelo, em Avalon, localiza-se onde a densidade habitacional é mínima. As praias limpas com rastelo de ambos os lados desse segmento estão mais próximas do comércio e sujeitas a um uso mais intenso por turistas. O segmento com restrição à limpeza com rastelo, em Ocean City, resultou na criação do campo de dunas (Fig. 3.1) estabelecido após o programa de espécies ameaçadas do Estado ter encontrado batuíras-melodiosas fazendo ninhos na praia engordada. Esse local é um segmento intensamente urbanizado da costa, que era muito utilizado por turistas. Sua conversão em um hábitat de funcionamento natural demonstra a eficácia de permitir-se que a natureza evolua, simplesmente eliminando uma ação de gestão comum.

As operações de limpeza poderiam ser restritas ao verão e a épocas após uma grande mortandade de peixes ao invés de proibi-las completamente (Nordstrom et al., 2000). Após a mortandade de peixes, pode ser uma das poucas vezes em que a limpeza mecânica é adequada. A suspensão de operações de limpeza no inverno, quando o transporte eólico intensifica-se com ventos fortes, permitiria a formação de dunas iniciais. A limpeza durante o verão é compatível com muitos usos recreacionais, mas é de pouco valor para a fauna e o turismo ecológico. Uma solução seria retirar manualmente o lixo produzido pelo homem e deixar o material natural para oferecer a base para novos hábitats. Essa opção é mais viável do que se pensa.

O público em geral percebe os detritos como troncos e algas marinhas como o tipo de lixo menos ofensivo (Tudor e Williams 2003), e a opção de usar o trabalho voluntário em longo prazo para a remoção de lixo produzido pelo homem já foi documentada (Breton et al., 2000; Nordstrom, 2003). De qualquer maneira, a limpeza mecânica pode falhar na remoção de pequenas quantidades de lixo produzido pelo homem, o que exigirá a limpeza manual para remover itens menores (Somerville et al., 2003). Em alguns municípios, onde os turistas pagam uma taxa de utilização da praia, os guardas de praia limpam a praia manualmente quando não estão monitorando os usuários.

6.5.2 Terraplanagem

A terraplanagem (remodelação) por máquinas é uma da formas mais comuns de um perfil de terreno ser alterado (Nordstrom, 2000). Muitos municípios têm seus próprios equipamentos e implementam programas regulares e específicos para diversas finalidades. A terraplanagem para mover sedimentos de partes da praia em acreção a outras partes que sofrem erosão, mover sedimentos da praia para a criação de dunas de proteção contra inundação e movimentar depósitos formados pelo extravasamento da água do mar de volta à praia parecem ter alguma justificativa para a proteção costeira, apesar de interferir na evolução natural. A terraplanagem para remover dunas, a fim de proporcionar vista para o mar; remover dunas em frente de estruturas de proteção e passeios para impedir a formação de uma rampa que facilitaria o transporte de areia para o continente ou a terraplanagem para criar praias mais amplas como plataformas de recreação ou praias mais altas para dar suporte às estruturas de recreação parecem ser menos justificáveis.

A terraplanagem elimina superfícies de evolução natural e pode impedir o crescimento da vegetação, mesmo se realizadas em frequências anuais (Conaway e Wells, 2005). A maioria dos novos depósitos difere em forma, localização e função dos perfis de terrenos naturais; eles interferem com os processos naturais e transmitem uma imagem da costa como uma construção artificial. A inclinação excessiva da praia resultante de uma grande terraplanagem descontrolada destrói o equilíbrio dinâmico do sistema e parece aumentar o tempo necessário para a recuperação natural (Wells e McNinch, 1991). Deve-se ter o cuidado de imitar as formas naturais sempre que possível. Isso pode incluir o uso de formas acidentadas ou onduladas ao invés de formas lineares e não criar dimensões enormes fora do contexto espacial. O aterro pode ser adjacente a ambientes em evolução ao invés de sobreposto. Os gestores devem evitar acumular ou adaptar sedimentos para desempenhar funções utilitárias que passem a impressão de que a areia da praia é um material de construção.

Quanto mais lento for o processo de empréstimo e deposição, mais próxima cada operação será da velocidade de mudança mais natural. As diretrizes para as ações de terraplanagem devem se restringir àquelas necessárias por motivos de segurança (por exemplo, Wells e McNinch, 1991), e não em função de uma concepção indefinida ou não testada de conveniência (Nordstrom, 2003). As operações de terraplanagem são altamente experimentais, portanto o monitoramento de programas é necessário para determinar se os projetos estão funcionando e como eles podem ser mais bem projetados (Wells e McNinch, 1991).

6.5.3 Veículos na praia

Há pouca razão para permitir veículos particulares em praias de municípios urbanizados quando existem estradas. Enclaves não urbanizados em municípios são normalmente tão pequenos que o acesso de veículos não se faz necessário. O maior problema pode ser o uso de veículos municipais para patrulhar as praias e para a remoção do lixo. A aparência plana e uniforme de uma praia preparada para recreação passa a impressão de que toda a superfície da praia é uma possível rodovia e marcas de pneus de veículos podem ser encontradas em muitas pós-praias de ambientes urbanizados. Veículos municipais não só degradam hábitats como também criam uma imagem de paisagem artificial que pode minar as tentativas de incutir uma apreciação da praia como um ambiente natural. Instituir uma política de que os turistas devem levar de volta o lixo que produzem eliminaria a necessidade de lixeiras na praia. Os veículos utilizados para a segurança pública poderiam limitar-se a operações de emergência e estar sujeitos às mesmas restrições que os veículos particulares (Cap. 4).

6.5.4 Caminhos de acesso

O pisoteio humano controlado pode ter pouco impacto imediato em características do relevo em grande escala, mas pode alterar a vegetação local e aumentar o risco de arraste de sedimentos ou rupturas dos taludes. Os efeitos físicos do pisoteio sobre as dunas podem ser óbvios, mas isso não significa que o pisoteio seja adverso a elas. A criação de superfícies de areia exposta e o aumento da mobilidade não são ameaças para o valor natural das dunas em longo prazo, mas os caminhos usados continuamente manterão a sua origem humana em tamanho, forma, localização e função, além de incentivar mais pisoteio, o que poderia aumentar o tamanho e a quantidade de caminhos. Limitar o acesso a caminhos bem demarcados ajudará a limitar o número de travessias fora dessas trilhas que evoluem para caminhos não autorizados. Isso é uma estratégia comum de gestão, que tem uma forte base ambiental.

O acesso público à praia pelas dunas, em municípios urbanizados, pode estar à frente de todas as edificações da orla ou ter distâncias maiores, correspondentes ao fim das estradas perpendiculares à orla, em direção ao continente. Diferentes tamanhos e configurações dos caminhos têm um forte impacto visual sobre os usuários de praia e influenciam sua vontade de usá-los. Os caminhos podem variar desde trilhas estreitas e sinuosas que estejam em conformidade com os contornos topográficos da duna a paisagens amplas e retas, cortadas ou pisoteadas até a elevação da pós--praia. Muitas vias públicas de acesso e acessos privativos para pedestres são passarelas elevadas de madeira. As passarelas têm sentido em corredores de acesso muito utilizados, mas as passarelas particulares, muitas vezes, ocupam mais espaço do que caminhos e frequentemente são injustificadas, por razões ambientais. Todas as estruturas elevadas criam uma característica artificial mais intrusiva do que caminhos que estão mais próximos da elevação da duna.

6.5.5 Estruturas em praias e dunas

Reduzir o impacto físico e visual das estruturas é uma meta desejável à obtenção de um ambiente de praia e dunas com aparência e funcionamento mais naturais. Muitas regras destinadas a reduzir o perigo potencial das construções em zonas costeiras são compatíveis com os objetivos de recuperação, como exigir que as edificações estejam mais afastadas do mar quanto possível, reduzir o tamanho ou o número de unidades habitacionais dos edifícios e elevar as construções sobre pilotis. Pequenas construções recuadas em relação à praia/duna diminuem a marca humana na paisagem e oferecem espaço para perfis de terrenos e vegetação naturais, enquanto casas sobre pilotis reforçam a imagem da costa como um ambiente perigoso. As estruturas em uma praia de gestão pública são cercas de contenção de areia (Cap. 3) e estruturas móveis, como cadeiras, mesas e barracas. Estruturas móveis podem parecer benignas, porque são temporárias, mas reforçam a sensação de que a praia é uma plataforma para recreação, e as medidas tomadas para empregar essas estruturas, como o nivelamento plano das superfícies e a construção de caminhos de acesso, podem aumentar o grau de perturbação física e visual.

As principais estruturas situadas ao largo de uma praia incluem estruturas de proteção paralelas à costa (muros marinhos, revestimentos e estruturas de proteção), passeios e calçadões de madeira, edificações e estradas. Geralmente, muros marinhos e revestimentos são a única proteção onde praias e dunas foram eliminadas e raramente constituem um problema em um contexto de recuperação, mas estruturas de proteção são destinadas à proteção suplementar, sendo sua utilização mais provável onde dunas poderiam ser formadas. A face vertical de uma estrutura de proteção exposta pode ser uma armadilha para a areia arrastada pelo vento e evita a inundação de propriedades situadas em direção à terra, mas uma duna municipal cercada ou vegetada que se encontre em direção ao litoral da estrutura de proteção ou em cima desta pode oferecer proteção adicional ao hábitat. A expressão "a única estrutura de proteção boa é uma estrutura enterrada" aplica-se quando a justificativa para o seu enterramento é a proteção da costa, a criação de hábitats ou o apelo estético (Mitteager et al., 2006). Caminhos paralelos à costa, corredores e estruturas de proteção (Fig. 5.1) perpetuam a sensação de que a natureza e moradias humanas são dissociáveis ou mesmo incompatíveis (Nordstrom e Mauriello, 2001), além de perturbar o gradiente ambiental natural.

Calçadões elevados de madeira são uma barreira visual e psicológica e, dependendo de sua altura, podem ser uma barreira física para pessoas e processos naturais. Eles podem ser construídos com altura suficiente para permitir o intercâmbio de sedimentos e biota, mas passeios no nível do solo são menos intrusivos na paisagem, e o transporte de sedimentos não é necessariamente dissociado por uma estrutura pequena próxima ao nível do solo (Fig. 5.8).

Administradores de praias públicas costumam usar cercas para controlar o acesso de pessoas. As cercas de contenção de areia, atualmente utilizadas para esse fim, devem ser substituídas por barreiras simbólicas, geralmente menos dispendiosas e que permitem a livre circulação de biota. O uso continuado de cercas de contenção de areia para controlar o fluxo de pessoas pode ser decorrente da inércia de gestores ou da impressão de que os visitantes não respeitarão as cercas simbólicas, mas o respeito pelas cercas simbólicas pode ocorrer após a adoção de um programa mais abrangente de conscientização do público.

Os municípios que resistem a permitir a formação de dunas ou o aumento de sua altura, muitas vezes, o fazem porque as edificações, passeios e calçadões de madeira são construídos perto da elevação da pós-praia (Nordstrom e Mauriello, 2001). As dunas podem ser compatíveis com vistas se as áreas de visualização forem construídas em andares superiores das edificações e se múltiplas estruturas unitárias tiverem unidades habitacionais distribuídas em dois andares em vez de uma unidade plana em cada piso. Esse método de construção deve incluir casas que são reformadas, e as autorizações e regulamentos de zoneamento devem permitir reformas que sigam esse projeto (Nordstrom e Mauriello, 2001).

Residentes de propriedades particulares no lado em direção à terra da praia devem ser convencidos de que a colocação de recursos artificiais em seus terrenos (Fig. 5.5) não é realmente uma melhoria para um ambiente costeiro, reconhecido por seus valores naturais (Mitteager et al., 2006). Barreiras impermeáveis são muitas vezes utilizadas para impedir a inundação pela areia arrastada pelo vento, obter privacidade ou demarcar a propriedade. Gramíneas de dunas podem ser usadas para evitar inundações, e os arbustos que podem crescer na parte continental das dunas frontais podem ser usados para privacidade ou demarcação de propriedade. Se forem usadas cercas para demarcar linhas de propriedade, a construção de cercas de arame seria preferível à utilização de cercas de contenção de areia. Quase todos os objetos utilizados para demarcar linhas de propriedade, mesmo que seja vegetação natural, conchas e pedras nativas da área criam uma aparência artificial se estiverem enfileirados, e seu uso pode estimular outras formas de paisagismo artificial nos limites criados.

Muitas propriedades nos EUA possuem deques elevados acima da superfície do solo, mas eles não são elevados o suficiente para permitir a formação de vegetação natural debaixo deles. Deques elevados são preferíveis às alternativas de superfícies de asfalto e cascalho, porque geralmente são menores. O valor psicológico de ter deques elevados acima da superfície (como um lembrete da mobilidade do terreno ou respeito pela integridade da superfície natural) é outro benefício. Se um proprietário insistir em ter uma plataforma plana, é preferível uma pequena estrutura elevada que mantenha a topografia natural a uma grande plataforma que substitui a superfície natural (Mitteager et al., 2006).

6.5.6 Uso da vegetação para o paisagismo

Espaços verdes sustentáveis situados em áreas de gestão pública devem utilizar plantas nativas para que a sucessão vegetal secundária possa ocorrer (Cranz e Boland, 2004). Essa opção pode ser difícil de implementar em propriedades particulares. A estética desempenha importante papel na escolha de paisagismo de donos de propriedades litorâneas particulares e gerentes de hotéis e condomínios, mas as suas preferências são condicionadas por experiências passadas, muitas vezes obtidas em um cenário não costeiro, levando-os a pensar que gramado e sebes aparadas constituem o paisagismo ideal. Gramíneas adaptam-se bem em solos arenosos. O problema não é a adequação da grama em uma duna, mas a maneira como ela é mantida em forma de gramado, um ícone da ordem comunitária, uma forma de consentimento fabricado e um artefato cultural tido como normal (Feagan e Ripmeester, 2001). A concepção comum de que um gramado deve ser plano e verde é contrário à diversidade topográfica e resulta em uso excessivo de água.

Podem ser feitas distinções entre a natureza intocada e a natureza controlada e entre uma paisagem natural e uma paisagem de aparência natural. Um gramado aparado transmite uma imagem não natural, mas um gramado que evolui tem uma aparência natural em um cenário de dunas, embora as espécies não sejam nativas. A utilização de vegetação exótica com aparência natural em um local onde a paisagem preexistente não tinha vegetação natural nem uma aparência natural pode ser uma alteração inicial aceitável, mas a conversão para espécies nativas das dunas seria desejável em uma fase posterior ao processo de conversão. Moradores de propriedades niveladas e plantadas com grama podem obter uma paisagem mais natural com o plantio de manchas de gramíneas e arbustos. As diferenças de elevações das plantas transmitirão uma sensação de relevo topográfico, enquanto as partes baixas da vegetação permitem visualizar o mar (Mitteager et al., 2006).

A cor é uma das principais preocupações estéticas entre proprietários, o que torna as plantas com flores uma vegetação decorativa popular. A cor pode ser usada para afastar as pessoas dos gramados. Plantas com flores e folhagem mais atraentes no verão serão vistas pelo maior número de visitantes. Plantas com flores perenes florescem a cada ano e exigem pouco esforço, mas elas tendem a florescer na primavera ou no final do verão, e podem não estar em sua melhor condição quando ocorrem as maiores taxas de visitação. As plantas anuais são menos caras do que as perenes e florescem durante todo o verão, mas devem ser substituídas a cada ano. A alteração no aspecto da paisagem ao longo dos meses mais quentes é um importante critério para proprietários de casas que usam o litoral como segunda residência e gostariam de ver algo diferente cada vez que visitam o litoral (Mitteager et al., 2006).

Muitas árvores e arbustos altos, como o pinheiro, azevinho e alecrim-do-norte, não florescem e, portanto, seu apelo estético está na sua altura ou nos frutos. Várias árvores adaptadas ao ambiente de dunas, como a maioria dos cedros e zimbros, podem crescer perto o suficiente da praia para sobreviver em uma duna posterior estreita. Árvores decíduas possuem área de superfície muito grande em suas folhas para sobreviver aos ventos ressecantes e ao *spray* marinho nas proximidades de uma praia oceânica. Sempre verdes de folhas largas, como o azevinho, têm folhas coriáceas que as protegem contra o ressecamento. Elas podem desfolhar em um ano estressante, o que as torna menos desejáveis para os proprietários, mas podem se recuperar no ano seguinte (Mitteager et al., 2006).

Os custos podem incluir o preço inicial das plantas, o tempo de viagem para o viveiro, as perdas durante o transplante do viveiro para a propriedade, o plantio, a manutenção após o plantio (irrigação, poda, substituição de plantas que não vingaram) e o preparo do terreno para as espécies exóticas. Muitas espécies de plantas que proprietários pedem aos paisagistas têm baixa capacidade de sobrevivência, mas paisagistas comerciais podem plantá-las de qualquer maneira, especialmente se eles não tiverem a obrigação de garantir a sobrevivência das plantas. A vegetação natural da dunas é fácil de manter e, portanto, é a alternativa mais barata (Mitteager et al., 2006).

Os proprietários costumam dizer que querem uma planta específica, mas quando questionados mais detalhadamente, revelam que querem uma determinada imagem (Mitteager et al., 2006). Trabalhar com uma imagem garante mais oportunidades para paisagistas utilizarem espécies nativas. Os fatores considerados mais importantes na seleção de plantas individuais por proprietários são: a manutenção, o interesse visual (altura, cor, textura) e o cheiro. Algumas plantas, como a rosa rugosa, são claramente superiores em muitos desses fatores, mesmo que não sejam nativas. *Rosa rugosa* é um arbusto grosso que cresce em aglomerados densos, tem flores atraentes com pétalas vermelhas, rosa ou brancas, suporta uma altitude relativamente elevada e possui folíolos verde-escuros, profundamente sulcados (Duncan e Duncan 1987). Sua aparência rústica proporciona um contraste na textura da grama ao redor. Ela tem manutenção relativamente simples, porém a delicada poda para retirar a madeira morta pode torná-la mais atraente. O pinheiro negro japonês (*Pinus thunbergii* Parl.) é uma planta exótica nos EUA, mas pode sobreviver mais próximo ao mar do que os pinheiros nativos e não requer manutenção, apresentando altura, cor e textura que contrastam com gramíneas e arbustos baixos. O alecrim-do-norte (*Myrica Pennsylvanica*) fornece o contraste de altura e textura e tem um cheiro agradável, tornando-se uma boa planta para ser usada no nordeste dos EUA. *Iva imbricata* apresenta contraste nas dunas do Sul dos EUA. A ameixa-de-praia (*Prunus maritima*) tem valor para o relevo vertical, com flores atraentes e frutos comestíveis, mas requer poda (Mitteager et al., 2006).

O crescimento relativamente lento da vegetação natural, sua aparência rústica e a falta de tolerância humana para a areia exposta em áreas vegetadas podem fazer com que a maioria dos proprietários rejeite a alternativa de colonização natural lenta. Uma alternativa um pouco menos natural seria o plantio direto de espécies nativas e sua manutenção como recursos estéticos com a remoção de material morto e detritos e a redução de seu crescimento para que não sobreponha a aparência ordenada desejada por muitas pessoas. Uma nova vegetação poderia ser plantada e mantida para ter uma aparência natural, com o seu plantio em maços, revelando ampla gama de cores em padrões irregulares (Mitteager et al., 2006).

Plantas adaptadas a solos arenosos exigem pouca atenção. Se plantadas, elas podem exigir rega no primeiro ano, mas não depois desse período. Os proprietários devem estar cientes de que uma mudança de cor em condições de seca não é necessariamente um problema. Uma valorização maior da mudança pela qual a vegetação natural passa ao longo do ano reduzirá os custos de manutenção desnecessários.

O conhecimento das verdadeiras características de espécies naturais ajudará a torná-las mais amplamente aceitas. Por exemplo, os residentes do Nordeste dos EUA pensam que a vara-de-ouro costeira nativa (*Solidago sempervirons* L.) é ambrósia (*Ambrosia artemisiifolia* L.), uma planta alergênica. A vara-de-ouro costeira cresce bem em dunas, possui flores amarelas atraentes e tem altura e textura diferentes da grama de praia americana mais comum. Seria uma adição valiosa para muitas dunas frontais e dunas municipais em propriedades particulares (Mitteager et al., 2006).

6.6 DESENVOLVER E IMPLANTAR PROGRAMAS DE CONSCIENTIZAÇÃO PÚBLICA
Será difícil instituir mudanças nas práticas ambientais sem um forte componente de conscientização. Os turistas serão contra os detritos na praia, a menos que sejam informados do seu valor, e a razão pela qual as lixeiras não estão convenientemente localizadas pela praia pode não ser óbvia, a menos que se esclareça a prática de levar de volta seu próprio lixo. Projetos para a construção de dunas ou o aumento de seu tamanho geralmente enfrentam oposição (Nordstrom e Mauriello, 2001), assim como as abordagens alternativas aos métodos tradicionais de proteção costeira, que têm maiores valores ambientais (Zelo et al., 2000). Mesmo funcionários do governo, em comunidades rurais, podem ser relativamente desinformados sobre as preocupações ambientais, fazendo com que as dunas sejam percebidas como terrenos baldios (Moreno-Casasola, 2004). Os esforços de conscientização através de diversos meios para atingir diferentes grupos de usuários devem ser contínuos, porque a rotatividade da população pode ser rápida. Ações em nível municipal incluem instrução em escolas públicas, excursões em locais de demonstração, exposições em bibliotecas, apresentações em reuniões da cidade, envio de informações aos proprietários e sinalização de informação em locais-chave (Breton et al., 2000; Nordstrom et al., 2002; Nordstrom, 2003).

A utilização das áreas experimentais para a conscientização pode ser ativa (levando as pessoas interessadas até os locais para obter informações detalhadas) ou passiva (colocação de sinalização para os turistas que estão de passagem pela área). A utilização ativa é mais adequada para demonstrar a viabilidade de novas práticas de gestão com excursões realizadas por especialistas. A sinalização destinada a visitantes menos envolvidos deve ser apresentada em um nível adequado aos interessados ocasionais, com termos comuns, histórias simples, palavras ilustrativas coloridas e imagens arrojadas (Hose, 1998). A chance de conversar com um "especialista" será muito apreciada (Hose, 1998), apontando para o valor da utilização conjunta de áreas experimentais e locais designados como hábitat crítico em programas de proteção a espécies ameaçadas de extinção, com monitores designados a esses locais. Os monitores poderiam fornecer informações sobre recuperação e gestão global do terreno em vez de simplesmente dizer às pessoas para não caminharem sobre os locais de nidificação (Nordstrom, 2003). Os salva-vidas de zonas balneárias públicas também poderiam fornecer informações, desde que sejam devidamente instruídos.

Os museus podem complementar ou suplementar áreas experimentais (Breton et al., 2000) e têm maior valor quando o papel do ser humano é especificado tanto nos processos de degradação como nos de recuperação. Muitas vezes, existe uma discrepância entre as características naturais das praias mostradas em museus de orientação ambiental e as características da influência humana de praias normalmente vistas pelos visitantes em locais costeiros de veraneio. As conchas exibidas em museus e o zoneamento de vegetação comumente retratado em diagramas pedagógicos de praias e dunas não são facilmente encontrados nas praias limpas e remodeladas artificialmente. Os museus podem desempenhar um papel importante na conscientização do público sobre os prejuízos ambientais da transformação de praias para o lazer e a necessidade de voltar a ter uma costa com funcionamento mais dinâmico e natural. A concentração na aparência de costas antropizadas antes da urbanização, com a urbanização, e após a recuperação de valores naturais pode ser mais esclarecedora do que identificar como belas praias naturais podem estar em lugares onde as pessoas nunca visitarão. Exposições em museus podem complementar as áreas experimentais, fornecendo informações mais detalhadas do que poderiam ser comunicadas por meio da sinalização na praia. Informações sobre como chegar às áreas experimentais podem ser fornecidas para que os visitantes completem sua experiência com uma visita ao local, e a sinalização na praia pode direcionar os turistas aos museus para maiores informações (Nordstrom, 2003).

O programa de educação no município de Avalon, Nova Jersey, revela as muitas maneiras que informações podem ser transmitidas às partes interessadas e oferece um modelo de transferência de resultados em outros municípios. A conscientização de moradores e proprietários em Avalon é considerada crucial para a aceitação das dunas como um recurso importante. São realizadas reuniões frequentes entre representantes do município e proprietários, em razão da alta rotatividade da população residente. As partes envolvidas são incentivadas a serem ativas na comunidade e a conscientizarem-se sobre a proteção costeira e frequentarem todos os anos reuniões da Câmara de Comércio, da Associação de corretores de imóveis e da Associação de proprietários de terrenos e imóveis. Um boletim municipal (*The Avalon Reporter*) e informações sobre zonas inundáveis são regularmente enviados aos proprietários. Visitas semanais guiadas pelas dunas em área não urbanizada (Fig. 6.2) são oferecidas pela unidade de pesquisa e educação da universidade próxima. Um museu histórico municipal traça a história das dunas, desde as primeiras fotos de 1890 até o presente. A gestão de dunas é incorporada no currículo da quarta série e os alunos participam do plantio em dunas durante a primavera. O secretário de obras públicas conduz entrevistas televisionadas periódicas na praia para discutir a importância das dunas e o valor das ações para gerenciá-las.

6.7 Manutenção e avaliação de ambientes recuperados

Poucos projetos locais com um componente de recuperação possuem diretrizes para o monitoramento ou são realmente monitorados, e pode haver pouca informação além de observações qualitativas das características destacadas, como escarpas de erosão em praias engordadas (Zelo et al., 2000). Existe uma ambiguidade considerável quanto à disponibilidade de fundos para o monitoramento de longo prazo e gestão adaptativa para projetos em qualquer nível (Shipman, 2001). A forma como a praia é mantida e o tamanho, localização e função das dunas intencionalmente construídas ou permitidas a formar-se podem ser muito diferentes, dependendo das atitudes e ações dos gestores locais. O desenvolvimento de planos formais de gestão que codificam programas e procedimentos para recursos de praias e dunas aumenta a probabilidade de continuidade na manutenção e monitoramento após a construção inicial.

6.7.1 Programas de monitoramento

O monitoramento é importante para avaliar (1) se os objetivos dos projetos de recuperação foram alcançados; (2) quando as ações de acompanhamento são necessárias e (3) se abordagens para a proteção costeira compatíveis com o ambiente mas não tradicionais funcionam melhor que as alternativas tradicionais (geralmente estruturais). Impactos imprevistos de recuperação ocorrerão. As interações dos tipos de vegetação ou a vazão de águas subterrâneas são facilmente perturbadas, mesmo por pequenas mudanças nas condições hidrológicas, causando possivelmente o declínio de espécies ameaçadas (Lammerts et al., 1995). Baeyens e Martínez (2004) dão um exemplo da complexidade das interações bióticas e as maneiras como essas interações podem obliterar a intenção original e os resultados das decisões de gestão. O monitoramento fornece um meio para agências reguladoras avaliarem os efeitos nas áreas de projeto e em ambientes adjacentes e obter informações importantes que podem levar a melhores projetos futuros (Zelo et al., 2000).

Existem diretrizes para o monitoramento (Thayer et al., 2005), mas sua padronização pode ser uma meta ilusória. Projetos com foco na vegetação podem incluir o acompanhamento para documentar a sobrevivência das plantas e a necessidade de replantio, além de determinar se as funções ciliares especiais (por exemplo, sombra ou produção de insetos em praias estuarinas) são oferecidas. Projetos que abordam a questão da erosão em praias requerem estudos da topografia para avaliar o movimento dos sedimentos, as mudanças de elevação, a erosão por tempestade, a necessidade de realimentação futura e as mudanças não locais de orlas a jusante ou de dunas situadas na porção em direção à terra. O controle biológico é dificultado pela complexidade dos tipos de observações e procedimentos estatísticos que devem ser seguidos para obter conclusões válidas e orientação prática para pequenos projetos (Zelo et al., 2000). Mesmo as avaliações de diversos projetos grandes revelam falhas fundamentais no plano de amostragem, análise estatística e análise crítica (Peterson e Bishop, 2005). A documentação de projetos de pequena escala deve ser rigorosa o suficiente para permitir que os gestores aprendam com os erros do passado (Zelo et al., 2000). As restrições de financiamento e falta de conhecimentos científicos no nível municipal limitam o rigor das avaliações de sucesso ou fracasso. Muitas mudanças críticas, como a expansão das zonas de extravazamento ou ravinas que representam ameaças à infraestrutura antrópica num futuro próximo e a seca de espécies indicadoras da vegetação-chave são facilmente observáveis.

Muitas vezes, as indicações de mudanças no sistema podem ser avaliadas com algumas variáveis facilmente medidas sem equipamentos sofisticados de campo ou de laboratório. Pode ser fácil a amostragem da vegetação para avaliar a riqueza de espécies, percentagem de cobertura de cada espécie e percentagem de cobertura de palha, ao passo que perfis topográficos podem fornecer dados gerais sobre a morfologia, altura e volume de praias e dunas. A influência de variáveis mais difíceis de mensurar, como a umidade e os teores de nutrientes do solo, pode ser inferida a partir de características do local, tais como alterações na riqueza de espécies e cobertura em relação à topografia no campo de dunas. Os dados sobre as variáveis físicas e biológicas simples levantadas em campo podem responder por quase 50% da variabilidade na riqueza de espécies em dunas recentemente recuperadas (Nordstrom et al., 2007a).

As avaliações das dunas construídas pelo homem exigem uma análise das características dos perfis de terrenos e biota vários anos após o início da construção da duna. Desse modo, os gestores podem avaliar o tempo necessário para que uma cobertura por vegetação de espécies autossustentáveis adequada se estabeleça e ter expectativas realistas de resultados de recuperação. Em poucos anos, o monitoramento pode revelar algumas espécies diferentes da vegetação pioneira das dunas e dos colonizadores precoces (Freestone e Nordstrom, 2001). Uma lista de verificação para o monitoramento das dunas pode ser desenvolvida, com base na vulnerabilidade alta ou baixa das espécies e capacidade de resposta dos gestores. As variáveis podem ser quantificadas utilizando valores específicos ou relativos em função dos recursos disponíveis (Davies et al., 1995). As variáveis no Quadro 6.3 representam apenas os aspectos mais visíveis das dunas, e a importância de cada um deles é múltipla. Evidência de movimentação de areia nas dunas, por exemplo, pode ser considerada benéfica em termos de renovação do hábitat e da biodiversidade, mas pode ser problemática em termos de potencial de inundação da infraestrutura ou da perda de uma espécie valiosa existente, que dependa de uma superfície estável. Os programas de contenção de areia e plantio de vegetação iniciados pelos gestores para lidar com a movimentação da areia podem ser avaliados de diversas formas e com diferentes perspectivas a partir do conhecimento prévio dos avaliadores. Os programas de informação aos visitantes podem ser analisados quanto ao controle dos usos pelo visitante no local, enriquecendo a sua experiência enquanto ali premanece ou transmitindo mensagens sobre gestão ambiental que podem modificar suas atitudes quanto ao uso dos recursos no futuro. Quanto mais completo cada conjunto de avaliações for, mais úteis serão os resultados para a criação de um recurso de uso múltiplo.

Quadro 6.3 Variáveis úteis para avaliar a condição de dunas costeiras

Variável	Importância/ Indicador de
Características de praias/dunas	
Largura e altura da praia	Fonte de areia e proteção contra espraiamento
Altura e volume da duna	**Proteção** costeira, tamanho do hábitat, abrigo
Número de cristas	Variedade de hábitat, tendência à acreção
Declividade do talude	Estabilidade do substrato, circulação da fauna
Área de baixada úmida ou demais ambientes saturados	Variedade de hábitat, biodiversidade
% de superfície sem vegetação	Variedade e mudança de hábitat
Evidência de circulação de areia nas dunas	Mobilidade de perfis de terrenos, mudança de hábitat
Evidência de extravasamento de água do mar	Risco potencial, mudança de sistema
Depósitos resistentes (grossos) na superfície	Potencial de subsistência, estabilidade da superfície
Efeito da mineralogia sobre os nutrientes (rico ou pobre em cal)	Condições de crescimento para a vegetação
% das dunas frontais com escarpas de erosão por espraiamento	Tendências de erosão, mudança de sistema
Altura e localização da erosão em relação à crista	Tendências de erosão, mudança de sistema
Número e largura das brechas na duna	Risco potencial, mudança de sistema
Indícios de novas plantas nas brechas da duna	Potencial de recuperação, renovação do hábitat
Detritos na praia	Variedade de hábitat, fonte de alimento, nova linha de dunas
Colonização de vegetação na pós-praia	Acreção/estabilidade, crescimento da duna
% de novas dunas em formação em direção ao mar	Tendência de acreção
% e densidade de vegetação na face em direção ao mar	Possível localização de novas dunas frontais
Integralidade de gradientes transversais	Saúde do ecossistema, sucesso da recuperação

Quadro 6.3 Variáveis úteis ... (continuação)

Variável	Importância/ Indicador de
Características de praias/dunas	
Conectividade dos subambientes	Saúde do ecossistema, sucesso da recuperação
Variedade de condições do solo	Diversidade de hábitat
Presença e localização de vegetação exótica	Perturbação, meta para a remoção
A pressão e utilização humana	
Proprietário principal ou gestor	Razão para a abordagem de gestão
Número e dimensão das vias de acesso e estacionamentos	Possível impacto humano / degradação
Atividades permitidas (andar, dirigir, cavalgar etc.)	Potenciais danos à cobertura da superfície
Densidade e dimensões das trilhas	Danos potenciais/atuais à cobertura da superfície
Presença de casas	Potencial para uso humano, invasão exótica
Influência externa e natureza de delimitações	Balanço de sedimentos, poluentes, exóticos
Atividades de extração	Alteração na água da superfície ou nível d'água no solo, subsidência
Pastejo; outros usos por animais de criação, mamíferos, aves	Densidade/saúde da vegetação, estabilidade da superfície
Medidas recentes de proteção/gestão	
Legislação de proteção	Potencial para desenvolvimento, mudança de hábitat
Programas de fiscalização e manutenção	Diagnóstico/correção das alterações do sistema
% da área com acesso restrito	Potencial de conservação
Controles para estacionar, andar, dirigir, cavalgar	Potencial de degradação/preservação
Trilhas monitoradas	Potencial de degradação/preservação
Programas de contenção de areia e plantio de vegetação	Controle dos riscos, crescimento/ estabilização das dunas
Programas de informação para visitantes	Educação ambiental, controle do nº de visitantes, gestão
Estruturas de proteção costeira	Domínio humano, desejo de estabilidade

Modificado a partir de Williams et al., 1993; Davies et al., 1995; Heslenfeld et al., 2004.

6.7.2 Criação de uma fonte estável de financiamento

Projetos de monitoramento e gestão adaptativa devem ser acessíveis. Um financiamento estável é fundamental para garantir apoio, mas muitas vezes é difícil consegui-lo, até mesmo para grandes projetos de proteção costeira (Smith, 1991; Aceti e Avendaño, 1999, Woodruff e Schmidt, 1999). As iniciativas para a obtenção de financiamento estável para o engordamento da praia podem muitas vezes acontecer após os estragos causados por uma tempestade (Nordstrom e Mauriello, 2001), e programas de recuperação e gestão adaptativa podem ser identificados como parte desses programas. Os impostos pagos por hotéis ou impostos de transferência de imóveis são fontes de recursos contínuos. Projetos de construção de dunas já foram financiados por meio de programas governamentais de auxílio ao desemprego (Knutson, 1978; van der Meulen et al., 2004). Programas regionais de recuperação, que exigem pouco financiamento, envolvem a recuperação de dunas pela remoção manual do lixo produzido pelo homem nas linhas de detritos, deixando a lixo natural, removendo espécies exóticas e substituindo as cercas de contenção de areia utilizadas para controlar aglomerações por cercas simbólicas. Muitas ações ambientalmente favoráveis, tais como a suspensão de limpeza com rastelo ou a proibição do uso de veículos *off-road*, não necessitam de financiamento adicional e revelam que muito pode ser realizado com um mínimo de recursos econômicos.

7 Interesses, conflitos e cooperação das partes interessadas

7.1 Obtenção de apoio público

O apoio público e a prestação de contas são cada vez mais importantes na recuperação ambiental (Hickman e Cocklin, 1992; Higgs, 2003; van der Meulen et al., 2004), e as políticas de sustentabilidade podem se apoiar mais nas percepções e valores humanos do que no valor intrínseco dos sistemas naturais (Doody, 2001). Proteger ou recuperar locais sujeitos à pressão da urbanização intensa será difícil sem considerar a comunidade como parte da solução. Como resultado, as metas de recuperação podem exigir mudanças nas atitudes e ações de cientistas, defensores da recuperação e reguladores ambientais, bem como por parte de residentes, turistas e empresas.

Turistas e residentes locais podem valorizar mais elementos antropizados da natureza do que o funcionamento natural dos hábitats e espécies, dando preferência a espécies introduzidas na paisagem natural de dunas (van der Mulen et al. 2004). As partes interessadas podem também dar maior valor à estabilidade induzida pelo homem que ao dinamismo natural, indicando que a aceitação da movimentação de areia como um processo natural de evolução das dunas ainda exige uma mudança fundamental de percepção (Doody 2001). O desejo de manter o *status quo* pode substituir as ações para melhorar ambientes naturais. Remobilizar a duna de proteção perto de Markgrafenheide, Mecklemburgo-Pomerânia Ocidental (Cap. 4) é uma opção aceita pelos interessados locais, mas os gestores estaduais não foram bem

-sucedidos em superar a resistência a um projeto semelhante em uma ilha próxima, onde os moradores preferiam uma paisagem familiar a uma paisagem dinâmica desconhecida (Nordstrom et al., 2007c). Essa relutância em aceitar a mudança foi notada em outros locais (Leafe et al., 1998; Tunstall e Penning-Rowsell, 1998).

Gestores costeiros tendem a procurar e aceitar pareceres técnicos com base em previsões precisas, sem ressalvas sobre as incertezas (Cowell et al., 2006), mas as estratégias de gestão adaptativa possuem incertezas intrínsecas. Comunicação e colaboração são importantes quando há incertezas envolvidas e são facilitadas se tanto os especialistas como os não especialistas tiverem uma estrutura comum de referência, com um objetivo operacional comum para alcançar múltiplos objetivos (van Koningsveld e Mulder, 2004). Comunicação eficaz e divulgação de informações entre governos e interesses locais são seriamente limitadas em alguns países (Barragán Muñoz, 2003), mas até mesmo onde a comunicação é relativamente eficaz, o desenvolvimento da natureza só poderá ser alcançado se coincidir com os interesses locais (Swart et al., 2001). A gestão costeira integrada é necessária para manter uma interação contínua entre os sistemas humanos e naturais à medida que esses sistemas coevoluem e para desenvolver um processo de gestão que seja dinâmico e adaptável a novas circunstâncias e percepções de valor (Bower e Turner, 1998).

A tendência de tratar os problemas da zona costeira com uma abordagem holística e integral dificulta enormemente o processo de decisão (van Koningsveld et al., 2003). Para projetos de engordamento, a aprovação costuma vir após longas discussões e debates entre grupos de interesses concorrentes e alterações nos desenhos do projeto original. Os projetos finais são frequentemente um consenso entre a praticidade da engenharia, a proteção costeira, as necessidades de lazer e as considerações ecológicas. É provável que sempre existam conflitos onde houver decisões e escolhas a serem tomadas (Myatt et al., 2003). Os conflitos não se limitam a uma simples dicotomia, como a natureza *versus* interesses econômicos ou de recreação. Os conflitos podem ocorrer entre duas partes pró-ambientais.

A remoção da vegetação com escavadeiras em praias de cascalho a fim de estimular o acasalamento de trinta-réis (Randall, 1996) é uma ação que pode agradar a alguns interesses ambientais, mas não a outros.

A incorporação dos interesses das partes nas fases de concepção, implementação e manutenção de projetos de engordamento ajudará a aumentar a sua aceitabilidade e a probabilidade de envolvimento local contínuo em projetos com metas de recuperação. A política ambiental é essencialmente baseada em valores sociais. Os debates ambientais devem ser expressos em termos não absolutistas, para permitir consenso, flexibilidade e pluralismo de valores, com abordagens mais pragmáticas e baseadas em políticas das relações entre o homem e a natureza (Barrett e Grizzle, 1999; Minteer e Manning, 1999; Katz, 1999; Norton e Steinemann, 2001). A participação do público é mais eficaz quando o processo é transparente e honesto e há participação de todos os grupos de interesse desde o início, com oportunidades contínuas para consultas e *feedback* (Johnson e Dagg, 2003).

O consenso é especialmente importante em locais onde as características da costa mudarão drasticamente. Litígios legais, decorrentes do uso de sedimentos exóticos para aterro (por exemplo, Nordstrom et al., 2004), podem ser atenuados se as partes interessadas souberem de antemão que a praia engordada será drasticamente diferente do ideal imaginado. As discussões podem estimular iniciativas para conseguir apoio financeiro para os materiais de aterro mais adequados ou acrescentar uma fase de pré-tratamento para tornar os materiais de empréstimo mais compatíveis e converter projetos de finalidade única em projetos de múltiplas finalidades, com maior potencial de recuperação. Muitas maneiras diferentes podem ser encontradas para atribuir valores econômicos e sociais aos esforços de recuperação. Um exemplo é a substituição de vegetação exótica, com maior necessidade de água, por espécies nativas, a fim de fornecer mais água para rios e reservatórios e gerar empregos para a população local, com o consequente aumento da diversidade biológica (Lubke, 2004).

7.2 A NECESSIDADE DE ENCONTRAR SOLUÇÕES CONSENSUAIS

As soluções consensuais serão necessárias para adaptar a natureza, mantendo os valores recreacionais e de proteção dos perfis de terrenos em espaços restritos. O sucesso dessas soluções pode ser aumentado pela combinação das habilidades de uma série de especialistas para identificar metas e opções apropriadas de projetos, além de monitorar os métodos utilizados para refinar projetos e métodos de proteção subsequentes (Brampton, 1998). Para se chegar a um consenso, é necessário (1) identificar e envolver os principais participantes do início ao fim; (2) identificar as áreas de desacordo e fóruns para resolução; (3) ampliar o conceito de bem público e considerar os anseios de todos os interessados; (4) identificar um número suficiente de soluções alternativas, para que ao menos uma seja aceitável; (5) aceitar o aumento dos custos e inconveniências, se necessário, para atingir os objetivos adicionados (Nordstrom, 2003). Soluções consensuais que combinam a necessidade de proteção costeira com benefícios ambientais podem funcionar, mesmo que sejam inicialmente recusadas. A chave para a aceitação reside em (1) engenheiros de projeto e ecologistas do governo estão dispostos a trabalhar juntos; (2) o desejo por uma solução apropriada leva os gestores a considerarem alternativas além das soluções convencionais; (3) recursos financeiros adicionais são disponibilizados (Zelo et al., 2000).

7.3 DIFERENÇAS NAS PERCEPÇÕES E ANSEIOS DAS PARTES INTERESSADAS

Frequentemente, as opiniões sobre como as costas devem ser geridas são polarizadas e podem até mesmo ser reduzidas a estereótipos, um processo que pode criar um debate animado, mas frustrar o estabelecimento de um diálogo significativo sobre questões críticas de recuperação e proteção (Nordstrom, 2003). O Quadro 7.1 identifica alguns dos estereótipos de grupos interessados e como suas mensagens podem ser mal interpretadas por partes que defendem diferentes utilizações de terreno ou estratégias de gestão. É difícil articular os objetivos de outra pessoa, mesmo com boas intenções. Um problema grave ocorre quando os gestores municipais baseiam suas estratégias em sua percepção da expectativa dos turistas, que muitas vezes não têm interesses comuns. Os dados sobre as necessidades e expectativas dos turistas e residentes não são suficientes para tirar conclusões definitivas *a priori* sobre o que eles desejam, se todos aprovarão uma meta de gestão ou se eles rejeitarão uma paisagem de aparência mais natural (Nordstrom, 2003). Muitas vezes, as autoridades administrativas locais e os interesses particulares se aliam contra órgãos de conservação nos debates sobre quanto dinamismo deve ser tolerado (Barton, 1998, Leafe et al., 1998), mas existem exceções suficientes para tornar possíveis as opções de aumento do dinamismo.

QUADRO 7.1 PERCEPÇÕES (E PRECONCEITOS) COMUNS DAS PARTES INTERESSADAS

Parte Interessada	Mensagem passada	Mensagem mal interpretada
Cientistas	Costas são dinâmica, muitas instalações humanas são incompatíveis	Edifícios e infraestrutura em barreiras e encostas litorâneas devem ser removidos
Ambientalistas	Espécies e hábitats únicos devem ser preservados	Os direitos das pessoas são menos importantes do que os de outras espécies
Administradores municipais	Sabemos do que residentes e turistas gostam em nossa cidade	Sabemos criar a imagem que queremos
Incorporadoras/ agentes imobiliários	As costas são locais desejáveis para habitação e compatíveis com construções	Maximizar o número de construções e renda
Proprietários residentes	Pagamos um preço para realizar nosso sonho de morar em frente ao mar	O terreno é nosso e podemos fazer o que quisermos
Turistas	(respostas bastante variáveis e muitas vezes vagas)	Dê-nos acesso ao que queremos e não estrague nossa diversão

Modificado de Nordstrom, 2003

Soluções consensuais são necessárias para permitir um pouco de dinamismo para a manutenção de elementos dos sistemas naturais costeiros, ao passo que oferecem às pessoas estabilidade suficiente para manter a infraestrutura ou conservar os valores de suas propriedades (Powell, 1992; Brampton, 1998). O Quadro 7.2 apresenta alguns dos conflitos mais significativos das necessidades humanas e características naturais dispostas como conjunto de atributos opostos, embora se reconheça que os sistemas costeiros e as necessidades humanas sejam complexos demais para se encaixarem em categorias excludentes (Nordstrom, 2003). A gestão de perfis de terrenos e hábitats com princípios tanto naturais como humanos deve se basear na percepção de nuanças nessas divergências ao longo de uma linha contínua e não como opostos bipolares, separando então as características e necessidades importantes daquelas apenas desejáveis.

O conceito de segurança engloba as principais ameaças à vida e à propriedade (de ondas de ressaca e inundações), que precisam ser consideradas, e as perturbações menores, resultantes de areia soprada pelo vento, que podem ser toleradas. Renovar porções de dunas ao largo de propriedades particulares pode causar apenas um incômodo menor. Uma boa vista de uma residência em frente ao mar pode ser definida como a vista a partir

QUADRO 7.2 CARACTERÍSTICAS HUMANAS E NATURAIS CONTRASTANTES. CARACTERÍSTICAS HUMANAS REPRESENTAM NECESSIDADES OU ANSEIOS; CARACTERÍSTICAS NATURAIS CONSTITUEM FATORES QUE FAVORECEM DIVERSIDADE GEOMORFOLÓGICA E BIOLÓGICA

Anseios humanos	Ideais naturais
Segurança	Livre interação dos sedimentos e biota
Boa visibilidade	Relevo topográfico
Familiaridade/previsibilidade	Diversidade e complexidade
Estabilidade	Ciclos de acreção/erosão, crescimento/decadência
Limpeza	Detritos (incluindo a biodegradação)
Demarcação de propriedades	Gradientes transversais, zoneamento de hábitat
Acesso (caminhos, estradas, estacionamento)	Paisagens não fragmentadas

Modificado de Nordstrom, 2003

da posição sentada em uma sala do andar de baixo, a partir de uma posição em pé dessa mesma sala ou de um quarto no andar superior ou de uma plataforma de visualização. As vistas podem ser adaptadas a elevações superiores em uma residência, permitindo simultaneamente que uma duna protetora em direção ao mar aumente de altura e forneça um ambiente estável de duna posterior a se formar num espaço restrito (Fig. 5.3c). O acesso à praia em meio às dunas pode ser desejado por todos os proprietários, mas é desnecessário tornar o acesso tão conveniente se isso resultar em pisoteamento e fragmentação de hábitats naturais e comprometimento do papel da duna como uma estrutura de proteção. O conceito de limpeza pode ser visto como preferência estética ou como um verdadeiro perigo para a saúde, o que muito influenciaria a frequência, a localização e o método de limpeza de praias. Inconveniências podem ser toleradas em estratégias de gestão (tanto psicológica como economicamente), mas não grandes perdas (Nordstrom, 2003).

Um elemento-chave na criação de praias e dunas como ambientes de funcionamento natural é fazer os administradores entenderem que paisagens não litorâneas não são o ideal estético e convencê-los a aceitar espécies nativas, o detrito natural, a formação de dunas iniciais, dunas frontais maiores e mais dinâmicas com maior diversidade topográfica e de espécies e aceitar maior quantidade de areia transportada pelo vento. Essa mudança de atitude se aplica aos gestores municipais que agem no interesse público e dos incorporadores e moradores em frente ao mar, que tradicionalmente são vistos como defensores de seus próprios interesses (Nordstrom, 2003). Metas de recuperação não podem ser alcançadas a menos que haja também uma mudança nas atitudes dos cientistas, especialistas em recuperação e reguladores ambientais. As partes interessadas podem ter de aceitar uma definição menos que perfeita do que é considerado natural ou como uma trajetória natural deve ser definida. Sugestões específicas para mudança de atitudes, metas e funções que os interessados devem empreender são difíceis de articular sem um contexto de gestão, por isso são fornecidos exemplos de ações que podem ser tomadas para atingir um funcionamento mais natural das dunas em uma costa de ilhas-barreira urbanizada (Quadro 7.3).

Quadro 7.3 Ações tomadas para aumentar a qualidade ambiental da praia e duna

Administradores municipais
Estabelecer segmentos (ao longo da costa) e zonas (transversais) com restrição a limpeza com rastelo
Remover manualmente dessas áreas o lixo produzido pelo homem
Evitar gradeamento mecânico, exceto para a prevenção de riscos
Minimizar o uso de veículos na pós-praia
Transitar por vias demarcadas
Minimizar a extensão das cercas de contenção de areia (cordão inicial, ravinas)
Gerenciar parques municipais para experiências com a natureza
Alterar as expectativas dos turistas e residentes, pela conscientização e participação
Estabelecer leis de zoneamento ecológico
Incorporadores/Proprietários
Tolerar ou adaptar-se a processos e vegetação naturais
Deixar espaço para ambientes naturais
Não demarcar linha de propriedade em direção ao mar
Adotar uma percepção de patrimônio costeiro e apreciação da qualidade natural
Exibir um aspecto compatível com a paisagem costeira
Cientistas
Considerar as pessoas intrínsecas à evolução da paisagem
Identificar referências e estados-alvo
Redefinir o significado de "natural"
Adaptar a pesquisa para incluir escalas temporais e espaciais menores
Ser sensível às necessidades de pesquisas dos proprietários e gestores municipais
Assegurar que o processo consultivo seja bidirecional
Defensores e reguladores ambientais
Tirar a ênfase da preservação de um inventário ambiental estático
Aceitar trajetórias naturais alternativas
Enfatizar a recuperação dos hábitats de usos múltiplos em programas de espécies-alvo
Usar as preferências dos interessados para auxiliar no desenvolvimento da recuperação
Evitar restrições que prejudiquem ações ambientalmente amigáveis

Modificado de Nordstrom, 2003

7.4 Ações das partes interessadas

7.4.1 Gestores municipais

Muitas vezes, praias e dunas criadas por governos nacionais, estaduais e municipais são posteriormente geridas por autoridades municipais, que desempenham um papel crucial na garantia do sucesso em longo prazo do restabelecimento de hábitats costeiros. Projetos de recuperação em comunidades locais podem fazer das ações ambientais uma realidade cotidiana (Moreno-Casasola, 2004) e transformar a experiência do turismo. Uma das ações mais importantes é estabelecer enclaves naturais não urbanizados para servir como áreas de demonstração, área de reprodução e bancos de sementes. Essa ação pode exigir recursos dos níveis mais altos do governo para cobrir os custos de aquisição de imóveis na orla, mas as autoridades municipais podem ter de iniciar o processo de obtenção desses recursos. Muitas das ações municipais no Cap. 6 podem ser tomadas com pouco ou nenhum custo adicional, mas os funcionários municipais poderão ter de trabalhar mais estreitamente com as partes interessadas para obter o apoio da opinião pública.

Ações municipais são fundamentais para mudar a cultura das áreas costeiras de veraneio. As atitudes dos turistas e residentes são fortemente influenciadas pela imagem da costa e os regulamentos para o uso das praias e dunas. Os municípios podem criar uma postura ecológica pelo restabelecimento de ambientes naturais e a instituição de programas de conscientização e participação que mude as expectativas dos visitantes habituados a paisagens antropizadas. Os visitantes aprendem melhor quando estão envolvidos em, pelo menos, algum ato de conservação (Hose, 1998). Os esforços devem ser realizados para encontrar maneiras de levar os turistas a entender o seu papel na gestão e conservação ambiental. Exigir que os visitantes levem embora da praia o seu próprio lixo em vez de colocar tambores para depósito de lixo na praia cumpre parte dessa meta e elimina a necessidade de funcionários de manutenção conduzirem veículos na praia para esvaziar as lixeiras (Nordstrom, 2003). Outra opção é a conversão de parques municipais para que atendam às questões ecológicas, em vez das demandas sociais. Essa conversão muitas vezes exige a reeducação de funcionários do parque e o desenvolvimento de novas habilidades de manutenção, saindo da varrição de superfícies de concreto e remoção de ervas daninhas para chegar ao restabelecimento e manutenção da paisagem do parque como sistemas vivos (Cranz e Boland, 2004).

Os planos diretores municipais e os decretos de zoneamento podem fornecer uma visão de longo prazo para a proteção ambiental e constituir um meio de regular os usos de maneira frequente por licenciamentos e supervisão. Esses mecanismos de controle funcionam melhor se os critérios de gestão reconhecerem e protegerem as funções e os processos ecológicos e incorporarem programas de recuperação e monitoramento ambiental contínuo, avaliação e gestão adaptativa em conformidade com as novas descobertas científicas (Best, 2003). A manutenção de ecossistemas de forma sustentável pode ser incorporada aos planos municipais, mas programas eficazes nesse nível não são facilmente realizáveis sem que os níveis mais altos de governo forneçam os critérios de última geração e diretrizes científicas atualizadas.

7.4.2 Incorporadores e proprietários de imóveis

Os ambientes naturais são frequentemente mencionados nas propagandas utilizadas como estratégias de marketing para os imóveis costeiros, mas muitos desses ambientes não sobrevivem ao processo de urbanização. Os nomes dados às ruas e subdivisões de municípios costeiros, como Bayberry (alecrim-do-norte) e Dune Vista (vista da duna), muitas vezes se referem a recursos naturais que terão sido eliminados até o momento da venda dessas novas propriedades. Devem-se encontrar formas de traduzir o valor dos recursos naturais em valores imobiliários, de modo que a aparente perda de renda associada às restrições de acesso ou vistas possa ser compensada ou minimizada (Nordstrom, 2003). Decisões que afetam a recuperação incluem critérios econômicos, sociais e políticos, além de orientações físicas e ecológicas (Jackson et al., 1995; Higgs, 1997), e haverá pouca justificativa econômica para recuperar os ambientes naturais a menos que o patrimônio natural possa ser visto como um produto ou serviço (Clewell e Rieger, 1997).

Um elemento-chave para um programa de recuperação em costas urbanizadas é a mudança de atitude dos moradores, convencendo-os a aceitar paisagens com funcionamento mais natural. O emprego de paisagismo natural é mais crítico no limite em direção ao mar de propriedades litorâneas particulares, que pode ser uma das fronteiras mais evidentes entre a natureza e a habitação humana (Conway e Nordstrom, 2003). A construção de dunas e o plantio de vegetação podem alterar a percepção da linha de separação entre a propriedade particular e a praia pública (Feagin, 2005), assim como as expectativas dos turistas que atualmente podem vislumbrar a costa apenas em termos de exploração humana. Essa mudança de percepção pode aumentar a probabilidade da adoção de estratégias futuras para criar paisagens sustentáveis agradáveis aos turistas.

Pode ser difícil reestruturar as atitudes e ações dos moradores de modo a aceitarem um paisagismo natural (Feagan e Ripmeester, 2001). Conversas com proprietários interessados na contratação de serviços de paisagismo indicam que eles não estão cientes (1) das vantagens da utilização de espécies naturais em paisagismo; (2) das grandes diferenças de viabilidade das espécies exóticas no rígido ambiente de dunas ou (3) do alto esforço de manutenção necessário para as espécies que não estão adaptadas aos estresses costeiros (Mitteager et al., 2006). A maioria dos moradores reconhece que existe uma diferença entre os tipos de paisagem natural e urbana. Muitos querem uma paisagem de aparência natural, mas o que eles têm como natural é, na verdade, criado pelo homem. Os moradores não percebem que uma paisagem natural não necessita de poda ou rega constante ou que é mais barata para manter, porque consegue sobreviver com um mínimo de interferência. Eles frequentemente optam contra as paisagens naturais, em razão de uma percepção de descontrole sobre a vegetação e a redução de espaço aberto ou gramado. Eles precisam de bons conselhos sobre como proceder e exigem provas práticas e realistas dos benefícios de uma paisagem natural (Mitteager et al., 2006).

Devem-se apresentar conselhos para os proprietários e paisagistas profissionais na forma de diretrizes adequadas, que num primeiro momento podem exigir a colaboração entre cientistas e gestores municipais. O estabelecimento de paisagens de demonstração bem posicionadas fornecerá os elementos necessários a essas provas. Muitas vezes, os proprietários têm ideias ao olhar para as paisagens de seus vizinhos (Henderson et al., 1998; Zymslony e Gagnon, 2000), portanto a utilização de áreas de demonstração em propriedades particulares pode resultar na divulgação do paisagismo natural ao longo da costa. Frequentemente, os municípios têm recursos financeiros para o embelezamento que poderiam dar suporte aos esforços iniciais, e as comissões ambientais locais podem oferecer estímulo e conhecimento para criar áreas iniciais de demonstração.

Residentes do litoral costumam confiar em paisagistas profissionais, por isso estes têm o poder de sugerir opções mais naturais e projetos que se encaixem em um plano mais amplo do bairro para conseguir uma paisagem menos fragmentada. A maioria dos paisagistas tende a usar as mesmas plantas em cada trabalho, e muitas delas não são espécies costeiras. Conseguir que eles mudem suas práticas pode ser difícil, mas uma vez que se tenha êxito, a inércia trabalhará em favor da manutenção de paisagens naturais. Tanto os proprietários como os profissionais de paisagismo devem ser instruídos sobre o que é realmente a natureza (Mitteager et al., 2006).

7.4.3 Cientistas

As pesquisas científicas destacam como as costas urbanizadas diferem das naturais, mas ignoram as conclusões de que as paisagens naturais são um mito, que a ação humana é parte integrante do ambiente costeiro e não uma intrusão e que as paisagens antropizadas podem e devem ser avaliadas como um sistema genérico (Nordstrom, 1994; Doody, 2001). As conclusões de pesquisas passadas não reconhecem suficientemente que o restabelecimento de paisagens com funcionamento natural por processos naturais não ocorrerá a menos que seja auxiliado por ações humanas e que as paisagens irão evoluir em trajetórias induzidas e influenciadas pelo homem. A tarefa prioritária deve ser identificar as referências e os estados--alvo para áreas urbanizadas e determinar como o conceito de naturalidade pode ser redefinido e utilizado como um padrão (Nordstrom, 2003).

Geralmente, a escala de proteção costeira e os projetos de recuperação são controlados por pressões locais e limitam-se a pequenas extensões da costa durante curtos períodos, ao passo que sistemas naturais costeiros são movidos por processos que vão além dessas escalas temporais e espaciais (Pethick, 2001). As grandes escalas que muitas vezes caracterizam os estudos de sistemas naturais costeiros têm pouca relevância na análise das alterações que desafiam atualmente os gestores costeiros, assim como podem passar a sensação de ter pouca relevância para o desenvolvimento de soluções práticas para os problemas atuais. Os cientistas muitas vezes reconhecem problemas de escala (Pilkey, 1981; Schwarzer et al., 2001), mas podem achar que é da responsabilidade dos interessados locais fazer mudanças drásticas em seus quadros temporais e espaciais (Nordstrom, 2003). É de interesse tanto dos gestores costeiros como de cientistas monitorar e diminuir as diferenças de relevância que ocorrem entre esses quadros (van Koningsveld et al., 2003).

As alterações feitas pelo homem em nível de propriedades individuais ou municipais não foram alvo de muitos estudos científicos no passado, porque essas alterações foram consideradas muito pequenas, temporárias, específicas a um local ou artificiais para serem interessantes. Perfis de terrenos e hábitats em pequenas escalas temporais e espaciais assumem maior importância quando são ubíquas ou recorrentes (Nordstrom, 2000), o que impõe um aumento de sua importância em estudos científicos e no desenvolvimento de orientações relevantes para a gestão (Nordstrom, 2003).

Não é evidente que os sistemas de classificação ou modelos de evolução costeira, com base apenas em sistemas naturais, proporcionem o melhor critério para determinar estratégias de longo prazo. São necessárias investigações geomorfológicas para identificar as paisagens costeiras que poderiam ser criadas em cenários alternativos para o aumento do nível do mar com a participação de cidadãos, ao invés de estes ficarem no papel de vítimas passivas. A opção de recuo não é seriamente considerada como uma política viável na maioria das regiões urbanizadas (Lee, 1993; Schmahl e Conklin, 1991; Hooke e Bray, 1995), e os cenários devem ser desenvolvidos a fim de prever como as metas de recuperação poderiam ser alcançadas se gerenciadas de acordo com a política holandesa de não recuar, usando o engordamento da praia e a uma engenharia da natureza para criar uma paisagem natural (Nordstrom, 2003). Mesmo na Holanda, há muito a ser aprendido sobre estratégias apropriadas para a política de não recuar (Koster e Hillen, 1995).

A participação do público é fundamental para o sucesso dos programas de recuperação, porque pode ajudar a reduzir a apatia em relação às paisagens recuperadas e diminuir a probabilidade de eficientes recuperações específicas tecnicamente produzirem paisagens irrelevantes no seu contexto (Luz e Higgs, 1996). Mudar as percepções e práticas das partes interessadas para atingir as metas de recuperação requer o conhecimento das razões que hoje levam os gestores a alterar formas e hábitats, dos meios que eles usam, do impacto dos incentivos econômicos e das restrições das leis governamentais. No passado, muitos administradores locais viam pouca utilidade para cientistas e eram frontalmente contrários a suas sugestões para a gestão (Gares, 1989). Os cientistas podem ter uma compreensão inadequada das necessidades dos gestores locais e não estar preparados para ouvi-los (Schwarzer et al., 2001). É necessário um processo consultivo de mão dupla para permitir que os gerentes eduquem os cientistas sobre as restrições da política e economia locais e permitir, então, que os cientistas elaborem estratégias viáveis adaptadas a estas restrições (Schwarzer et al., 2001; Nordstrom, 2003).

7.4.4 Ambientalistas

As características naturais da costa e as estruturas sociais, políticas e econômicas são dinâmicas, portanto as abordagens estáticas não serão bem--sucedidas para manter ou aumentar o patrimônio ambiental a longo prazo (Harvey, 1996; Pethick, 1996). A falta de considerar o dinamismo da costa é evidente, tanto em planos de gestão municipal (Granja e Carvalho 1995) como em planos para áreas de proteção ambiental, nos quais são feitas tentativas para manter um inventário de recursos específico, em vez de um sistema dinâmico; por exemplo, o preenchimento de áreas baixas na crista dos cordões de cascalho (Orford e Jennings, 1998) ou o uso de cercas de contenção de areia para manter dunas lineares como proteção contra a invasão do mar (Nordstrom, 2003). A mudança pode ser percebida como degradação por alguns grupos ambientalistas, mas a mobilidade em si é digna de conservação e exige abordagens mais flexíveis para a gestão dos perfis de terrenos e biota (Bray e Hooke, 1995; Pethick, 1996; Doody, 2001).

As limitações impostas pelas construções e pelos usos em áreas urbanizadas tornam impossível a reprodução dos processos naturais e das características encontradas em reservas costeiras maiores afastadas dos impactos antrópicos. Os esforços devem se concentrar em metas que possam ser realisticamente atingidas, dada a contínua perda física e funcional de hábitats esperada em razão da urbanização e atividades recreacionais, e no desenvolvimento de uma filosofia de usos múltiplos para proteger espécies das perturbações humanas e também oferecer oportunidades de recreação (Melvin et al., 1991). Gerenciar enclaves naturais em áreas urbanizadas como sistemas dinâmicos exigirá a aceitação de trajetórias evolutivas alternativas àquelas esperadas em sistemas naturais ou àquelas desejadas para reforçar uma determinada espécie ou tipo de perfil de terreno (Nordstrom, 2003).

A proteção de espécies-alvo é uma forma legal (mas não especialmente bem-vinda) de superar a resistência do público para os esforços de retornar partes de um sistema extremamente alterado a um funcionamento natural (Breton et al., 2000). A prevenção da ação humana em áreas de nidificação resultou na colonização de plantas na pós-praia, no crescimento de novas dunas incipientes e no final, restabelecimento de novas dunas (Breton et al., 2000; Nordstrom et al., 2000). Problemas podem ocorrer se a paisagem subsequente evoluir até o ponto em que o local não pareça mais desejável para espécies-alvo, como em razão do aumento na densidade da vegetação (Breton et al., 2000; National Park Service, 2005). Tentativas deliberadas para restabelecer pela ação humana as condições favoráveis a uma espécie, como remover a vegetação a fim de oferecer areia exposta para a nidificação de aves, pode ir contra as vantagens mais amplas para outras espécies. A solução ideal pode ser a obtenção de uma nova área restrita para as espécies-alvo, permitindo que a área anterior se desenvolva naturalmente (Breton et al., 2000). Restabelecer o reconhecimento dos valores naturais em comunidades urbanizadas pela demonstração abrangente e pelo programa de conscientização pode facilitar o processo de designação de novas áreas restritas.

A espécie preferida pelos moradores ou turistas pode não ser um alvo de proteção de ambientalistas, mas o aumento de espécies localmente preferenciais oferece uma maneira de ganhar a aceitação de sistemas com funcionamento mais natural no futuro. Assim que os moradores e turistas estejam acostumados a uma maior variedade de cobertura vegetal e maior visibilidade da vida selvagem, eles poderão desenvolver uma maior aceitação pelos programas destinados às melhorias para espécies menos carismáticas, alvo de ambientalistas.

Os regulamentos ambientais atuais podem ter o efeito negativo de desencorajar ações ecológicas de residentes particulares. No Estado de Nova Jersey, por exemplo, as propriedades particulares em área com quedas de dunas, em uma zona de regulamentação sob o *Coastal Area Facilities Review Act* (Ato de Revisão de Instalações em Áreas Costeiras), estão sujeitas a restrições ambientais mais rígidas do que as propriedades sem dunas. Conversas com os proprietários revelam certa relutância em permitir a migração natural de uma duna para suas propriedades, porque eles não querem estar na zona de regulamentação. Pode ser necessário um acordo com os reguladores do Estado antes que esse tipo de ação ecológica aconteça. Parece lógico supor que as opções de paisagem subsequente devam ser permitidas se o valor natural da nova paisagem ultrapassar o antigo. Esse precedente não exige uma mudança institucional, pois poderia ser tratado como uma exceção, que exigiria uma maior flexibilidade e, talvez, uma carga de trabalho adicional dos reguladores ambientais. Os ganhos em hábitat natural e o desenvolvimento de parcerias de trabalho com os moradores seriam os grandes benefícios (Nordstrom, 2003).

7.5 A PAISAGEM RESULTANTE

Em áreas urbanizadas, é possível alcançar uma paisagem mais dinâmica e com funcionamento natural pela adoção de uma estratégia de gestão que (1) tolere mudanças (incluindo ciclos de destruição e de crescimento); (2) utilize zonas (não linhas) para delinear a fronteira entre as unidades de gestão; (3) valorize recursos iniciais como protofases na evolução das formas e hábitats; (4) tolere inconveniências que não sejam riscos reais; (5) redescubra o patrimônio ambiental e o valor de um aspecto de paisagem natural que inclua as pessoas; (6) faça tentativas para aumentar o turismo com base na natureza e uma apreciação pela natureza, que pode se refletir no valor imobiliário. A nova natureza em municípios urbanizados pode (1) ser menor, mas mais complexa, porque incluirá tanto processos humanos como naturais; (2) exigir uma participação social mais frequente, porque os perfis de terrenos e biota serão mantidos em estados de não equilíbrio, e (3) iniciar por oferecer, aparentemente, menos oportunidades para as partes interessadas acostumadas a uma paisagem construída e estática, que pode ser modificada para se adequar aos gostos pessoais. Muitas paisagens recuperadas em costas urbanizadas serão artificiais, mas os valores naturais agregados e a importância de remover esses locais costeiros da trajetória antrópica podem ser melhores do que alternativas que poderiam ser implantadas num local mais continental (Nordstrom, 2003).

8

Necessidade de pesquisas

Muitas das sugestões deste livro representam alternativas viáveis, porém pouco testadas, para a recuperação de hábitats e perfis de terrenos costeiros degradados. Mais estudos são necessários para documentar a viabilidade dessas alternativas para que elas possam ser utilizadas para compensar as muitas ações degradantes, elas mesmas mal compreendidas, especialmente pelos impactos em longo prazo. Algumas das muitas questões a serem respondidas (Quadro 8.1) são genéricas e abrangentes, outras são mais específicas ao local e aplicáveis a projetos individuais, enquanto algumas abordam os efeitos colaterais negativos. Os temas apresentados neste capítulo são alguns dentre os muitos que devem ser abordados em programas globais de recuperação de ambientes degradados, de maneira que sejam aceitáveis para as partes interessadas.

8.1 Engordamento de praias

8.1.1 Avaliar e lidar com impactos adversos

Publicações recentes que identificam as necessidades de pesquisa para avaliar os efeitos ambientais de projetos de engordamento de praias incluem Greene (2002), US Fish and Wildlife Service (2002), Nordstrom (2005), Peterson e Bishop (2005) e Speybroeck et al. (2006). Os estudos revelam a contínua necessidade de pesquisas de alta qualidade e específicas a cada local sobre atividades de dragagem e aterro e as diferenças pré e pós-operação, além das taxas de recuperação das características dos sedimentos e biota. As crescentes evidências de que os sedimentos das praias engordadas são transportados para o mar ao longo da costa, além dos limites do projeto, indicam que a amostragem biológica deve ocorrer em locais previamente selecionados fora da área de interesse. Poucos estudos são financiados por longos períodos, por isso os efeitos cumulativos não são documentados. As avaliações em longo prazo (por exemplo, durante décadas) devem ser feitas tanto para projetos considerados operação única como em cada fase de uma série, de um projeto de alteração ambiental em longo prazo.

A identificação de implicações envolvidas na utilização de tecnologias alternativas de dragagem e aterro é uma necessidade contínua. Há benefícios em dragar poucas áreas grandes ou múltiplas áreas pequenas ou fazer a dragagem em quadrados ou faixas e dragar picos longitudinais em vez de faixas transversais (Cutter et al., 2000; Minerals Management Service, 2001), mas a viabilidade e as probabilidades de sucesso dessas opções não estão documentadas. Encontrar formas práticas para deslocar a fauna em frente à área dragada e colocá-la atrás dessas áreas é outra das muitas necessidades de pesquisa relacionadas às mudanças na prática de dragagem (Nordstrom, 2005).

O controle da taxa de aplicação do aterro pode influenciar o tamanho da área engordada e o número de subambientes em um transecto transversal, bem como a taxa de erosão e o número de estágios evolutivos representados nos subambientes. Os aterros em grande escala são úteis para criar novos perfis de terrenos e hábitats, mas para a preservação deles são necessárias pequenas e frequentes operações de manutenção do engordamento. Mais esforços devem ser dedicados para avaliar como as taxas de alteamento determinam tanto a criação de perfil do terreno como sua longevidade.

Devemos encontrar formas de superar as mudanças adversas na morfologia ou nas condições do substrato em áreas de aterro, como a formação de escarpas praiais ou camadas impermeáveis e tornar os perfis construídos de terreno mais naturais em sua aparência e função. As concepções para projetos de engordamento podem ser compatíveis com as exigências do hábitat natural se as praias forem engordadas na altura de bermas naturais. Os diques lineares que, muitas vezes, são construídos com trator para executar a função de dunas podem ser reprojetados para que se aproximem mais das formas acidentadas de perfis naturais.

QUADRO 8.1 QUESTÕES PARA PESQUISAS RELACIONADAS À RECUPERAÇÃO DE
AMBIENTES COSTEIROS DEGRADADOS

Engordamento de praias

Avaliar e lidar com impactos adversos

As avaliações de possíveis perdas ambientais são fundamentadas por análise e interpretação de evidências adequadas, com dados estatísticos relevantes?

As perdas reveladas nesses estudos são adequadamente compensadas?

As avaliações dos impactos das operações de engordamento vão além das áreas de dragagem e aterro?

Como o estudo de impactos de dragagem e aterro poderia ser expandido para períodos de décadas?

É viável realizar pequenos projetos de engordamento de praia ou fazer a dragagem e aterro de áreas menores para permitir melhor recuperação e manutenção da biota?

A fauna em frente às áreas de dragagem pode ser deslocada?

Qual a taxa de aplicação de aterro de praia necessária para manter um número suficiente de superfícies ativas e de mosaicos de vegetação?

Como poderiam ser projetadas as praias engordadas para acomodar toda a ação das ondas na pós-praia aterrada, sem comprometer a proteção de instalações construídas em seu trecho mais continental?

Como as operações de *backpass* e *bypass* podem ser melhoradas para torná-las alternativas viáveis à mineração de novas áreas de empréstimo?

Quais medidas das variáveis físicas de controle são necessárias para oferecer um entendimento do processo das mudanças em áreas de empréstimo e aterro?

Ampliar o objetivo de projetos de engordamento

Quais estudos interdisciplinares são necessários para assegurar uma avaliação adequada dos impactos e identificar medidas bem-sucedidas além daquelas previstas nos planos de projetos?

Como projetos de engordamento de praia inicialmente concebidos para a proteção costeira ou recreação poderiam ser transformados em projetos de recuperação de perfis de terrenos e ecossistemas?

Qual a contribuição de cada estudo de caso para a compreensão geral do engordamento de praia?

Quais são os critérios para avaliar os impactos e as oportunidades de projetos de engordamento em praias de cascalho?

Quadro 8.1 Questões para pesquisas (continuação)

Ampliar o objetivo de projetos de engordamento

Como diferem os critérios para praias arenosas de baixa energia?

Como as diferenças de granulometria, mineralogia e teor de conchas melhoram ou pioram as características e o valor das áreas engordadas como hábitat?

Como resultados inesperados de projetos de engordamento podem trazer conhecimento e oferecer maneiras para modificar os projetos futuros, a fim de melhorar os recursos naturais?

Superar restrições de custo

Como os esforços de recuperação poderiam ser vinculados a operações de engordamento de praia com financiamento público para torná-los aceitáveis aos contribuintes?

A praticidade dos esforços de acompanhamento e de gestão adaptativa pode ser documentada para que essas ações sejam embutidas em projetos financiados?

As perdas na área de empréstimos são atenuadas pelos ganhos ambientais na área de aterro?

Os projetos de mitigação têm critérios de desempenho futuro ou disposições para monitoramento ou manutenção contínuos?

Como é usada a gestão adaptativa para garantir que as metas do projeto sejam alcançadas, ou seja, com medidas compensadoras e mitigadoras e custos desnecessários evitados?

Construção de dunas

Como os critérios para o projeto de dunas criadas artificialmente poderiam ser modificados para se assemelharem a paisagens naturais?

Quais são as implicações para a criação de um campo de dunas com cristas e baixadas úmidas ao invés de um campo de dunas mais alto, seco e contínuo?

Qual é o efeito remanescente de cercas parcialmente enterradas na duna e como os efeitos adversos podem ser superados?

Cercas simbólicas podem ser usadas para substituir cercas de contenção de areia?

Quais são as opções realistas de plantio a proprietários de imóveis de frente para mar que desejam ter uma vegetação que não seja de estabilizadores primários?

Como podem ser conduzidos os programas para remoção de espécies exóticas de propriedades litorâneas particulares?

Inoculação com fungos micorrízicos arbusculares ou utilização de múltiplas espécies com diferentes taxas de crescimento são necessárias ou práticas na construção de novas dunas?

Acomodar ou controlar o dinamismo

Como e quando devem ser usadas cercas de contenção de areia ou plantio de vegetação para fechar brechas em dunas frontais?

Existe um número suficiente de bancos de sementes bem localizados e áreas de refúgio para assegurar a colonização do perfil recuperado?

8 Necessidade de pesquisas 219

QUADRO 8.1 QUESTÕES PARA PESQUISAS (continuação)

Acomodar ou controlar o dinamismo

Como poderia uma duna, mantida como um sistema dinâmico, ser mais resistente à erosão?

As instabilidades nas paisagens e hábitats representam perdas temporárias ou permanentes?

Existe superfície exposta e mobilidade da duna suficientes para reiniciar os ciclos de evolução?

Estruturas de proteção da costa podem ser modificadas para acomodar as metas de recuperação?

Quais são as vantagens em permitir que as estruturas existentes de proteção costeira se deteriorem?

Quanto dinamismo e complexidade são fundamentais para manter a viabilidade em longo prazo?

A limpeza de uma praia com rastelo tem efeito positivo sobre o reinício do transporte eólico e no aumento do valor da praia como uma área fonte?

O depósito do material retirado com rastelo nas dunas no limite continental da praia interrompe a zona limite entre praia e dunas e cria um micro-hábitat exótico?

É aconselhável dividir a praia em zonas de gestão com método ou frequência de limpeza diferentes?

Como programas de controle das atividades humanas para a proteção de espécies ameaçadas podem ser ampliados para aplicação às espécies não ameaçadas?

Como nichos críticos dependentes de tempo e espaço podem ser mantidos em um cenário em evolução?

Opções em ambientes espacialmente restritos

Como as técnicas de gestão, como a limpeza com rastelo, plantio de vegetação e colocação de cercas, podem ser usadas para superar as restrições temporais e espaciais ao crescimento de vegetação?

Quais são os critérios para a gestão de enclaves não urbanizados em dunas em áreas urbanizadas?

Quais são as diferenças entre as dunas depositadas por máquinas de terraplanagem ou aumentadas com a utilização de compostos e solo e dunas criadas por processos eólicos?

Como as zonas de gestão paralelas e perpendiculares à costa podem ser demarcadas ou protegidas, sem interferir no fluxo de sedimentos e biota?

Quais são os critérios para o plantio e preservação das espécies de duna posterior próxima à água e para escolher essa opção ao invés de alternativas naturais e mais dinâmicas?

Quadro 8.1 Questões para pesquisas (continuação)

Considerar as preocupações e necessidades das partes interessadas

Quais são as alternativas às condições-alvo de referência, diretrizes e protocolos para documentar as vantagens e a viabilidade de retorno a sistemas mais dinâmicos?

Como diferem as diretrizes para praias engordadas de praias não engordadas?

Como as preferências das partes interessadas podem ser alteradas a fim de favorecer iniciativas para restabelecer as características naturais?

Como podem ser superadas as lacunas na comunicação do conhecimento sobre as vantagens e limitações do engordamento de praias e as alternativas de recuperação?

Todos os grupos interessados estão representados nos projetos finais?

Como podem ser usadas as pesquisas de ciências sociais para encontrar maneiras de fazer as partes interessadas aceitarem perfis e hábitats naturais?

Quais são as espécies interessantes ou fauna carismática que podem incentivar os esforços de recuperação?

Quais ambientes antropizados retêm a maior diversidade e riqueza de espécies no ambiente dunar mais naturalmente funcional?

O que se ganha e o que se perde na seleção de uma paisagem de aparência natural ao invés de uma paisagem de funcionamento natural como meta inicial de recuperação?

Como devem ser redefinidos os conceitos de "natural" ou "trajetória natural" em sistemas antropizados?

Quais componentes educacionais são requeridos para explicar a necessidade de recuperação, transferir o conhecimento adequado para ter o envolvimento das partes interessadas e garantir um compromisso em longo prazo?

Como tornar espécies nativas, lixo natural, perfis dinâmicos e iniciais com maior diversidade topográfica e de espécies mais aceitáveis para as partes locais envolvidas?

Manutenção e avaliação de ambientes recuperados

Quais são as diretrizes adequadas para ações de recuperação acessíveis em nível local, em que conhecimentos científicos e recursos financeiros são escassos?

Quais são os limites de ações humanas justificáveis para criar ou manter ambientes naturalmente funcionais?

Como podem ser incorporados os efeitos colaterais não planejados na concepção de projetos futuros?

Que disposições existem para avaliar os benefícios das paisagens que evoluem além do estado-alvo?

As operações de *backpass* e *bypass* podem conservar os recursos de sedimentos e reduzir a necessidade de dragar novas áreas de empréstimos. Provas da viabilidade dessas operações são necessárias para torná-las uma alternativa viável às fontes de mineração fora do ambiente de praia.

A maioria das avaliações ecológicas foi realizada como estudos de antes e depois da biota, sem medições simultâneas de controle das variáveis físicas (altura de onda, velocidade das correntes, movimentação de sedimentos). Um entendimento do processo das mudanças nas áreas de empréstimo e preenchimento ajudaria a identificar as causas dos impactos negativos à biota e as maneiras de mitigá-los (Peterson et al., 2000).

8.1.2 Ampliar o âmbito de projetos de engordamento

O sucesso dos programas de engordamento de praias é geralmente avaliado quanto ao tempo de vida do aterro e ao desempenho real em comparação ao desempenho previsto. Outras medidas de desempenho devem ser definidas para que o engordamento possa servir a muitos objetivos (National Research Council, 1995). As investigações sobre os efeitos das atividades de dragagem e aterro são inerentemente interdisciplinares, de modo que os conhecimentos biológicos, geomorfológicos, sedimentológicos, de engenharia, econômicos e de regulamentação devem ser incluídos (Hobbs 2002). A contribuição dessas disciplinas deve ser plenamente integrada, e não produzida como capítulos independentes de relatórios técnicos, como normalmente ocorre.

No futuro, o grande volume de sedimentos a ser colocado nas praias representa um recurso valioso, mas o potencial global desse sedimento não será percebido sem uma abordagem de gestão multiobjetiva que adicione a melhoria do hábitat e o turismo voltado à natureza e ao patrimônio às metas tradicionais de proteção contra erosão e inundações e à formação de espaços recreacionais. A abrangência espacial das avaliações tradicionais deve ser estendida mediante síntese dos estudos de locais individuais, com generalizações sobre a viabilidade em longo prazo e a importância do engordamento de praias como uma política geral para províncias, Estados e nações.

A maioria dos estudos de caso sobre o engordamento de praias avalia projetos de praias arenosas em oceanos e mares relativamente expostos. Projetos em praias de cascalho e em praias arenosas de baixa energia são mal documentados, assim como os projetos de engordamento em pequena escala (< 10.000 m^3). As restrições de custo podem não permitir a avaliação intensiva de impactos ambientais dos pequenos projetos, assim, a sua viabilidade pode ser melhor avaliada em estudos genéricos com financiamento público.

Aumentou o interesse em engordar praias com cascalho, mas existem poucas avaliações ecológicas de projetos de aterro com cascalho, enquanto as informações técnicas sobre os aspectos geomórficos e de engenharia aplicados em praias de cascalho só surgiram recentemente na literatura (Pacini et al., 1997; Blanco et al., 2003; Cammelli et al., 2004; Horn e Walton, 2007). A experiência aumentou no Reino Unido, mas pouco progresso foi feito em outros lugares. Grande parte do cascalho usado no mar Mediterrâneo e em Puget Sound vem de fontes de altitude (Pacini et al., 1997; Shipman, 2001), sendo necessários estudos para avaliar a importância dos sedimentos, que são mais angulares e bem distribuídos do que sedimentos de praias e ambientes costeiros. Apesar do crescente conhecimento das características de hábitat e morfodinâmica das praias de cascalho e do interesse por praias mistas de areia e cascalho, faltam avaliações das implicações envolvidas na troca de areia por cascalho (Nordstrom et al., 2008).

É difícil avaliar os efeitos do engordamento de praias nos processos de nidificação e sucesso de eclosão de muitas espécies que utilizam a praia, porque as características físicas do hábitat de praia ideal ainda são pouco conhecidas (Dickerson et al., 2007, Jackson et al., 2007). A importância de algumas características dos sedimentos de aterros para a nidificação, viabilidade de ovos e sucesso de eclosão para tartarugas já foi documentada (Crain et al., 1995; Steinitz et al., 1998; Rumbold et al., 2001). Um semelhante esforço será necessário para outras espécies-alvo e para aquelas que não sejam espécies-alvo, mas que utilizarão a mesma praia, de modo que as praias possam ser engordadas como hábitats para múltiplas finalidades.

Os estudos de áreas de empréstimo e aterro para minimizar as perdas dos recursos existentes são mais extensos do que os estudos sobre as maneiras de maximizar os benefícios e os usos dos novos recursos. O principal critério para avaliar os efeitos ecológicos é muitas vezes o grau em que os ambientes alterados se assemelham às condições preexistentes (Nordstrom, 2005). Alguns subprodutos positivos do engordamento de praias não foram previstos, como a recolonização da nova praia por espécies que não são alvos específicos do engordamento. As avaliações da importância dos recursos não previstos exigem um estudo das características das praias, vários anos após a operação do aterro, com a atitude de que as diferenças inesperadas entre a praia anterior ou prevista e a nova praia em evolução não são necessariamente ruins, lançando mão da gestão adaptativa para maximizar o valor do novo recurso (Nordstrom, 2005).

8.1.3 Superar restrições de custo

Alterar projetos tradicionais de engordamento para melhorar as condições de biota ou para usar um modelo mais natural de construção de praias pode aumentar o seu custo, assim como programas melhorados para o monitoramento de longo prazo e gestão adaptativa. O custo adicional deve ser incluído nas estimativas iniciais e reservado como garantia de viabilidade do projeto (Shipman, 2001; Peterson e Lipcius, 2003). A sociedade pode estar disposta a arcar com os custos das melhorias ambientais se o acesso aos ambientes for permitido e se houver informações suficientes sobre as razões do aumento dos custos (van der Meulen et al., 2004). A união dos esforços de recuperação com as operações de engordamento de praia com financiamento público em áreas urbanizadas torna o custo do engordamento mais aceitável para os contribuintes que não possuem propriedades de frente para o mar ou não têm interesses comerciais na costa.

Existem poucos estudos sobre a eficácia dos esforços de acompanhamento para garantir que novos perfis e hábitats criados pelas operações de engordamento continuem a ter valor ambiental e que hábitats danificados sejam compensados. Por exemplo, o revolvimento da superfície de uma praia engordada pode ajudar a superar os efeitos negativos da compactação de areia (Crain et al., 1995), mas a praticidade do revolvimento ainda não foi documentada. A mitigação pode ser necessária para compensar os impactos adversos persistentes ou em longo prazo. A perda de hábitat em uma área nunca pode ser exatamente reposta em outra área, portanto a recuperação como medida de mitigação raramente acontece com base nas espécies. A perda da biota em uma área de empréstimo para criar uma praia recreacional pode ser ao menos parcialmente atenuada ao permitir que partes do novo aterro evoluam para um hábitat natural em vez de gerenciar toda a área de aterro como uma plataforma de recreação. A evolução natural de uma praia engordada não é garantida, dada a preferência humana pela manutenção de ambientes de pós-praia como paisagens artificialmente construídas. Um possível problema da mitigação é que ela pode ser executada como um projeto de construção único, sem especificar os critérios de desempenho futuro ou monitoramento e manutenção posteriores. Os critérios de mitigação são necessários para identificar as implicações justificáveis e o monitoramento, manutenção e gestão adaptativa posteriores, para garantir o sucesso desses novos hábitats.

8.2 Construção de dunas

Geralmente, é importante encontrar maneiras de aumentar a taxa de crescimento das dunas de areia e a diversidade de hábitat sobre elas em áreas de ocupação humana, porque o tempo e o espaço não permitem a evolução em longo prazo. Devem ser encontradas formas de aumentar a aparência e função naturais desses perfis de terrenos, pois sua evolução é acelerada. As diretrizes para utilização de cercas de contenção de areia parecem adequadas para identificar alturas, larguras e volumes de dunas, mas configurações de cercas alternativas podem resultar em uma variedade considerável na topografia e vegetação de dunas frontais, variando de baixadas úmidas e cordões intermediários a dunas contínuas mais altas. Faltam diretrizes para a criação de tipos alternativos de dunas e para a gestão de dunas após sua criação. Remodelar diques construídos por depósito de sedimentos para assemelhar-se a dunas naturais ou a colocação de cercas de contenção de areia em uma configuração não linear pode contribuir para a variabilidade de micro-hábitats, uma maior diversidade de espécies e resiliência no futuro. São necessários estudos sobre as maneiras de construir dunas com topografia e cobertura da superfície variáveis, sem sacrificar as funções de proteção costeira.

Raramente as diretrizes para a utilização de cercas de contenção de areia fornecem informações sobre quando parar de usá-las em um campo de dunas existentes. A colocação de várias fileiras de cercas de contenção de areia no lado em direção ao mar de uma duna existente pode torná-la mais larga e manter os visitantes fora de áreas sensíveis, mas essa prática pode ser contraproducente para a criação de hábitats viáveis nas dunas. Cercas simbólicas podem ser uma opção melhor para controlar os visitantes e permitir a interação da fauna. Também devem ser avaliadas as cercas parcialmente enterradas, que permanecem em dunas estabilizadas, para determinar se elas devem ser removidas ou se a construção de cercas biodegradáveis ou cercas com corredores embutidos (Fig. 3.2) seriam melhores opções.

As diretrizes atuais para o plantio de vegetação costeira são muito limitadas ao uso de construtores primários de dunas frontais, como a *Ammophila* spp. As grandes dunas frontais de proteção que podem ser construídas e mantidas por esforços humanos permitem que espécies adaptadas a locais bem além da praia sobrevivam perto da água e tornem-se elementos paisagísticos viáveis. As espécies características de dunas posteriores e estágios mais avançados de evolução das dunas devem ser avaliadas quanto à sua adaptação, mais próximas da praia, e sua disponibilidade comercial em viveiros locais.

A necessidade de eliminar as espécies exóticas está em curso e os órgãos públicos estão envolvidos na sua remoção, mas existem poucos incentivos ou orientações para conscientizar os proprietários sobre os problemas do uso de espécies exóticas ou de sua remoção em propriedades particulares em frente ao mar.

Muito ainda pode ser aprendido sobre a ecologia de fungos micorrízicos arbusculares em ecossistemas de dunas, métodos para a produção de inóculos e identificação de espécies mais eficazes para condições específicas (Koske et al., 2004). O perecimento da *Ammophila* spp. é um problema (van der Putten e Peters, 1995), assim como a adequação da vegetação plantada ao dinamismo do nicho onde ela é colocada (Fig. 3.3).

8.3 ACOMODAÇÃO OU CONTROLE DO DINAMISMO

As tentativas de criar uma estrutura de comunidade madura em ambientes recuperados e de estabilizar áreas sem cobertura nem sempre são necessárias se as praias e campos de dunas forem amplos o suficiente para acomodar o dinamismo ou se houver tempo suficiente à evolução dos perfis dos terrenos. Muitas vezes, não há necessidade de instalar cercas de contenção de areia em alguns parques não urbanizados e áreas de conservação onde elas são utilizadas. É necessária uma avaliação mais cuidadosa sobre como e quando instalar cercas de contenção de areia e plantar a vegetação, tanto na construção de dunas frontais iniciais como no reparo das áreas sem cobertura e brechas em dunas existentes.

A proximidade de locais de recuperação aos hábitats ocupados por espécies-alvo pode garantir que a colonização natural dessas espécies ocorra em locais recuperados sem intervenção humana. Locais que forneçam bancos de sementes devem ser identificados por seu valor de conservação, e a meta de manter esses bancos deve ser incluída nos critérios para novos locais de recuperação.

É preciso identificar quanto dinamismo é necessário para manter as características naturais e quanto dinamismo pode ser tolerado pelas partes interessadas a fim de permitir a manutenção de usos antrópicos e a sobrevivência dos hábitats. Também é preciso fornecer evidências para identificar se as instabilidades dos perfis e hábitats representam perdas temporárias ou perdas permanentes, para que os gestores se sintam seguros em permitir que áreas sem cobertura se formem e porções de dunas tornem-se móveis.

É possível encontrar maneiras de modificar estruturas de proteção costeira, removê-las, permitir que se deteriorarem ou deslocá-las para permitir que perfis e hábitats sejam mais dinâmicos, seguindo o precedente das ações previstas para algumas localidades (Aminti et al., 2003; Nordstrom et al., 2007c). Os projetos que usam técnicas de recuperação onde os métodos estáticos de controle de erosão eram a escolha original das partes interessadas (Zelo et al., 2000) revelam o potencial para converter a solução padrão de blindagem em projetos de recuperação.

Estruturas ou máquinas de terraplanagem podem ser usadas para alcançar um estado-alvo em menos tempo do que seria necessário por processos naturais, mas baixos níveis de interferência humana podem ser suficientes. Um exemplo é a raspagem para facilitar a ação das ondas em vez de chegar a uma forma final de perfil. A melhor solução para a renovação das paisagens pode ser não fazer nada e deixar que as estruturas de proteção costeira deteriorem-se e superfícies sem cobertura vegetal se ampliem. É preciso mais provas das vantagens da alternativa de não ação para superar a necessidade dos gestores locais de tomar medidas para estabilizar as superfícies que começam a tornar-se móveis.

São necessários estudos sobre limpeza de praias com rastelo e avaliações das diferenças entre os efeitos do lixo natural e o lixo gerado pelo homem, para determinar as alternativas à remoção de todos os detritos por meios mecânicos e a limpeza com rastelo de apenas partes da praia. As avaliações dos efeitos da limpeza com rastelo sobre o transporte eólico e a criação de ambientes exóticos onde o material retirado é despejado contribuiriam para discussões sobre a indicação desse tipo de limpeza.

Iniciativas recentes para proteger determinadas espécies por meio do controle da exploração humana ativa revelam um grande potencial para o restabelecimento de processos naturais em praias. A avaliação de como esses programas podem ser estendidos para serem aplicados a espécies não ameaçadas aumentará significativamente a proporção da costa que pode evoluir naturalmente. Na Holanda, os projetos de renovação para paisagens (van Boxel et al., 1997; Arens et al., 2004; Kooijman, 2004) documentam apenas algumas das muitas ações humanas que podem ser tomadas para converter paisagens excessivamente estabilizadas em paisagens mais dinâmicas a fim de acomodar as espécies-alvo. Deve-se dar atenção às etapas seguintes, quando a paisagem evolui para uma condição desfavorável para as espécies ameaçadas que ocupam um nicho dependente de tempo e espaço. Os princípios para a gestão de praias que permanecem em estados dinâmicos são menos desenvolvidos do que os princípios para estabilizá-las. Manter paisagens costeiras urbanizadas em um estado de dinamismo controlado (por exemplo, fornecendo similares para formações criadas pelo extravasamento de água do mar para batuíras) e assegurar que a infraestrutura antrópica mantenha uma proteção suficiente é um dos maiores desafios para os cientistas e engenheiros costeiros.

8.4 Opções em ambientes espacialmente restritos

São necessárias mais investigações de campo para determinar como as ações humanas podem superar as restrições temporais e espaciais e manter hábitats fora dos limites de seus nichos naturais. Enclaves não urbanizados de dunas que permanecem como remanescentes isolados em áreas intensamente urbanizadas podem proporcionar um hábitat adequado ou podem ser ocupadas por espécies de sequeiro ou predadores de espécies costeiras valorizadas. Alguns perfis nesses enclaves são depositados por máquinas de terraplanagem ou aumentados com mulche e solo vegetal superficial. Faltam dados sobre as características e o valor dos recursos desse tipo em dunas remanescentes.

É preciso ter mais informação sobre o tamanho e a extensão das zonas de amortecimento (*buffer*) e de proteção e até que ponto os micro-hábitats da matriz urbanizada precisam ser ligados por corredores de circulação (Beatley, 1991). Barreiras paralelas à costa construídas pelo homem, tais como passarelas, estruturas de proteção, cercas e fileiras de vegetação exótica, interferem com as trocas de sedimentos e a biota, truncam o gradiente ambiental transversal e transformam paisagens naturais em paisagens artificiais. Para documentar as razões para a redução do impacto físico desses recursos (por enterramento ou pela utilização de alternativas a eles) e criar um gradiente mais contínuo, são necessários critérios científicos, tornando a paisagem resultante aceitável para as partes interessadas.

Muitas vezes, o ambiente de duna posterior em costas urbanizadas é substituído por instalações antrópicas. Se as espécies que ocupam esse nicho em uma costa natural forem reintroduzidas em áreas urbanizadas, é provável que elas fiquem confinadas em uma zona mais próxima da água e mais estreita do que em condições naturais, exigindo esforços para manter uma superfície relativamente estável protegida de inundações por areia, água e *spray* marinho. São necessários critérios para desenvolver diretrizes para o plantio e a manutenção de espécies-alvo e para determinar se o gradiente comprimido resultante, com sua paisagem esteticamente agradável e imagem tranquilizadora de estabilidade geomórfica, é mais valioso do que o gradiente dinâmico truncado que ocuparia esse local em uma praia natural.

8.5 Consideração das preocupações e necessidades das partes envolvidas

Um esforço considerável será necessário para fazer com que as partes interessadas aceitem perfis de terrenos e hábitats naturais como elementos apropriados em uma paisagem costeira modificada pelo homem, especialmente onde esses perfis interferem na vista para o mar ou no acesso. A criação de áreas de demonstração adequadas e o desenvolvimento de diretrizes e protocolos realistas para a recuperação são passos importantes para convencer os interessados de que o regresso a um sistema mais natural é possível e desejável. Um leque de estados-alvo pode ser necessário para atender a diferentes comprometimentos e diferentes graus de exposição à praia e processos naturais costeiros. As diretrizes para as praias engordadas serão diferentes das diretrizes às não engordadas, porque uma praia engordada proporcionará uma maior fonte de areia, mais espaço para as dunas e mais tempo para as dunas evoluírem.

As falhas no processo de transmissão de conhecimentos sobre as vantagens e limitações do engordamento de praias e outros meios de recuperar o hábitat natural devem ser identificados e abordados. O planejamento e a execução de projetos de engordamento podem ser realizados sem a participação de todos os grupos de interesse (Jones e Mangun, 2001). As entrevistas com as partes interessadas, normalmente fora das reuniões de planejamento, revelam as preocupações que não são codificadas em regulamentos governamentais e identificam as necessidades de mudanças no planejamento e nas práticas.

Uma maior utilização de sedimentos exóticos como aterro pode ser esperada no futuro à medida que as fontes adequadas tornam-se indisponíveis ou financeiramente inviáveis (Figs. 2.3 e 2.4) ou se os interessados desejarem ter sedimentos esteticamente mais agradáveis para mudar suas áreas de veraneio. Por outro lado, sedimentos mais semelhantes originalmente, mas menos atraentes, podem ser necessários para retornar a um estado mais natural. São necessárias avaliações de preferências e aceitabilidade dos sedimentos para antecipar e responder às preocupações da comunidade, assim como avaliações das paisagens costeiras (por exemplo, Morgan e Williams, 1999). Essas pesquisas podem diferir das pesquisas existentes focadas nas razões que levam as pessoas a preferir certos ambientes (Bixler e Floyd, 1997), abordando as percepções negativas que desestimulam a aceitação de formas naturais, especialmente aquelas que bloqueiam vistas ou parecem pouco atraentes, por serem muito pequenas, irregulares ou pouco vegetadas. Questões sobre preferências e aceitabilidade são especialmente críticas em debates sobre a limpeza de praias com rastelo. A organização e a limpeza das características de paisagens são vistas positivamente pelos interessados (McConnell, 1977; Cutter et al., 1979; Kaplan, 1985; Kaplan, 1987; Kaplan e Kaplan, 1989; Eiser et al., 1993), mas é preciso ter uma melhor definição de como a limpeza se aplica ao lixo da praia, principalmente se for possível estabelecer uma distinção entre o lixo gerado pelo homem e o lixo natural.

A natureza antropizada pode ser mais aceitável para as partes interessadas do que uma condição verdadeiramente natural. Uma avaliação do que se ganha ou perde quando as partes interessadas escolhem uma paisagem de aparência natural em vez de uma paisagem de funcionamento natural ajudará a determinar se uma paisagem natural falsa é uma alteração inicial aceitável e adquirir conhecimento de como a troca por espécies nativas poderia ser realizada numa fase posterior. A identificação das espécies mais carismáticas pode ajudar a estabelecer projetos iniciais.

Perfis de terrenos e hábitats que evoluem por processos naturais serão baixos, acidentados e pouco vegetados em estágios iniciais de evolução, e as dunas mais próximas do mar estarão sujeitas à erosão. O valor desses recursos como hábitat, fontes de sementes e exemplos dos ciclos de crescimento e destruição que ocorrem nas costas naturais deve ser destacado e explicado aos interessados locais para tornar os perfis dinâmicos mais aceitáveis e aumentar a probabilidade de que os proprietários escolham opções mais naturais de paisagismo em seus próprios terrenos. Os cientistas, por sua vez, devem determinar como o conceito de "natural" deve ser redefinido, como estruturas de pesquisas devem ser ajustados para escalas temporais e espaciais de unidades de gestão tão pequenas como propriedades de frente para o mar e como as metas de recuperação podem ser atingidas.

8.6 Manutenção e avaliação de ambientes recuperados

A falta de diretrizes para a construção ou o acompanhamento de pequenos projetos de recuperação ou de recursos financeiros para a gestão adaptativa exige o desenvolvimento de protocolos rigorosos, porém acessíveis e possíveis de serem observados. Esses protocolos devem refletir perspectivas multidisciplinares e representar os diversos interesses das partes locais envolvidas. Uma questão crítica é quanta intervenção humana será tolerada para atingir as metas de recuperação. Os níveis adequados de interferência humana serão determinados de acordo com o local específico e refletirão tanto as limitações físicas como os desejos das partes concorrentes, exigindo muitas concessões dos grupos de interesse.

As ciências sociais e naturais têm igual importância na gestão costeira (Schwarzer et al., 2001). A necessidade de colaboração entre cientistas de diferentes áreas é evidente, mas muitos desafios são associados à integração de disciplinas (Burbridge e Humphrey, 1999). Incorporar construções e elementos da paisagem física aos espaços verdes, assim como patrimônio cultural aos programas de gerenciamento costeiro (Ferreira et al., 2006; Gore, 2007), pode aumentar o valor dos locais recuperados, mas ainda não está claro como as características artificiais devem interagir com as características naturais físicas ou biológicas. A imagem atraente da praia de mármore em Marina di Pisa (Fig. 2.3) e a importância do mármore para a economia e o patrimônio cultural da região fazem da praia um símbolo evocativo com grande valor socioeconômico (Nordstrom et al., 2008), mas a praia pode ser indesejável do ponto de vista da recuperação ambiental. Investigações sobre esses híbridos de natural com antrópico, que são um óbvio distanciamento de situações naturais, oferecerão uma perspectiva sobre os muitos híbridos que são mais sutis e prontamente aceitos.

Alguns efeitos desejáveis ocorrem involuntariamente, como o desenvolvimento de baixadas úmidas, ricas em espécies, ao largo de diques de areia artificiais em grandes areais da costa holandesa (Grootjans et al., 2004) ou as raras baixadas úmidas (Fig. 4.1) que se desenvolvem em direção à terra de novas dunas que formam plataformas de inundação (Nordstrom et al., 2002). Efeitos imprevistos revelam oportunidades e problemas que podem ser utilizados em futuros projetos concebidos para recuperar hábitats críticos.

Locais recuperados a estados-alvo com condições relativamente estáveis serão retrabalhados por ondas e ventos e podem tornar-se mais dinâmicos do que previsto nos planos de recuperação. O dinamismo e a mudança da paisagem podem proporcionar benefícios adicionais que devem ser avaliados sob um novo olhar científico. Em alguns casos, podem ser necessários especialistas de áreas diferentes daquelas dos engenheiros do projeto para determinar os benefícios alternativos que os novos recursos dinâmicos oferecem.

8.7 Conclusão

As sugestões apresentadas neste livro aplicam-se aos locais que foram urbanizados até um ponto em que o regresso às condições verdadeiramente naturais é improvável. A falta de ênfase em paisagens naturais não urbanizadas não deve desviar a atenção da necessidade crucial de conservar trechos relativamente grandes de espaços costeiros não urbanizados, que devem ser o estágio inicial de uma estratégia de proteção ambiental abrangente (Grumbine, 1994).

Grandes reservas costeiras são necessárias para obter os inventários dos perfis de terrenos e espécies nativas, além de determinar as dimensões, as relações espaciais e os graus de mobilidade de perfis e biota, além de identificar as variações com o passar do tempo. A variabilidade temporal é importante, porque as paisagens recuperadas e mantidas artificialmente não terão essa evidência de histórico de paisagem (Nordstrom, 2003). O regresso a condições totalmente naturais não é provável em costas urbanizadas, sendo necessário algum tipo de ação humana contínua para manter os perfis de terrenos e hábitats, mas isso não significa que mais empreendimentos ou a intensificação de usos humanos existentes devam ser encorajados.

Referências Bibliográficas

Abraham, R. (2000). Die Renaturierung des Polders Friedrichshagen – zweites Deichrückbauprojekt in Ostvorpommern. *Naturschutzarbeit in Mecklenburg-Vorpommern* **43**: 70-73.

Aceti, S. and Avendaño, C. (1999). California's coastal communities organize to increase state funding for beaches. *Shore and Beach* **67**(4): 3-6.

Adriani, M. J. and Terwindt, J. H. J. (1974). *Sand Stabilization and Dune Building*. The Hague: Rijkswaterstaat Communications 19.

Aminti, P., Cipriani, L. E., and Pranzini, E. (2003). Back to the beach: converting seawalls into gravel. In *Soft Shore Protection*, ed. Goudas, C. L. et al. Dordrecht: Kluwer Academic Publishers, 261-274.

Anders, F. J. and Leatherman, S. P. (1987). Effects of off-road vehicles on coastal foredunes at Fire Island, New York, USA. *Environmental Management* **11**: 45-52.

Anderson, P. and Romeril, M. G. (1992). Mowing experiments to restore species-rich sward on sand dunes in Jersey, Channel Islands, GB. In *Coastal Dunes: Geomorphology, Ecology and Management for Conservation*, ed. R. W. G. Carter, T. G. F. Curtis, and M. J. Sheehy-Skeffington. Rotterdam: A. A. Balkema, 219-234.

Andrade, C., Lira, F., Pereira, M. T., Ramos, R., Guerreiro, J., and Freitas M. C. (2006). Monitoring the nourishment of Santo Amaro estuarine beach (Portugal). *Journal of Coastal Research* **SI39**: 776-782.

Anfuso, G. and Gracia, F.-J. (2005). Morphodynamic characteristics and short-term evolution of a coastal sector in SW Spain: implications for coastal erosion management. *Journal of Coastal Research* **21**: 1139-1153.

Anthony, E. J. and Cohen, O. (1995). Nourishment solutions to the problem of beach erosion in France: the case of the French Riviera. In *Directions in European Coastal Management*, ed. M. G. Healy and J. P. Doody. Cardigan: Samara Publishing, 199-212.

Arba, P, Arisci, A., De Waele, A., Di Gregorio, F., Ferrara, C., Follesa, F., Piras, G., and Pranzini, E. (2002). Environmental impact of artificial nourishment of the beaches of Cala Gonone (Central – East Sardinia). *Littoral 2002*, 465-468.

Arens, S. M., Jungerius, P. D., and van der Meulen, F. (2001). Coastal dunes. In *Habitat Conservation: Managing the Physical Environment*, ed. Warren, A. and French, J. R. London: John Wiley & Sons.

Arens, S. M., Slings, Q., and de Vries, C. N. (2004). Mobility of a remobilised parabolic dune in Kennemerland, The Netherlands. *Geomorphology* **59**: 175-188.

Arens, S. M., Geelen, L., Slings, R., and Wondergem, H. (2005). Restoration of dune mobility in the Netherlands. In Herrier, J.-L. et al. editors. *Dunes and Estuaries 2005 - International Conference on Nature Restoration Practices in European Coastal Habitats*. Koksijde, Belgium: VLIZ Special Publication.

Ariza, E., Sarda, R., Jimenez, J. A., Mora, J., and Avila, C. (2008). Beyond performance assessment measurements for beach management: application to Spanish Mediterranean beaches. *Coastal Management* **36**: 47-66.

Arler, F. (2000). Aspects of landscape or nature quality. *Landscape Ecology* **15**: 291-302.

Armstrong, J. W., Staude, C. P, Thom, R. M., and Chew, K. K. (1976). Habitats and relative abundances of intertidal macrofauna at five Puget Sound beaches in the Seattle area. *Syesis* **9**: 277-290.

Aronson, J., Floret, C., Le Floc'h, E., Ovalle, C., and Pontanier, R. (1993). Restoration and rehabilitation of degraded ecosystems in arid and semi-arid lands. I. A view from the south. *Restoration Ecology* **1**: 8-17.

Aronson, J., Dhillion, S., and Le Floc'h, E. (1995). On the need to select an ecosystem of reference, however imperfect: a reply to Pickett and Parker. *Restoration Ecology* **3**: 1-3.

Arthurton, R. (1998). Resource, evaluation and net benefit. In Coastal Defense and Earth Science Conservation, ed. Hooke, J. Bath: The Geological Society, 151-161.

Autorita' di Bacino Del Fiume Arno. (1994). *L'evoluzione e la dinamica del litorale prospiciente i bacini dell'Arno e del Serchio e i problemi di erosione della costa.* Autorità di Bacino dell'Arno e del Serchio, **3**: 116 p.

Avis, A. M. (1995). An evaluation of the vegetation developed after artificially stabilizing South African coastal dunes with indigenous species. *Journal of Coastal Conservation* **1**: 41-50.

Baeyens, G. and Martínez, M. L. (2004). Animal life on coastal dunes: from exploitation and prosecution to protection and monitoring. In *Coastal Dunes, Ecology and Conservation*, ed. Martínez, M. L. and Psuty, N. P. Berlin: Springer-Verlag, 279-296.

Balestri, E., Vallerini, F., and Lardicci, C. (2006). A qualitative and quantitative assessment of the reproductive litter from *Posidonia oceanica* accumulated on a sand beach following a storm. *Estuarine Coastal and Shelf Science* **66**: 30-34.

Balletto, J. H., Heimbuch, M. V., and Mahoney, H. K. (2005). Delaware Bay salt marsh restoration: mitigation for a power plant cooling water system in New Jersey, USA. *Ecological Engineering* **25**: 204-213.

Barbour, M. G. (1990). The coastal beach plant syndrome. In *Proceedings of the Symposium on Coastal Sand Dunes*, ed. R. G. D. Davidson-Arnott. Ottawa: National Research Council Canada, 197-214.

Barragán Muñoz, J. M. (2003). Coastal zone management in Spain (1975-2000). *Journal of Coastal Research* **19**: 314-325.

Barrett, C. B. and Grizzle, R. (1999). A holistic approach to sustainability based on pluralism stewardship. *Environmental Ethics* **21**: 23-42.

Barton, M. E. (1998). Geotechnical problems with the maintenance of geological exposures in clay cliffs subject to reduced erosion rates. In *Coastal Defense and Earth Science Conservation*. ed. J. Hooke. Bath: The Geological Society, 32-45.

Baye, P. (1990). Ecological history of an artificial foredune ridge on a northeastern barrier spit. In *Proceedings of the Symposium on Coastal Sand Dunes*, ed. R. G. D. Davidson-Arnott. Ottawa: National Research Council Canada, 389-403.

Beachler, K. E. and Mann, D. W. (1996). Long range positive effects of the Delray beach nourishment program. In *Coastal Engineering 1996*: *Proceedings of the Twenty-fifth International Conference.* American Society of Civil Engineers, New York, 4613-4620.

Beatley, T. (1991). Protecting biodiversity in coastal environments: introduction and overview. *Coastal Management* **19**: 1-19.

Belcher, C. R. (1977). Effect of sand cover on the survival and vigor of *Rosa rugosa* Thunb. *International Journal of Biometeorology* **21**: 276-280.

Bell, M. C. and Fish, J. D. (1996). Fecundity and seasonal changes in reproductive output of females of the gravel beach amphipod *Pectenogammarus planicrurus*. *Journal of the Marine Biological Association of the United Kingdom* **76**: 37-55.

Benavente, J., Anfuso, G., Del Rio, L., Gracia, F. J., and Reyes, J. L. (2006). Evolutive trends of nourished beaches in SW Spain. *Journal of Coastal Research* **SI39**: 765-769.

Bennett, A. F. (1991). Roads, roadsides and wildlife conservation: a review. In *Nature Conservation 2*: *The Role of Corridors*, ed. D. A. Saunders and R. J. Hobbs. Chipping Norton, NSW, Australia: Surrey Beatty and Sons, 71-84.

Berlanga-Robles, C. A. and Ruiz-Luna, A. (2002). Land use mapping and change detection in the coastal zone of northwest Mexico using remote sensing techniques. *Journal of Coastal Research* **18**: 514-522.

Bertness, M. D. and Callaway, R. (1994). Positive interactions in communities. *Trends in Ecology and Evolution* **9**: 191-193.

Best, P. N. (2003). Shoreline management areas: a tool for shoreline ecosystem management. *Puget Sound Notes* **47**: 8-11.

Bilhorn, T. W., Woodard, D. W., Otteni, L. C., Dahl, B. E., and Baker, R. L. (1971). *The use of grasses for dune stabilization along the Gulf Coast with initial emphasis on the Texas coast*. Report GURC-114, Galveston, TX: Gulf Universities Research Consortium.

Bilodeau, A. L. and Bourgeois, R. R (2004). Impact of beach restoration on the deep-burrowing ghost shrimp *Callichirus islagrande. Journal of Coastal Research* **20**: 931-936.

Bishop, M. J., Peterson, C. H., Summerson, H. C., Lenihan, H. S., and Grabowski, J. H. (2006). Deposition and long-shore transport of dredge spoils to nourish beaches: impacts on benthic infauna of an ebb-tidal delta. *Journal of Coastal Research* **22**: 530-546.

Bixler, R. D. and Floyd, M. F. (1997). Nature is scary, disgusting and uncomfortable. *Environment and Behavior* **29**: 443-467.

Blackstock, T. (1985). Nature conservation within a conifer plantation on a coastal dune system, Newborough Warren, Anglesey. In *Sand Dunes and their Management*, ed. P. Doody. Peterborough: Nature Conservancy Council, 145-149.

Blanco, B., Whitehouse, R., Holmes, P., and Clarke, S. (2003). Mixed beaches (sand/gravel): process understanding and implications for management. In *Proceedings of the 38th DEFRA Flood and Coastal Management Conference*. Department for Environment, Food and Rural Affairs, London, 3.1-3.12.

Blott, S. J. and Pye, K. (2004). Morphological and sedimentological changes on an artificially nourished beach, Lincolnshire, UK. *Journal of Coastal Research* **20**: 214-233.

Bonte, D., Maelfait, J.-P., and Hoffmann, M. (2000). The impact of grazing on spider communities in a mesophytic calcareous dune grassland. *Journal of Coastal Conservation* **6**: 135-144.

Boorman, L. A. (1989). The grazing of British sand dune vegetation. *Proceedings of the Royal Society of. Edinburgh* **96B**: 75-88.

Bourman, R. P. (1990). Artificial beach progradation by quarry waste disposal at Rapid Bay, South Austral ia. *Journal of Coastal Research* **SI6**: 69-76.

Bower. B. T. and Turner, R. K. (1998). Characterising and analysing benefits from integrated coastal management (ICM). *Ocean and Coastal Management* **38**: 41-66.

Bowman, D., Manor-Samsonov, N., and Golik, A. (1998). Dynamics of litter pollution on Israeli Mediterranean beaches: a budgetary, litter flux approach. *Journal of Coastal Research* **14**: 418-432.

Brampton, A. H. (1998). Cliff conservation and protection: methods and practices to resolve conflicts. In *Coastal Defense and Earth Science Conservation*, ed. Hooke, J. Bath: The Geological Society, 21-31.

Bray, M. and Hooke, J. (1998). Spatial perspectives in coastal defence and conservation strategies. In *Coastal Defence and Earth Science Conservation*, ed. J. Hooke. Bath: The Geological Society Publishing House, 115-132.

Breton, F. and Esteban, (1995). The management and recuperation of beaches in Catalonia. In *Directions in European Coastal Management*, ed. Healy, M. G. and Doody, J. P. Samara Publishing Ltd., Cardigan, UK, 511-517.

Breton, F., Clapés, J., Marqués, A., and Priestly, G. K. (1996). The recreational use of beaches and consequences for the development of new trends in management: the case of the beaches in the Metropolitan Region of Barcelona. *Ocean and Coastal Management* **32**: 153-180.

Breton, F., Esteban, P., and Miralles, E. (2000). Rehabilitation of metropolitan beaches by local administrations in Catalonia: new trends in sustainable coastal management. *Journal of Coastal Conservation* **6**: 97-106.

Brewer, J. S., Levine, J. M., and Bertness, M. D. (1998). Interactive effects of elevation and burial with wrack on plant community structure in some Rhode Island salt marshes. *Journal of Ecology* **86**: 125-136.

Broome, S. W., Seneca, E. D., Woodhouse, W. W., and Griffin, C. (1982). *Building and Stabilizing Coastal Dunes with Vegetation.* UNC-SG-82-05. Raleigh NC: North Carolina University Sea Grant.

Brown, A. C. (1996). Behavioural plasticity as a key factor in the survival and evolution of the macrofauna on exposed sandy beaches. *Revista Chilena de Historia Natural* **69**: 469-474.

Brown, A. C. and McLachlan, A. (2002). Sandy shore ecosystems and the threats facing them: some predictions for the year 2025. *Environmental Conservation* **29**: 62-77.

Brown, A. C., Nordstrom, K. F., McLachlan, A., Jackson, N. L., and Sherman, D. J. (2008). The future of sandy shores. In *The Waters, Our Future. Prospects for the Integrity of Aquatic Ecosystems*, ed. N. Polunin. Cambridge: Cambridge University Press.

Buchanan, J. K. (1995). Managing heritage coasts. In *Coastal Management and Habitat Conservation*, ed. Salman, A. H. P. M., Berends, H., and Bonazountas, M. Leiden: EUCC, 153-159.

Burbridge, P. and Humphrey, S. (1999). On the integration of science and management in coastal management research. *Journal of Coastal Conservation* **5**: 103-104.

Burger, J., Howe, M. A., Hahn, D. C., and Chase, J. (1977). Effects of tide cycles on habitat selection and habitat partitioning by migrating shorebirds. *Auk* **4**: 743-758.

Burke, S. M. and Mitchell, N. (2007). People as ecological participants in ecological restoration. *Restoration Ecology* **15**: 348-350.

Caetano, C. H. S., Cardoso, R. S., Veloso, V. G., and Silva, E. S. (2006). Population biology and secondary production of *Excirolana braziliensis* (Isopoda: cirolanidae) in two sandy beaches of southeastern Brazil. *Journal of Coastal Research* **22**: 825-835.

Callaway, R. M. (1995). Positive interactions among plants. *Botanical Review* **61**: 306-349.

Cammelli, C., Jackson, N. L., Nordstrom, K. F., and Pranzini, E. (2006). Assessment of a gravel-nourishment project fronting a seawall at Marina di Pisa, Italy. *Journal of Coastal Research* **SI39**: 770-775.

Campbell, T. and Benedet, L. (2007). A dedicated issue on the "storm protective value of coastal restoration." *Shore and Beach* **75**(1): 2-3.

Capobianco, M., Hanson, H., Larson, M., Steetzel, H., Stive, M. J. F., Chatelus, Y., Aarninkhof, S., and Karambas, T. (2002). Nourishment design and evaluation: applicability of model concepts. *Coastal Engineering* **47**: 113-135.

Caputo, C., Chiocci, F. L., Ferrante, A., La Monica, G. B., Landini, B., and Pugliese, F. (1993). La ricostituzione dei litorali in erosione mediante ripascimento artificiale e il problema del reperimento degli inerti. In *La difesa dei litorali in Italia*. Roma: Edizioni delle Autonomie, 121-151.

Carter, R. W. G. and Orford, J. D. (1984). Coarse clastic barrier beaches: a discussion of the distinctive dynamic and morphosedimentary characteristics. *Marine Geology* **60**: 377-389.

Castillo, S. A. and Moreno-Casasola, P. (1996). Coastal sand dune vegetation: an extreme case of species invasion. *Journal of Coastal Conservation* **2**: 13-22.

Castley, J. G., Bruton, J.-S., Kerley, G. I. H., and McLachlan, A. (2001). The importance of seed dispersal in the Alexandria coastal dune field, South Africa. *Journal of Coastal Conservation* **7**: 57-70.

Chandramohan, P. Kumar, S. J., Kumar, V. S., and Ilangovan, D. (1998). Fine particle deposition at Vainguinim tourist beach, Goa, India. *Journal of Coastal Research* **14**: 1074-1081.

Chapman, D. M. (1989). *Coastal Dunes of New South Wales: Status and Management.* Sydney: University of Sydney Coastal Studies Unit Technical Report 89/3.

Cheney, D., Oestman, R., Volkhardt, G., and Getz, J. (1994). Creation of rocky intertidal and shallow subtidal habitats to mitigate for the construction of a large marina in Puget Sound, Washington. *Bulletin of Marine Science* **55**: 772-782.

Choi, Y. D. (2007). Restoration ecology to the future: a call for new paradigm. *Restoration Ecology* **15**: 351-353.

Choi, Y. D. and Pavlovic, N. B. (1998). Experimental restoration of native vegetation in Indiana Dunes National Lakeshore. *Restoration Ecology* 6: 118-129.

Christensen, S. N. and Johnsen, I. (2001). The lichen-rich coastal heath vegetation on the isle of Anholt, Denmark – conservation and management. *Journal of Coastal Conservation* **7**: 13-22.

Cialone, M. A. and Stäuble, D. K. (1998). Historical findings on ebb shoal mining. *Journal of Coastal Research* **14**: 537-563.

Cipriani, L. E., Dreoni, A. M., and Pranzini, E. (1992). Nearshore morphological and sedimentological evolution induced by beach restoration: a case study. *Bolletino di Oceanologia Teorica ed Applicata* **10**: 279-295.

Clausner, J. E., Gebert, J. A., Rambo, A. T., and Watson, K. D. (1991). Sand bypassing at Indian River Inlet, Delaware. *Coastal Sediments 91*. New York: American Society of Civil Engineers, 1177-1191.

Clewell, A. and Reger, J. P. (1997). What practitioners need from restoration ecologists. *Restoration Ecology* **5**: 350-354.

Coastal Engineering Research Center (CERC) (1984). *Shore Protection Manual*, Ft. Belvoir, VA: US Army Corps of Engineers.

Colantoni, P., Menucci, D., and Nesci, O. (2004). Coastal processes and cliff recession between Gabicce and Pesaro (northern Adriatic Sea): a case history. *Geomorphology* **62**: 257-268.

Colombini, I. and Chelazzi, L. (2003). Influence of marine allochthonous input on sandy beach communities. *Oceanography and Marine Biology: an Animal Review* **41**: 115-159.

Colombini I., Aloia, A., Fallaci, M., Pezzoli, G., and Chelazzi, L. (2000). Temporal and spatial use of stranded wrack by the macrofauna of a tropical sandy beach. *Marine Biology* **136**: 531-541.

Coltorti, M. (1997). Human impact in the Holocene fluvial and coastal evolution of the Marche region, Central Italy. *Catena* **30**: 311-335.

Conaway, C. A. and Wells, J. T. (2005). Aeolian dynamics along scraped shorelines, Bogue Banks, North Carolina. *Journal of Coastal Research* **21**: 242-254.

Connors, P. G., Myers, J. P., Connors, C. S. W., and Pitelka, F. A. (1981). Interhabitat movements by sanderlings in relation to foraging profitability and the tidal cycle. *Auk* **98**: 49-64.

Conway, T. M. and Nordstrom, K. F. (2003). Characteristics of topography and vegetation at boundaries between the beach and dune on residential shorefront lots in two municipalities in New Jersey, USA. *Ocean and Coastal Management* **46**: 635-648.

Cooper, W. S. (1958). The coastal sand dunes of Oregon and Washington. *Geological Society of America Memoir 72*.

Cooper, N. J. and Pethick, J. S. (2005). Sediment budget approach to addressing coastal erosion problems in St. Ouen's Bay, Jersey, Channel Islands. *Journal of Coastal Research* **21**: 112-122.

Cooper, J. A. G. and Pilkey, O. H. (2004). Alternatives to mathematical modeling of beaches. *Journal of Coastal Research* **20**: 641-644.

Cordshagen, H. (1964). *Der Küstenschutz in Mecklenburg.* Schwerin: Petermänken-Verlag.

Correll, D. L. (1991). Human impact on the functioning of landscape boundaries. In *Ecotones: The Role of Landscape Boundaries in the Management and Restoration of Changing Environments*, ed. M. M. Holland, R. J. Naiman, and P. G. Risser. New York, Chapman and Hall, 90-109.

Cowell, P. J., Thom, B. G., Jones, R. A., Everts, C. H., and Simanovic, D. (2006). Management of uncertainty in predicting climate-change impacts on beaches. *Journal of Coastal Research* **22**: 232-245.

Council of Europe (1999). *European Code of Conduct for Coastal Zones*, CO-DBP (99) 11, Strasbourg.

Cox, D. (1997). On the value of natural relations. *Environmental Ethics* **19**: 173-183.

Crain, A. D., Bolten, A. B., and Bjorndal, K. A. (1995). Effects of beach nourishment on sea turtles: review and research initiatives. *Restoration Ecology* **3**: 95-104.

Cranz, G. and Boland, M. (2004). Defining the sustainable park: a fifth model for urban parks. *Landscape Journal* **23**: 102-120.

Cruz, H. da. (1996). Tourism and Environment in the Mediterranean. In *Coastal Management and Habitat Conservation* Vol. II, ed. A. H. P. M. Salman, M. J. Langeveld, and M. Bonazountas. Leiden: European Union for Coastal Conservation, 113-116.

Cunniff, S. E. (1985). Impacts of severe storms on beach vegetation. *Coastal Zone 85*. New York: American Society of Civil Engineers, 1022-1037.

Cunningham, D. J. and Wilson, S. P. (2003). Marine debris on beaches of the greater Sydney region. *Journal of Coastal Research* **19**: 421-430.

Cutter, S., Nordstrom, K. F., and Kucma, G. (1979). Social and environmental factors influencing beach site selection. *Resource Allocation Issues in the Coastal Environment*. Arlington, VA: The Coastal Society.

Cutter, G. R., Diaz, R. J., Musick, J. A., Olney Sr., J.. Bilkovic, D. M., Maa, J. P.-Y. Kim, S.-C., Hardaway Jr., C. S., Milligan, D. A., Brindley, R., and Hobbs III, C. H. (2000). *Environmental Survey of Potential Sand Resource Sites Offshore Delaware and Maryland*. US Department of the Interior, Minerals Management Service, OCS Study 2000-055.

Dahl, B. E. and Woodard, D. W. (1977). Construction of Texas coastal foredunes with sea oats (*Uniolo paniculata*) and bitter panicum (*Panicum amarum*). *International Journal of Biometeorology* **21**: 267-275.

Davenport, J. and Davenport, J. L. (2006). The impact of tourism and personal leisure transport on coastal environments: a review. *Estuarine Coastal and Shelf Science* **67**: 280-292.

Davies, P., Curr, R., Williams, A. T., Hallégouët, B., Bodéré, J. C., and Koh, A. (1995). Dune management strategies: a semi-quantitative assessment of the interrelationships between coastal dune vulnerability and protection mensures. In *Coastal Management and Habitat Conservation*, ed. A. H. P. M. Salman, H. Berends, and M. Bonazountas. Leiden: EUCC, 313-331.

Davis, J. H. (1975). *Stabilization of Beaches and Dunes by Vegetation in Florida*. Florida Sea Grant-7. Gainsville, FL: Florida Sea Grant College Program.

Davis, R. A. (1991). Performance of a beach nourishment project based on detailed multi-year monitoring: Redington Beach, FL. *Coastal Sediments 91*, New York: American Society of Civil Engineers, 2101-2115.

Davis, R. A. Jr., FitzGerald, M. V., and Terry, J. (1999). Turtle nesting on adjacent nourished beaches with different construction styles: Pinellas County, Florida. *Journal of Coastal Research* **15**: 111-120.

Dean, R. G. (1997). Models for barrier island restoration. *Journal of Coastal Research* **13**: 694-703.

Dean, R. G. (2002). *Beach Nourishment: Theory and Practice*. World Scientific Publishing Company.

Dech, J. P. and Maun, M. A. (2005). Zonation of vegetation along a burial gradient on the leeward slopes of Lake Huron. *Canadian Journal of Botany* **83**: 227-236.

Deguchi, I., Ono, M., Araki, S., and Sawaragi, T. (1998). Motions of pebbles on pebble beach. *Coastal Engineering*. Reston, VA: American Society of Civil Engineers, 2654-2667.

Demirayak, F. and Ulas, E. (1996). Mass tourism in Turkey and its impact on the Mediterranean coast. In *Coastal Management and Habitat Conservation* Vol. II, ed. A. H. P. M. Salman, M. J. Langeveld, and M. Bonazountas. Leiden: European Union for Coastal Conservation, 117-123.

Denevan, W. M. (1992). The pristine myth: the landscape of the Americas in 1492. *Annals of the Association of American Geographers* **82**: 369-385.

De Bonte, A. J., Boosten, A., van der Hagen, H. G. J. M., and Sýkora, K. V. (1999). Vegetation development influenced by grazing in the coastal dunes near The Hague, The Netherlands. *Journal of Coastal Conservation* **5**: 59-68.

Defeo, O. and McLachlan, A. (2005). Patterns, processes and regulatory mechanisms in sandy beach macrofauna: a multi-scale analysis. *Marine Ecology Progress Series* **295**: 1-20.

De Lillis, M., Costanzo, L., Bianco, P. M., and Tinelli, A. (2005). Sustainability of sand dune restoration along the coast of the Tyrrhenian Sea. *Journal of Coastal Conservation* **10**: 93-100.

De Raeve, F. (1989). Sand dune vegetation and management dynamics. In *Perspectives in Coastal Dune Management*, ed. F. van der Meulen, P. D. Jungerius, and J. H. Visser. The Hague: SPB Academic Publishing, 99-109.

De Ruig, J. H. M. (1996). Seaward coastal defence: limitations and possibilities. In *Coastal Management and Habitat Conservation*, ed. A. H. R M. Salman, M. J. Langeveld, and M. Bonazountas. Leiden: EUCC, 453-464.

De Ruyck, A. M. C., Ampe, C., and Langohr, R. (2001). Management of the Belgian coast: opinions and solutions. *Journal of Coastal Conservation* **7**: 129-144.

Dette, H.- H., Führböter, A., and Raudkivi, A. J. (1994). Interdependence of beach fill volumes and repetition intervals. *Journal of Waterway, Port, Coastal, and Ocean Engineering* **120**: 580-593.

Diaz, H. (1980). The mole crab *Emerita talpoida*; a case study of changing life history pattern. *Ecological Monographs* **50**: 437-456.

Diaz, R. J., Cutter, G. R. Jr., and Hobbs, C. H. (2004). Potential impacts of sand mining offshore of Maryland and Delaware: Part 2 - biological considerations. *Journal of Coastal Research* **20**: 61-69.

Dickerson, D. D., Smith, J., Wolters, M., Theriot, C., Reine, K. J., and Dolan, J. (2007). A review of beach nourishment impacts on marine turtles. *Shore and Beach* **75**(1): 49-56.

Doing, H. (1985). Coastal foredune zonation and succession in various parts of the world. *Vegetatio* **61**: 65-75.

Donnelly, C., Kraus, N., and Larson, M. (2006). State of knowledge on measurement and modeling of coastal overwash. *Journal of Coastal Research* **22**: 965-991.

Donohue, K. A., Bocamazo, L. M., and Dvorak, D. (2004). Experience with groin notching along the northern New Jersey coast. *Journal of Coastal Research* **SI33**: 198-214.

Doody, J. P. (1989). Management for nature conservation. *Proceedings of the Royal Society of Edinburgh* **96B**: 247-265.

Doody, J. P. (1995). Infrastructure development and other human influences on the coastline of Europe. In *Coastal Management and Habitat Conservation*, ed. A. H. P. M. Salman, H. Berends, and M. Bonazountas. Leiden: EUCC, 133-151.

Doody, J. P. (2001). *Coastal Conservation and Management: an Ecological Perspective*. Dordrecht: Kluwer Academic Publishers.

Dornbusch, U., Williams, R. B. G., Moses, C., and Robinson, D. A. (2002). Life expectancy of shingle beaches: measuring in situ abrasion. *Journal of Coastal Research* **SI36**: 249-255.

Drucker, B. S., Waskes, W. and Byrnes, M. R. (2004). The US Minerals Management Service Outer Continental Shelf Sand and Gravel Program: environmental studies to assess the potential effects of offshore dredging operations in federal waters. *Journal of Coastal Research* **20**: 1-5.

Dugan, J. E., Hubbard, D. M., McCrary, M. D., and Pierson, M. O. (2003). The response of macrofauna communities and shorebirds to macrophyte wrack subsidies on exposed sandy beaches of southern California. *Estuarine Coastal and Shelf Science* **58S**: 25-40.

Duncan, W. H. and Duncan, M. B. (1987). *Seaside Plants of the Gulf and Atlantic Coasts*. Washington, DC: Smithsonian Institution Press.

Dzhaoshvili, Sh.V. and Papashvili, I. G. (1993). Development and modern dynamics of alluvial-accumulative coasts of the eastern Black Sea. In *Coastlines of the Black Sea*, ed. R. Kos'yan. New York: American Society of Civil Engineers, 224-233.

Edge, B. L.. Dowd, M., Dean, R. G., and Johnson, R (1994). The reconstruction of Folly Beach. *Coastal Engineering: Proceedings of the Twenty-fourth Coastal Engineering Conference*. New York: American Society of Civil Engineers, 3491-3506. Ehrenfeld, J. G. (1990). Dynamics and processes of barrier island vegetation. *Aquatic Science* **2**: 437-480.

Ehrenfeld, J. G. (2000). Evaluating wetlands within an urban context. *Ecological Engineering* **15**: 253-265.

Eiser, J. R., Reicher, S. D., and Podpadec, T. J. (1993). What's the beach like? Context effects in judgments of environmental quality. *Journal of Environmental Psychology* **13**: 343-352.

Eitner, V. (1996). The effect of sedimentary texture on beach fill longevity. *Journal of Coastal Research* **12**: 447-461.

Erwin, R. M., Truitt, B. R., and Jiménez, J. E. (2001). Ground-nesting waterbirds and mammalian carnivores in the Virginia barrier island region: running out of options. *Journal of Coastal Research* **17**: 292-296.

Escofet, A. and Espejel, I. (1999). Conservation and management-oriented ecological research in the coastal zone of Baja California, Mexico. *Journal of Coastal Conservation* **21**: 43-50.

Espejel, I. (1993). Conservation and management of dry coastal vegetation. In J. L. Fermán-Almada, L. Gómez-Morin, and D. W. Fischer, *Coastal Zone Management in Mexico: the Baja California Experience*, New York: American Society of Civil Engineers, 119-136.

Espejel, J., Ahumada, B., Cruz, Y., and Heredia, A. (2004). Coastal vegetation as indicators for conservation. In *Coastal Dunes, Ecology and Conservation*, ed. M. L. Martínez and N. P. Psuty. Berlin: Springer-Verlag, 297-318.

Everts, C. H., Eldon, C. D., and Moore, J. (2002). Performance of cobble berms in southern California. *Shore and Beach*, **70**(4): 5-14.

Ewel, J. J. (1990). Restoration is the ultimate test of ecological theory. In *Restoration Ecology - a Synthetic Approach to Ecological Research*, ed. W. R. Jordan. Cambridge: Cambridge University Press, 31.

Fairweather, P. G. and Henry, R. J. (2003). To clean or not to clean? Ecologically sensitive management of wrack deposits on sandy beaches. *Ecological Management and Restoration* **4**: 227-228.

Falk, D. A. (1990). Discovering the future, creating the past: some reflections on restoration. *Restoration and Management Notes* **8**: 71.

Fanini, L., Marchetti, G. M., Scapini, F., and Defeo, O. (2007). Abundance and orientation responses of the sandhopper *Talitrus saltator* to beach nourishment and groynes building at San Rossore Regional Park, Tuscany, Italy. *Marine Biology* **152**: 1169-1179.

Feagin, R. A. (2005). Artificial dunes created to protect property on Galveston Island, Texas: the lessons learned. *Ecological Restoration* **23**: 89-94.

Feagan, R. and Ripmeester, M. (2001). Reading private green space: competing geographical identities at the level of the lawn. *Philosophy and Geography* **4**: 79-95.

Ferreira, J. C., Silva, C., Tenedório, J. A., Pontes, S., Encarnação, S., and Marques, L. (2006). Coastal greenways: interdisciplinarity and integration challenges for the management of developed coastal areas. *Journal of Coastal Research* **SI39**: 18331-1837.

Fischer, D. L. (1989). Response to coastal storm hazard: short-term recovery versus long-term planning. *Ocean and Shoreline Management* **12**: 295-308.

FitzGerald, D. M. van Heteren, S., and Montello, T. M. (1994). Shoreline processes and damage resulting from the Halloween Eve storm of 1991 along the north and south shores of Massachusetts Bay, USA. *Journal of Coastal Research* **10**: 113-132.

Forman, R. T. T. (1995). *Land Mosaics: The Ecology of Landscapes and Regions*. Cambridge: Cambridge University Press.

Foster-Smith, J., Birchenough, A. C., Evans, S. M., and Prince, J. (2007). Human impacts on Cable Beach, Broome (Western Australia). *Coastal Management* **35**: 181-194.

Freestone, A. L. and Nordstrom, K. F. (2001). Early evolution of restored dune plant microhabitats on a nourished beach at Ocean City, New. Jersey. *Journal of Coastal Conservation* **7**: 105-116.

Fuller, R. M. (1987). Vegetation establishment on shingle beaches. *Journal of Ecology* **75**: 1077-1089.

Garbutt, R. A., Reading, C. J., Wolters, M., Gray, A. J., and Rothery, P. (2006). Monitoring the development of intertidal habitats on former agricultural land after the managed realignment of coastal defenses at Tollesbury, Essex, UK. *Marine Pollution Bulletin* **53**: 155-164.

García-Mora, M. R., Gallego-Fernández, J. B., and García-Novo, F. (2000). Plant diversity as a suitable tool for coastal dune vulnerability assessment. *Journal of Coastal Research* **16**: 990-995.

García Novo, F., Díaz Barradas, M. C., Zunzunegui, M., García Mora, R., and Gallego Fernández, J. B. (2004). Plant functional types in coastal dune habitats. In *Coastal Dunes, Ecology and Conservation*, ed. M. L. Martínez and N. R Psuty. Berlin: Springer-Verlag, 155-169.

Gares, P. A. (1989). Geographers and public policy making: lessons learned from the failure of the New Jersey Dune Management Plan. *Professional Geographer* **41**: 20-29.

Gares, P. A. and Nordstrom, K. F. (1995). A cyclic model of foredune blowout evolution for a leeward coast, Island Beach, New Jersey. *Annals of the Association of American Geographers* **85**: 1-20.

Gauci, M. J., Deidun, A., and Schembri, P. J. (2005). Faunistic diversity of Maltese pocket sandy and shingle beaches: are these of conservation value? *Oceanologia* **47**: 219-241

Gemma, J. N. and Koske, R. E. (1997). Arbuscular mycorrhizae in sand dune plants of the North Atlantic coast of the U.S.: field and greenhouse studies. *Journal of Environmental Management*. **50**: 251-264.

Gerhardt, P. (1900). *Handbuch des Deutschen Dünenbaues*. Berlin: Paul Parey.

Gerlach, A. (1992). Dune cliffs: a buffered system. In *Coastal Dunes: Geomorphology, Ecology and Management for Conservation*, ed. R. W. G. Carter, T. G. F. Curtis, and M. J. Sheehy-Skeffington. Rotterdam: A. A. Balkema, 51-55.

Gibson, D. J. and Looney, P. B. (1994). Vegetation colonization of dredge spoil on Perdido Key, Florida. *Journal of Coastal Research* **10**: 133-143.

Gibson, D. J., Ely, J. S., and Looney, P. B. (1997). A Markovian approach to modeling succession on a coastal barrier island following beach nourishment. *Journal of Coastal Research* **13**: 831-841.

Godfrey, P. J. (1977). Climate, plant response, and development of dunes on barrier beaches along the U.S. east coast. *International Journal of Biometeorology* **21**: 203-215.

Godfrey, P. J. and Godfrey, M. M. (1981). Ecological effects of off-road vehicles on Cape Cod. *Oceanus* **23**: 56-67.

Goldin, M. R. and Regosin, J. V. (1998). Chick behavior, habitat use, and reproductive success of piping plovers at Goosewing Beach, Rhode Island. *Journal of Field Ornithology* **69**: 228-234.

Golfi, P. (1996). The future of tourism in the Mediterranean. In *Coastal Management and Habitat Conservation* Vol. II, ed. A. H. R M. Salman, M. J. Langeveld, and M. Bonazountas. Leiden: European Union for Coastal Conservation, 133-140.

Gómez-Pina, G., Muñoz-Pérez, J. J., Ramírez, J. L., and Ley, C. (2002). Sand dune management problems and techniques, Spain, *Journal of Coastal Research* **S136**: 325-332.

Gómez-Pina, G., Mufioz-Pérez, J. J., Fages, L., Ramírez, J. L., Enriques, J., and de Sobrino, J. (2004). A critical review of urban beach nourishment projects in Cadiz City after twelve years. *Coastal Engineering 2004: Proceedings of the 29th International Conference*. New York: American Society of Civil Engineers, 3454-3466.

Gore, S. (2007). Framework development for beach management in the British Virgin Islands. *Ocean and Coastal Management*, **50**: 732-753.

Gorzelany, J. F. and Nelson, W. G. (1987). The effects of beach nourishment on the benthos of a subtropical Florida beach. *Marine Environmental Research* **21**: 75-94.

Gosz, J. R. (1991). Fundamental ecological characteristics of landscape boundaries. In *Ecotones: The role of Landscape Boundaries in the Management and Restoration of Changing Environments*, ed. M. M. Holland, R. J. Naiman, and P. G. Risser. New York, Chapman and Hall, 8-30.

Graetz, K. E. (1973). *Seacoast Plants of the Carolinas for Conservation and Beautification*. UNC-SG-73-06. Raleigh NC: North Carolina University Sea Grant.

Granja, H. M. and Carvalho, G. S. (1996). Is the coastline "protection" of Portugal by hard engineering structures effective? *Journal of Coastal Research* **11**: 1229-1241.

Greene, K. (2002). *Beach Nourishment: a Review of the Biological and Physical Impacts*. Atlantic States Marine Fisheries Commission Habitat Management Series No. 7, Washington, DC.

Gribbin, T. (1990). Sand dune rehabilitation and management in Prince Edward Island National Park. In *Proceedings of the Symposium on Coastal Sand Dunes*, ed. R. G. D. Davidson-Arnott. Ottawa: National Research Council Canada, 433-446.

Grime, J. P. (1979). *Plant Strategies and Vegetation Processes*. John Wiley & Sons, London.

Grootjans, A. P., Adema, E. B., Bekker, R. M., and Lammerts, E. J. (2004). Why young coastal dune slacks sustain a high biodiversity. In *Coastal Dunes, Ecology and Conservation*, ed. M. L. Martínez and N. P. Psuty. Berlin: Springer-Verlag, 85-101.

Grumbine, R. E. (1994). Wildness, wise use, and sustainable development. *Environmental Ethics* **16**: 241-249.

Halle, S. (2007). Present state on future perspectives of restoration ecology - introduction. *Restoration Ecology* **15**: 304-306.

Hamer, D., Belcher, C., and Miller, C. (1992). *Restoration of Sand Dunes along the Mid-Atlantic Coast*. Somerset, NJ: US Department of Agriculture Natural Resources Conservation Service.

Hamm, L., Capobianco, M., Dette, H. H., Lechuga, A., Spanhoff, R., and Stive, M. J. F. (2002). A summary of European experience with shore nourishment. *Coastal Engineering* **47**: 237-264.

Hanson, H., Brampton, A., Capobianco, M., Dette, H. H., Hamm, L., Laustrup, C., Lechuga, A., and Spanhoff, R. (2002). Beach nourishment projects, practices, and objectives - a European overview. *Coastal Engineering* **47**: 81-111.

Harris, L. D. and Scheck, J. (1991). From implications to applications: the dispersal corridor principal applied to the conservation of biological diversity. In *Nature Conservation 2: The Role of Corridors*, ed. D. A. Saunders and R. J. Hobbs. Chipping Norton, NSW, Australia: Surrey Beatty and Sons, 189-220.

Henderson, S. P. B., Perkins, N. H., and Nelischer, M. (1998). Residential lawn alternatives: A study of their distribution, form and structure. *Landscape and Urban Planning* **42**: 135-145.

Hertling, U. M. and Lubke, R. A. (1999). Use of *Ammophila arenaria* for dune stabilization in South Africa and its current distribution - perceptions and problems. *Environmental Management* **24**: 467-482.

Heslenfeld, R, Jungerius, P. D., and Klijn, J. A. (2004). European coastal dunes: ecological values, threats, opportunities and policy development. In *Coastal Dunes, Ecology and Conservation*, ed. M. L. Martínez and N. P. Psuty. Berlin: Springer-Verlag, 335-351.

Hesp, R A. (1989). A review of biological and geomorphological processes involved in the initiation and development of incipient foredunes. *Proceedings of the Royal Society of Edinburgh* **96B**: 181-201.

Hesp. P. A. (1991). Ecological processes and plant adaptations on coastal dunes. *Journal of Arid Environments* **21**: 165-191.

Hickman, T. and Cocklin, C. (1992). Attitudes toward recreation and tourism development in the coastal zone: a New Zealand case study. *Coastal Management* **20**: 269-289.

Higgs. E. S. (1997). What is good ecological restoration? *Conservation Biology* **11**: 338-348.

Higgs, E. S. (2003). *Nature by Design: People, Natural Process, and Ecological Restoration*. Cambridge, MA: MIT Press.

Higgs, E. S. (2006). Restoration goes wild: a reply to Throop and Purdom. *Restoration Ecology* **14**: 500-503.

Hilton, M. J. (2006). The loss of New Zealand's active dunes and the spread of marram grass (*Ammophila arenaria*). *New Zealand Geographer* **62**: 105-120.

Hilton, M., Duncan, M., and Jul, A. (2005). Processes of *Ammophila arenaria* (Marram grass) invasion and indigenous species displacement, Stewart Island, New Zealand. *Journal of Coastal Research* **21**: 175-185.

Hilton, M., Harvey, N., Hart, A., James, K., and Arbuckle, C. (2006). The impact of exotic dune grass species on foredune development in Australia and New Zealand: a case study of *Ammophila arenaria* and *Thinopyrum junceiforme*. *Australian Geographer* **37**: 313-334.

Hobbs, C. H. III. (2002). An investigation of potential consequences of marine mining in shallow water: an example from the mid-Atlantic coast of the United States. *Journal of Coastal Research* **18**: 94-101.

Hobbs, R. J. and Norton, D. A. (1996). Towards a conceptual framework for restoration ecology. *Restoration Ecology* **4**: 93-110.

Holz, R., Hermann, C., and Müller-Motzfeld, G. (1996). Vom Polder zum Ausdeichungsgebiet: Das Projekt Karrendorfer Wiesen und die Zukunft der Küstenüberflutungsgebiete in Mecklenburg-Vorpommern. *Natur und Naturschutz in Mecklenburg-Vorpommern* **32**: 3-27.

Hoogeboom, K. R. (1989). Restoration and development guidelines for ocean beach recreation areas. *Coastal Zone 89*. New York: American Society of Civil Engineers, 3120-3134.

Hook, J. M. and Bray, M. J. (1995). Coastal groups, littoral cells, policies and plans in the UK. *Area* **27**: 358-368.

Horn, D. P. and Walton, S. M. (2007). Spatial and temporal variations of sediment size on a mixed sand and gravel beach. *Sedimentary Geology* **202**: 509-528.

Hose, T. A. (1998). Selling coastal geology to visitors. In *Coastal Defence and Earth Science Conservation*, ed. J. Hooke. Bath, UK: The Geological Society Publishing House.

Hotta, S., Kraus, N. C.. and Horikawa, K. (1987). Function of sand fences in controlling wind-blown sand. *Coastal Sediments 87*. New York: American Society of Civil Engineers, 772-787.

Hotta, S., Kraus, N. C., and Horikawa, K. (1991). Functioning of multi-row sand fences in forming foredunes. *Coastal Sediments 91*. New York: American Society of Civil Engineers, 261-275.

Houston, J. R. (1996). Engineering practice for beach-fill designs. Shore and Beach **64**(3): 27-35.

Huxel, G. R., and Hastings, A. (1999). Habitat loss, fragmentation, and restoration. *Restoration Ecology* **7**: 309-315.

Ibrahim, J. C., Holmes, R, and Blanco, B. (2006). Response of a gravel beach to swash zone hydrodynamics. *Journal of Coastal Research* **SI39**: 1685-1690.

Isermann, M. and Krisch, H. (1995). Dunes in contradiction with different interests. An example: the camping-ground prerow (Darss/Baltic Sea). In *Coastal Management and Habitat Conservation*, ed. A. H. P. M. Salman, H. Berends, and M. Bonazountas. Leiden: EUCC, 439-449.

Jackson, L. L., Lopukhine, N., and Hillyard, D. (1995). Ecological restoration: a definition and comments. *Restoration Ecology* **3**: 71-76.

Jackson, N. L., Nordstrom, K. F., and Smith, D. R. (2002). Geomorphic-biotic interactions on beach foreshores in estuaries. *Journal of Coastal Research* **SI36**: 414-424.

Jackson, N. L., Smith, D. R., and Nordstrom, K. F. (2005). Comparison of sediment grain size characteristics on nourished and un-nourished estuarine beaches and impacts on horseshoe crab habitat, Delaware Bay, New Jersey. *Zeitschrift für Geomorphologie* Suppl. Vol. 141: 31-45.

Jackson, N. L., Smith, D. R., Tiyarattanachi, R., and Nordstrom, K. F. (2007). Use of a small beach nourishment project to enhance habitat suitability for horseshoe crabs. *Geomorphology* **89**: 172-185.

Jannsen, M. P. J. M. and Salman, A. H. R M. (1995). A national strategy for dune conservation in The Netherlands. In *Coastal Management and Habitat Conservation*, ed. A. H. P. M. Salman, H. Berends, and M. Bonazountas. Leiden: EUCC, 153-159.

Janssen, M. P. (1995). Coastal management: restoration of natural processes in foredunes. In *Directions in European Coastal Management*, ed. M. G. Healy and J. P. Doody. Cardigan, UK: Samara Publishing Ltd, 195-198.

Jaramillo, E., Contreras, H., and Bollinger, A. (2002). Beach and faunal response to the construction of a seawall in a sandy beach of south central Chile. *Journal of Coastal Research* **18**: 523-529.

Jennings, R. and Shulmeister, J. (2002). A field based classification scheme for gravel beaches. *Marine Geology* **186**: 211-228.

Jentsch, A. (2007). The challenge to restore process in the face of nonlinear dynamics - on the crucial role of disturbance regimes. *Restoration Ecology* **15**: 334-339.

Jeschke, L. (1983). Landeskulturelle Probleme des Salzgraslandes an der Küste. *Naturschutzarbeit in Mecklenburg* **26**: 5-12.

Johnson, D. E. and Dagg. S. (2003). Achieving public participation in coastal zone environmental impact assessment. *Journal of Coastal Conservation* **9**: 13-18.

Johnson, L. and Bauer, W. (1987). Beach stabilization design. *Coastal Zone 87*. New York: American Society of Civil Engineers, 1432-1445.

Johnstone, C. A., Pastor, J., and Pinay, G. (1992). Quantitative methods for studying landscape boundaries. In *Landscape boundaries*: *Consequentes for Biotic Diversity and Ecological Flows*, ed. A. J. Hansen and F. di Castri. New York, Springer-Verlag, 107-128.

Jones, S. R. and Magnun, W. R. (2001). Beach nourishment and public policy after Hurricane Floyd: where do we go from here? *Ocean and Coastal Management* **44**: 207-220.

Judd, F. W., Lonard, R. I., Everitt, J. H., and Villarreal, R. (1989). Effects of vehicular traffic in the secondary dunes and vegetated flats of South Padre Island, Texas. *Coastal Zone 89*. New York: American Society of Civil Engineers, 4634-4645.

Jungerius, P. D., Koehler, H., Kooijman, A. M., Mücher, H. J., and Graefe, U. (1995). Response of vegetation and soil ecosystem to mowing and sod removal in the coastal dunes `Zwanenwater' The Netherlands. *Journal of Coastal Conservation* **1**: 3-16.

Kaplan, R. (1985). The analysis of perception via preference: a strategy for studying how the environment is experienced. *Landscape Planning* **12**: 161-176.

Kaplan, S. (1987). Aesthetics, affect, and cognition: environmental preference from an evolutionary perspective. *Environment and Behavior* **19**: 3-32.

Kaplan, R. and Kaplan, S. (1989). The visual environment: public participation in design and planning. *Journal of Social Issues* **45**: 59-86.

Katz, E. (1999). A pragmatic re-consideration of anthropocentrism. *Environmental Ethics* **21**: 377-390.

Keddy, P. A. (1981). Experimental demography of a dune annual: *Cakile edentula* growing along an environmental gradient in Nova Scotia. *Journal of Ecology* **69**: 615-630.

Kenny, A. J. and Rees, H. L. (1994). The effects of marine gravel extraction on the macrobenthos: early post-dredging recolonization. *Marine Pollution Bulletin* **28**: 442-447.

Kenny, A. J. and Rees, H. L. (1996). The effects of marine gravel extraction on the macrobenthos: Results 2 years post-dredging. *Marine Pollution Bulletin* **32**: 615-622.

Ketner-Oostra, R. and Sýkora, K. V. (2000). Vegetation succession and lichen diversity on dry coastal calcium-poor dunes and the impact of management experiments. *Journal of Coastal Conservation* **6**: 191-206.

Klein, R. J. T., Smit, M. J., Goosen, H., and Hulsbergen, C. H. (1998). Resilience and vulnerability - coastal dynamics or Dutch dikes? *The Geographical Journal* **164**: 259-268.

Klein, L., Osleeb, J. R, and Viola, M. R. (2004). Tourism-generated earnings in the coastal zone: a regional analysis. *Journal of Coastal Research* **20**: 1080-1088.

Knevel, I. C., Venema, H. G., and Lubke, R. A. (2002). The search for indigenous dune stabilizers: germination requirements of selected South African species. *Journal of Coastal Conservation* **8**: 169-178.

Knutson, P. L. (1978). Planting guidelines for dune creation and stabilization. *Coastal Zone 78*. New York: American Society of Civil Engineers, 762-779.

Koehler, H., Munderloh, E., and Hofmann, S. (1995). Soil microarthropods (Acari and Collembola) from beach and dune: characteristics and ecosystematic context. In *Coastal Management and Habitat Conservation*. ed. A. H. R M. Salman. H. Berends and M. Bonazountas. Leiden: EUCC, 371-383.

Komar, P. D., Allen, J. C., and Winz, R. (2003). Cobble beaches - the "design with nature" approach for shore protection. *Coastal Sediments 03*, New York: American Society of Civil Engineers, pp. 1-13.

Kooijman, A. M. (2004). Environmental problems and restoration measures in coastal dunes in The Netherlands. In *Coastal Dunes, Ecology and Conservation*, ed. M. L. Martínez and N. P. Psuty. Berlin: Springer-Verlag, 243-258.

Kooijman, A. M. and de Haan, M. W. A. (1995). Grazing as a measure against grass encroachment in Dutch dry dune grassland: effects on vegetation and soil. *Journal of Coastal Conservation* 1: 127-134.

Koske, R. E., Gemma, J. N., Corkidi, L., Sigüenza, C., and Rincón, E. (2004). Arbuscular mycorrhizas in coastal dunes. In *Coastal Dunes, Ecology and Conservation*, ed. Martínez, M. L. and Psuty, N. P. Berlin: Springer-Verlag, 173-187.

Koster, M. J. and Hillen, R. (1995). Combat erosion by law: coastal defense policy for The Netherlands. *Journal of Coastal Research* 11: 1221-1228.

Kraus, N. C. and Rankin, K. L., eds. (2004). Functioning and design of coastal groins: the interaction of groins and the beach - process and planning. *Journal of Coastal Research* SI33.

Kriesel, W., Keeler, A., and Landry, C. (2004). Financing beach improvements: comparing two approaches on the Georgia coast. *Coastal Management* 32: 433-447.

Krogh, M. G. and Schweitzer. S. H. (1999). Least terns nesting on natural and artificial habitats in Georgia, USA. *Waterbirds* 22: 290-296.

Kuriyama, Y., Mochizuki, N., and Nakashima, T. (2005). Influence of vegetation on Aeolian sand transport rate from a backshore to a foredune at Hasaki, Japan. *Sedimentology* 52: 1123-1132.

Kutiel, P., Peled, Y., and Geffen, E. (2000). The effect of removing shrub cover on annual plants and small mammals in a coastal sand dune ecosystem. *Biological Conservation* 94: 235-242.

Lamb, F. H. (1898). Sand-dune reclamation on the Pacific Coast. *The Forester* 4: 141-142.

Lammerts, E. J., Grootjans, A., Stuyfzand, P., and Sival, F. (1995). Endangered dune slack plants: gastronovers in need of mineral water. In *Coastal Management and Habitat Conservation*, ed. A. H. P. M. Salman, H. Berends, and M. Bonazountas. Leiden: EUCC, 355-369.

Larson, M. and Kraus, N. C. (2000). Representation of non-erodible (hard) bottoms in beach profile change modeling. *Journal of Coastal Research* 16: 1-14.

Latsoudis, P. K. (1996). The natural and artificial dunes of Cape Epanomi. In *Coastal Management and Habitat Conservation*, ed. A. H. P. M. Salman, M. J. Langeveld and M. Bonazountas. Leiden: EUCC, 55-57.

Lawrenz-Miller, S. (1991). Grunion spawning versus beach nourishment: nursery or burial ground. *Coastal Zone 91*. New York: American Society of Civil Engineers, 2197-2208.

Leafe, R., Pethick, J., and Townend, I. (1998). Realizing the benefits of shoreline management. *The Geographical Journal* 164: 282-290.

Lee, E. M. (1993). The political ecology of coastal planning and management in England and Wales: policy responses to the implications of sea-level-rise. *The Geographical Journal* 159: 169-178.

Lee, E. M. (1998). Problems associated with the prediction of cliff recession rates for coastal defence and conservation. In *Coastal Defence and Earth Science Conservation*, ed. J. Hooke. Bath: The Geological Society Publishing House, 46-57.

Leege, L. M. and Murphy, P. G. (2000). Growth of the non-native Pinus nigra in four habitats on the sand dunes of Lake Michigan. *Forest Ecology and Management* 126: 191-200.

Lemauviel, S. and Roze, F. (2000). Ecological study of pine forest clearings along the French Atlantic sand dunes: perspectives of restoration. *Acta Oecologica* 21: 179-192.

Lemauviel, S., Gallet, S., and Roze, F. (2003). Sustainable management of fixed dunes: example of a pilot site in Brittany, France. *Comptes Rendus Biologies* 326: S183-S191.

Light, A. and Higgs, E. S. (1996). The politics of ecological restoration. *Environmental Ethics* 18: 227-247.

Lin, P. C.-P., Hansen, I., and Sasso, R. H. (1996). Combined sand bypassing and navigation improvements at Hillsboro Inlet, Broward County, Florida: the importance of a regional approach. In *The Future of Beach Nourishment*, ed. L. S. Tait. Tallahassee, FL: Florida Shore and Beach Preservation Association, 43-59.

Lindeman, K. C. and Snyder, D. B. (1999). Nearshore harelbottom fishes of southeast Florida and effects of habitat burial caused by dredging. *Fishery Bulletin* **97**: 508-525.

Looney, P. B. and Gibson, D. J. (1993). Vegetation monitoring of beach nourishment. In *Beach Nourishment: Engineering and Management Considerations*, ed. D. K. Stauble and N. C. Kraus. New York: American Society of Civil Engineers, 226-241.

López de San Román-Blanco, B., Damgaard, J. S., Coates, T. T., and Holmes, P. (2003). Management of mixed sediment beaches. In *Soft Shore Protection*, ed. C. Goudas, G. Katsiaris, V. May, and T. Karambas. Dordrecht: Kluwer, 289-299.

Lorang, M. S. (2002). Predicting the crest height of a gravel beach. *Geomorphology* **48**: 87-101.

Lortie, C. J. and Cushman, J. H. (2007). Effects of a directional abiotic gradient on plant community dynamics and invasion in a coastal dune system. *Journal of Ecology* **95**: 468-481.

Lubke, R. A. (2004). Vegetation dynamics and succession on sand dunes of the eastern coasts of Africa. In *Coastal Dunes, Ecology and Conservation*, ed. M. L. Martínez and N. R Psuty. Berlin: Springer-Verlag, 67-84.

Lubke, R. A. and Avis, A. M. (1998). A review of the concepts and application of rehabilitation following heavy mineral dune mining. *Marine Pollution Bulletin* **37**: 546-557.

Lubke, R. A. and Hertling, U. M. (2001). The role of European marram grass in dune stabilization and succession near Cape Agulhas, South Africa. *Journal of Coastal Conservation* **7**: 171-182.

Lubke, R. A., Avis, A. M., and Hellstrom, G. B. (1995). Current status of coastal zone management in the Eastern Cape region, South Africa. In *Coastal Management and Habitat Conservation*, ed. A. H. P. M. Salman, H. Berends and M. Bonazountas. Leiden: EUCC, 239-260.

Lubke, R. A., Avis, A. M., and Moll, J. B. (1996). Post-mining rehabilitation of coastal sand dunes in Zululand, South Africa. *Landscape and Urban Planning* **34**: 335-345.

Lutz, K. (1996). Studie zum Generalplan Küstenschutz und zur Rekultivierung von Salzgrasländern. Unpublished report on behalf of the WWF Germany, Ostseeschutz project office Stralsund.

Maes, D., Ghesquiere, A., Logie, M., and Bonte, D. (2006). Habitat and mobility of two threatened coastal dune insects: implications for conservation. *Journal of Insect Conservation* **10**: 105-115.

Malvarez Garcia, G., Pollard, J., and Hughes, R. (2002). Coastal Zone Management on the Costa del Sol: a small business perspective. *Journal of Coastal Research* **SI36**: 470-482.

Marcomini, S. C. and López, R. A. (2006). Evolution of a beach nourishment project at Mar del Plata. *Journal of Coastal Research* **SI39**: 834-837.

Marqués, M. A., Psuty, N. P., and Rodriguez, R. (2001). Neglected effects of eolian dynamics on artificial beach nourishment: the case of Riells, Spain. *Journal of Coastal Research* **17**: 694-704.

Marsh, G. P. (1885). *Earth as Modified by Human Action*. New York: Charles Scribner.

Martínez, M. L. and García-Franco, J. G. (2004). Plant-plant interactions in coastal dunes. In *Coastal Dunes, Ecology and Conservation*, ed. M. L. Martínez and N. P. Psuty. Berlin: Springer-Verlag, 205-220.

Martínez, M. L. Maun, M. A., and Psuty, N. P. (2004). The fragility and conservation of the world's coastal dunes: geomorphological, ecological, and socioeconomic perspectives. In *Coastal Dunes, Ecology and Conservation*, ed. M. L. Martínez and N. P. Psuty. Berlin: Springer-Verlag, 355-369.

Mason, T. and Coates, T. T. (2001). Sediment transport processes on mixed beaches: a review for shoreline management. *Journal of Coastal Research* **17**: 645-657.

Mason, T. J. and French, K. (2007). Management regimes for a plant invader differentially impact resident communities. *Biological Conservation* **136**: 246-259.

Matias, A., Ferreira, Ó., Mendes, I., Dias, J. A., and Vila-Consejo, A. (2005). Artificial construction of dunes in the south of Portugal. *Journal of Coastal Research* **21**: 472-481.

Maun, M. A. (1998). Adaptation of plants to burial in coastal sand dunes. *Canadian Journal of Botany* **76**: 713-738.

Maun, M. A. (2004). Burial of plants as a selectiva force in sand dunes. In *Coastal Dunes, Ecology and Conservation*, ed. M. L. Martínez and N. P. Psuty. Berlin: Springer-Verlag, 119-135.

Mauriello, M. N. (1989). Dune maintenance and enhancement: a New Jersey example. *Coastal Zone 89*. New York: American Society of Civil Engineers, 1023-1037.

Mauriello, M. N. (1991). Beach nourishment and dredging: New Jersey's policies. *Shore and Beach* **59**(3): 25-28.

Mauriello, M. N. and Halsey, S. D. (1987). Dune building on a developed coast. *Coastal Zone 87*. New York: American Society of Civil Engineers, 1313-1327.

McArdle, S. B. and McLachlan, A. (1992). Sand beach ecology: swash features relevant to the macrofauna. *Journal of Coastal Research* **8**: 398-407.

McConnell, K. (1977). Congestion and willingness to pay: a study of beach use. *Land Economics* **53**: 185-95.

McLachlan, A. (1985). The biomass of macro- and interstitial fauna on clean and wrack-covered beaches in western Australia. *Estuarine Coastal and Shelf Science* **21**: 587-599.

McLachlan, A. (1990). The exchange of materials between dune and beach systems. In *Coastal Dunes: Form and Process*, ed. K. F. Nordstrom, N. P. Psuty, and R. W. G. Carter. Chichester: John Wiley and Sons, 201-215.

McLachlan, A. (1996). Physical factors in benthic ecology: effects of changing sand particle size on beach fauna. *Marine Ecology Progress Series* **131**: 205-217.

McLean, R. F. and Kirk, R. M. (1969). Relationship between grain size, size-sorting and fore-shore slope on mixed sand-shingle beaches. *New Zealand Journal of Geology and Geophysics* **12**: 138-155.

McLean, R. and Shen, J.-S. (2006). From foreshore to foredune: foredune development over the last 30 years at Moruya Beach, New South Wales, Australia. *Journal Coastal Research* **22**: 28-36.

McNinch, J. E. and Wells, J. T. (1992). Effectiveness of beach scraping as a method of erosion control. *Shore and Beach* **60**(1): 13-20.

Melvin, S. M., Griffin, C. R., and MacIvor, L. H. (1991). Recovery strategies for piping plovers in managed coastal landscapes. *Coastal Management* **19**: 21-34.

Mendelsohn, I. A., Hester, M. W., Monteferrante, F. J., and Talbot, F. (1991). Experimental dune building and vegetative stabilization in a sand-deficient barrier island setting on the Louisiana coast, USA. *Journal of Coastal Research* **7**: 137-149.

Meyer-Arendt, K. J. (1990). Recreational business districts in Gulf of Mexico seaside resorts. *Journal of Cultural Geography* **11**: 39-55.

Miller, D. L., Thetford, M., and Yager, L. (2001). Evaluating sand fence and vegetation for dune building following, overwash by Hurricane Opal on Santa Rosa Island, Florida. *Journal of Coastal Research* **17**: 936-948.

Milton, S. L., Schulman, A. A., and Lutz, P. L. (1997). The effect of beach nourishment with aragonite versus silicate sand on beach temperature and loggerhead sea turtle nesting success. *Journal of Coastal Research* **13**: 904-915.

Mimura, N. and Nunn, P. D. (1998). Trends of beach erosion and shoreline protection in rural Fiji. *Journal of Coastal Research* **14**: 37-46.

Minerals Management Service (2001). *Development and Design of Biological and Physical Monitoring Protocols to Evaluate the Long-Term Impacts of Offshore Dredging Operations on the Marine Environment*. US Department of the Interior, Minerals Management Service Final Report MMS 2001-089.

Minteer, B. A. and Manning, R. E. (1999). Pragmatism in environmental ethics: democracy, pluralism, and the management of nature. *Environmental Ethics* **21**: 191-207.

Mitsch, W. J. (1998). Ecological engineering - the 7-year itch. *Ecological Engineering* **10**: 119-130.

Mitteager, W. A., Burke, A., and Nordstrom, K. F. (2006). Landscape features and restoration potential on private shorefront lots in New Jersey, USA. *Journal of Coastal Research* **SI39**: 890-897.

Morand, P. and Merceron, M. (2005). Macroalgal populations and sustainability. *Journal of Coastal Research* **21**: 1009-1020.

Moreno-Casasola, P. (1986). Sand movement as a factor in the distribution of plant communities in a coastal dune system. *Vegetatio* **65**: 67-76.

Moreno-Casasola, P. (2004). A case study of conservation and management of tropical sand dune systems: La Mancha-El Llano. In *Coastal Dunes, Ecology and Conservation*, ed. M. L., Martínez and N. P. Psuty. Berlin: Springer-Verlag, 319-333.

Morgan, R. (1999). Preferences and priorities of recreational beach users in Wales, UK. *Journal of Coastal Research* **15**: 653-667.

Morgan, R. and Williams, A. T. (1999). Video panorama assessment of beach landscape aesthetics on the coast of Wales. *Journal of Coastal Conservation* **5**: 13-22.

Morton, R. A. (2002). Factors controlling storm impacts on coastal barriers and beaches - a preliminary basis for near real-time forcasting. *Journal of Coastal Research* **18**: 486-501.

Moss, D. and McPhee, D. P. (2006). The impacts of recreational four-wheel driving on the abundance of the ghost crab (*Ocypode cordimanus*) on a subtropical sandy beach in SE Queensland. *Coastal Management* **34**: 133-140.

Mulder, J. P. M., van de Kreeke, J., and van Vessem, R (1994). Experimental shoreface nourishment, Terschelling (NL). *Coastal Engineering: Proceedings of the Twenty-fourth Coastal Engineering Conference*. New York: American Society of Civil Engineers, 2886-2899.

Muñoz-Perez, J. J., Lopez de San Roman-Blanco, B., Gutierrez-Mas, J. M., Moreno, L., and Cuena, G. J. (2001). Cost of beach maintenance in the Gulf of Cadiz (SW Spain). *Coastal Engineering* **42**: 143-153.

Muñoz-Reinoso, J. C. (2003). *Juniperus oxycedrus* ssp. *macrocarpa* in SW Spain: ecology and conservation problems. *Journal of Coastal Conservation* **9**: 113-122.

Muñoz-Reinoso, J. C. (2004). Diversity of maritime juniper woodlands. *Forest Ecology and Management* **192**: 267-276.

Myatt, L. B., Scrimshaw, M. D., and Lester, J. N. (2003). Public perceptions and attitudes towards a current managed realignment scheme: Brancaster West Marsh, North Norfolk, UK. *Journal of Coastal Research* **19**: 278-286.

Nairn, R., Johnson, J. A., Hardin, D., and Michel, J. (2006). A biological and physical monitoring program to evaluate long-term impacts from sand dredging operations in the United States outer continental shelf. *Journal of Coastal Research* **20**: 126-137.

National Park Service (NPS) (2005). *Breezy Point District Adaptive Management Plan: Environmental Assessment*. NPS Gateway National Recreation Area: Jamaica Bay Unit.

National Research Council (1995). *Beach Nourishment and Protection*. Washington, DC: National Academy Press.

Nature Conservancy Council (1991). *A Guide to the Selection of Appropriate Coast Protection Works for Geological SSSIs*. Peterborough: Nature Conservancy Council.

Naveh, Z. (1998). Ecological and cultural landscape restoration and the cultural evolution towards a post-industrial symbiosis between human society and nature. *Restoration Ecology* **6**: 135-143.

Naylor, L. A., Viles, H. A., and Carter, N. E. A. (2002). Biogeomorphology revisited: looking towards the future. *Geomorphology* **47**: 3-14.

Nelson, W. G. (1989). Beach nourishment and hardbottom habitats: the case for caution. In *Proceedings of the 1989 National Conference on Beach Preservation Technology*, ed. L. S. Tait. Tallahassee, FL: Florida Shore and Beach Preservation Association, 109-116.

Nelson, W. G. (1993). Beach restoration in the southeastern US: environmental effects and biological monitoring. *Ocean and Coastal Management* **19**: 157-182.

Newell, R. C., Hitchcock, D. R., and Seiderer, L. J. (1999). Organic enrichment associated with outwash from marine aggregates dredging: a probable explanation for surface sheens and enhanced benthic production in the vicinity of dredging operations. *Marine Pollution Bulletin* **38**: 809-818.

Newell, R. C., Seiderer, L. J., Simpson, N. M., and Robinson, J. E. (2004). Impacts of marine aggregate dredging on benthic macrofauna of the south coast of the United Kingdom. *Journal of Coastal Research* **20**: 115-125.

New Jersey Division of Fish, Game and Wildlife (1999). Avalon Beach Nesting Bird Management Plan/Agreement. Unpublished Draft, Trenton, NJ: New Jersey Department of Environmental Protection.

Nicholls, R. J. and Branson, J. (1998). Coastal Resilience and planning for an uncertain future: an introduction. *The Geographical Journal* **164**: 255-258.

Nicholls, R. J. and Hoozemans, F. M. J. (1996). The Mediterranean: vulnerability to coastal implications of climate change. *Ocean and Coastal Management* **31**: 105-132.

Nordstrom, K. F. (1990). The concept of intrinsic value and depositional coastal landforms. *Geographical Review* **80**: 68-81.

Nordstrom, K. F. (1994). Beaches and dunes of human-altered coasts. *Progress in Physical Geography* **18**: 497-516.

Nordstrom, K. F. (2000). *Beaches and Dunes of Developed Coasts*. Cambridge: Cambridge University Press.

Nordstrom, K. F. (2003). Restoring naturally functioning beaches and dunes on developed coasts using compromise management solutions: an agenda for action. In *Values at Sea: Ethics for the Marine Environment*, ed. D. Dallmeyer Athens, GA: University of Georgia Press, 204-229.

Nordstrom, K. F. (2005). Beach nourishment and coastal habitats: research needs for improving compatibility. *Restoration Ecology* **13**: 215-222.

Nordstrom, K. F. and Arens, S. M. (1998). The role of human actions in evolution and management of foredunes in The Netherlands and New Jersey, USA. *Journal of Coastal Conservation* **4**: 169-180.

Nordstrom, K. F. and Jackson, N. L. (1993). Changes in cross shore location of surface pebbles on a sandy estuarine beach. *Journal of Sedimentary Petrology* **63**: 1152-1159.

Nordstrom, K. F. and Jackson, N. L. (1995). Temporal scales of landscape change following storms on a human-altered coast, New Jersey, USA. *Journal of Coastal Conservation* **1**: 51-62.

Nordstrom, K. F. and Jackson, N. L. (2003). Alternative restoration outcomes for dunes on intensively developed coasts. In *MEDCOAST'03*, ed. Özhan, E. Ankara: MEDCOAST Secretariat. 1469-1478.

Nordstrom, K. F. and Lotstein, E. L. (1989). Conflicting scientific, managerial, and societal perspectives on resource use of dynamic coastal dunes, *Geographical Review* **79**: 1-12.

Nordstrom, K. F. and Mauriello, M. N. (2001). Restoring and maintaining naturally-functioning landforms and biota on intensively developed barrier islands under a no-retreat scenario. *Shore and Beach* **69**(3): 19-28.

Nordstrom, K. F., Lampe, R., and Vandemark, L. M. (2000). Re-establishing naturally-functioning dunes on developed coasts. *Environmental Management* **25**: 37-51.

Nordstrom, K. F., Jackson, N. L., Bruno, M. S., and de Butts, H. A. (2002). Municipal initiatives for managing dunes in coastal residential arcas: a case study of Avalon. New Jersey, USA. *Geomorphology* **47**: 137-152.

Nordstrom, K. F., Jackson, N. L., and Pranzini, E. (2004). Beach sediment alteration by natural processes and human actions: Elba Island, Italy. *Annals of the Association of American Geographers*, **94**: 794-806.

Nordstrom, K. F., Hartman, J. M., Freestone, A. L., Wong, M. and Jackson, N. L. (2007a). Changes in topography and vegetation near gaps in a protective foredune. *Ocean and Coastal Management* **50**: 945-959.

Nordstrom, K. F., Jackson, N. L., Hartman, J. M. and Wong, M. (2007b). Aeolian sediment transport on a human-altered foredune. *Earth Surface Processes and Landforms*, **32**: 102-115.

Nordstrom, K. F., Lampe R., and Jackson, N. L. (2007c). Increasing the dynamism of coastal landforms by modifying shore protection methods: examples from the eastern German Baltic Sea Coast. *Environmental Conservation* **34**: 205-214.

Nordstrom, K. F., Pranzini, E., Jackson, N. L., and Coli, M. (2008). The marble beaches of Tuscany. *Geographical Review*, **98**: 280-300.

Norton, D. A. (2000). Conservation biology and private land: shifting the focus. *Conservation Biology* **14**: 1221-1223.

Norton, B. G. and Steinemann, A. C. (2001). Environmental values and adaptive management. *Environmental Values* **10**: 473-506.

Nuryanti, W. (1996). Heritage and postmodern tourism. *Annals of Tourism Research* **23**: 249-260.

O'Brien, M. K., Valverde, H. R., Trembanis, A. C., and Haddad, T. C. (1999). Summary of beach nourishment activity along the Great Lakes' shoreline 1955-1996. *Journal of Coastal Research* **15**: 206-219.

O'Connell, T. O., Franze, C. D., Spalding, E. A., and Poirier, M. A. (2005). Biological resources of the Louisiana coast: Part 2. Coastal animais and habitat associations. *Journal of Coastal Research* **SI44**: 146-161.

Ochieng, C. A. and Erftemeijer, P. L. A. (1999). Accumulation of seagrass beach cast along the Kenyan coast: a quantitative assessment. *Aquatic Botany* **65**: 221238.

Ofiara, D. D. and Brown, B. (1999). Assessment of economic losses to recreational activities from 1988 marine pollution events and assessment of economic losses from long-term contamination of fish within the New York Bight to New Jersey. *Marine Pollution Bulletin* **38**: 990-1004.

Orford. J. and Jennings, S. (1998). The importance of different time-scale controls on coastal management strategy: the problem of Porlock gravel barrier, Somerset, UK. In *Coastal Defense and Earth Science Conservation*, ed. J. Hooke. Bath: The Geological Society, 87-102.

Orr, M., Zimmer, M., Jelinski, D. E., and Mews, M. (2005). Wrack deposition on different beach types: spatial and temporal variation in the pattern of subsidy. *Ecology* **86**: 1496-1507.

Özgüner, H. and Kendle, A. D. (2006). Public attitudes towards naturalistic versus designed landscapes in the city of Sheffield, (UK). *Landscape and Urban Planning* **74**: 139-157.

Pacini, M., Pranzini, E., and Sirito, G. (1997). Beach nourishment with angular gravel at Cala Gonone (eastern Sardinia, Italy). *Proceedings of the Third International Conference on the Mediterranean Coastal Environment*, Ankara: MEDCOAST Secretariat, 1043-1058.

Packham, J. R., Randall, R. E., Barnes, R. S. K., and Neal, A., eds. (2001). *Ecology and Geomorphology of Coastal Shingle*. Settle, UK: Westbury Academic & Scientific Publishing.

Palmer, M. A., Ambrose, R. F., and Poff, N. L. (1997). Ecological theory and community restoration ecology. *Restoration Ecology* **5**: 291-300.

Parsons, R. (1995). Conflict between ecological sustainability and environmental aesthetics: conundrum, canard or curiosity. *Landscape and Urban Planning* **32**: 227-244.

Parsons, R. and Daniel, T. C. (2002). Good looking: in defense of scenic landscape aesthetics. *Landscape and Urban Planning* **60**: 43-56.

Penland, S., Connor, P. F. Jr., Beall, A., Fearnley, S., and Williams, S. J. (2005). Changes in Louisiana's shoreline: 1855-2002. *Journal of Coastal Research* **S144**: 7-39.

Peterson, C. H. and Bishop, M. L. (2005). Assessing the environmental impacts of beach nourishment. *BioScience* **55**: 887-896.

Peterson, C. H. and Lipcius, R. N. (2003). Conceptual progress towards predicting quantitative ecosystem benefits of ecological restorations. *Marine Ecology Progress Series* **264**: 297-307.

Peterson, C. H., Hickerson, D. H. M., and Johnson, G. G. (2000). Short-term consequences of nourishment and bulldozing on the dominant large invertebrates of a sandy beach. *Journal of Coastal Research* **16**: 368-378.

Peterson, C. H., Kneib, R. T., and Manen, C.-A. (2003). Scaling restoration actions in the marine environment to meet quantitative targets of enhanced ecosystem services. *Marine Ecology Progress Series* **264**: 173-175.

Pethick, J. (1996). The sustainable use of coasts: monitoring, modelling and management. In *Studies in European Coastal Management*, ed. P. S. Jones, M. G. Healy, and A. T. Williams, Cardigan, UK: Samara Publishing Ltd., 83-92.

Pethick, J. (2001). The Anglian coast. In *Science and Integrated Coastal Management*, ed. B. V. Bodungen, and R. K. Turner. Berlin: Dahlem University Press, 121-133.

Pezzuto, P. R., Resgalla, C. Jr., Abreu, J. G. N., and Menezes, J. T. (2006). Environmental impacts of the nourishment of Balneário Camboriú beach, SC, Brazil. *Journal of Coastal Research* SI39: 863-868.

Pilkey, O. H. (1981). Geologists, engineers, and a rising sea level. *Northeastern Geology* 3/4: 150-158.

Pilkey, O. H. (1992). Another view of beachfill performance. *Shore and Beach* 60(2): 20-25.

Pinto, C., Silovsky, E., Henley, F., Rich, L., Parcell, J. and Boyer. D. (1972). *The Oregon Dunes NPA Resource Inventory*. Portland, OR: U.S. Department of Agriculture, Forest Service, Pacific Northwest Region.

Piotrowska, H. (1989). Natural and anthropogenic changes in sand dunes and their vegetation on the southern Baltic coast. In *Perspectives in Coastal Dune Management*, ed. F. van der Meulen, P. D. Jungerius, and J. H. Visser, The Hague: SPB Academic Publishing, 33-40.

Pluis, J. L. A. and de Winder, B. (1990). Natural stabilization. *Catena* Supplement 18: 195-208.

Pontee, N. I., Pye, K., and Blott, S. J. (2004). Morphodynamic behaviour and sedimentary variation of mixed sand and gravel beaches, Suffolk, UK. *Journal of Coastal Research* 20: 256-276.

Posey, M. and Alphin, T. (2002). Resilience and stability in an offshore benthic community: responses to sediment borrow activities and hurricane disturbance. *Journal of Coastal Research* 18: 685-697.

Powell, K. A. (1992). Engineering with conservation issues in mind. In *Coastal Zone Planning and Management*, ed. M. G. Barrett. London: Thomas Telford, 237-249.

Priskin, J. (2003). Physical impacts of four-wheel drive related tourism and recreation in a semi-arid, natural coastal environment. *Ocean and Coastal Management* 46: 127-155.

Psuty, N. P. and Moreira, M. E. S. A. (1992). Characteristics and longevity of beach nourishment at Praia da Rocha, Portugal. *Journal of Coastal Research* SI 8: 660-676.

Rakocinski, C. F., Heard, R. W., LeCroy, S. E., McLelland, J. A.. and Simons, T. (1996). Responses by macrobenthic assemblages to extensive beach restoration at Perdido Key, Florida, USA. *Journal of Coastal Research* 12: 326-353.

Randall, R. E. (1996). The shingle survey of Great Britain and its implications for conservation management. In *Coastal Management and Habitat Conservation*, ed. A. H. P. M. Salman, M. J. Langeveld, and M. Bonazountas. Leiden: EUCC, 369-376.

Randall, R. E. (2004). Management of coastal vegetated shingle in the United Kingdom. *Journal of Coastal Conservation* 10: 159-168.

Rankin, K. L., Bruno, M. S., and Herrington, T. O. (2004). Nearshore currents and sediment transport measured at notched groins. *Journal of Coastal Research* SI 33: 237-254.

Ranwell, D. S. (1972). *Ecology of Salt Marshes and Sand Dunes*. London: Chapman and Hall.

Ranwell, D. S. and Boar, R. (1986). *Coast Dune Management Guide*. Institute of Terrestrial Ecology, NERC.

Redi, B. H., van Aarde, R. J., and Wassenaar, T. D. (2005). Coastal dune forest development and the regeneration of millipede communities. *Restoration Ecology* 13: 284-291.

Reid, J., Santana, G. G., Klein, A. H. F., and Diehl, F. L. (2005). Perceived and realized social and economic impacts of sand nourishment at Piçarras Beach, Santa Catarina, Brazil. *Shore and Beach* 73(4): 14-18.

Reilly, F. J. and Bellis, V. J. (1983). *The ecological impact of beach nourishment with dredged materiais on the intertidal zone at Bogue banks, North Carolina*. Miscellaneous Report 83-3. US Army Corps of Engineers, Coastal Engineering Research Center, Ft. Belvoir, VA.

Reinicke, R. (2001). *Inseln der Ostsee: Landschaften und Naturschönheit*. Bremen: Giritz & Gottschalk.

Rhind, P. M. and Jones, P. S. (1999). The floristics and conservation status of sand-dune communities in Wales. *Journal of Coastal Conservation* 5: 31-42.

Risser, P. G. (1995). The status of the science examining ecotones. *Bioscience* **45**:318-325.

Ritchie, W. and Gimingham, C. H. (1989). Restoration of coastal dunes breached by pipeline landfalls in northeast Scotland. *Proceedings of the Royal Society of Edinburgh* **96B**: 231-245.

Ritchie, W. and Penland, S. (1990). Aeolian sand bodies of the south Louisiana coast. In *Coastal Dunes: Form and Process*, ed. K. F. Nordstrom, N. P. Psuty, and R. W. G. Carter. Chichester: John Wiley and Sons, 105-127.

Roberts, C. M. and Hawkins, J. P. (1999). Extinction risk in the sea. *Trends in Ecology and Evolution* **14**: 241-246.

Roberts, N. (1989). *The Holocene: an Environmental History*. New York: Basil Blackwell.

Rogers, S. M. (1993). Relocating erosion-threatened buildings: a study of North Carolina housemoving. *Coastal Zone 93*. New York: American Society of Civil Engineers, 1392-1405.

Roman, C. T. and Nordstrom, K. F. (1988). The effect of erosion rate on vegetation patterns of an east coast barrier island. *Estuarine, Coastal, and Shelf Science* **26**: 233-242.

Rumbold, D. G., Davis, P. W., and Perretta, C. (2001). Estimating the effect of beach nourishment on *Caretta caretta* (loggerhead sea turtle) nesting. *Restoration Ecology* **9**: 304-310.

Runyan, K. and Griggs, G. B. (2003). The effects of armoring seacliffs on the natural sand supply to the beaches of California. *Journal of Coastal Research* **19**: 336-347.

Salmon, J., Henningsen, D., and McAlpin, T. (1982). *Dune Restoration and Vegetation Manual*. SGR-48. Gainsville, FL: Florida Sea Grant College Program.

Savard, J.-P. L., Clergeau, P., and Mennechez, G. (2000). Biodiversity concepts and urban ecosystems. *Landscape and Urban Planning* **43**: 131-142.

Schmahl, G. P. and Conklin, E. J. (1991). Beach erosion in Florida: a challenge for planning and management. *Coastal Zone 91*. New York: American Society of Civil Engineers, 261-271.

Schultze-Dieckhoff, M. (1992). Propagating dune grasses by cultivation for dune conservation. In *Coastal Dunes: Geomoiphology, Ecology and Management for Conservation*, ed. Carter, R. W. G. Curtis, T. G. F. and Sheehy-Skeffington, M. J. Rotterdam: A. A. Balkema, 361-366.

Schwarzer, K., Crossland, C. J., De Luca Rebbello Wagener, A., de Vries, I., Dronkers, J., Penning-Rowsell, E., Reise, K., Sarda, R., Taussik, J., and Wasson, M. (2001). Group report: shoreline development. In *Science and Integrated Coastal Management*, ed. B. V. Bodungen, and R. K. Turner. Berlin: Dahlem University Press, 121-133.

Schwendiman, J. L. (1977). Coastal sand dune stabilization in the Pacific northwest. *International Journal of Biometeorology* **21**: 281-289.

Scott, G. A. (1963). The ecology of shingle beach plants. *Journal of Ecology* **51**: 517-527.

Seabloom, E. W. and Wiedemann, A. M. (1994). Distribution and effects of *Ammophila breviligulata* Fern. (American beachgrass) on the foredunes of the Washington coast. *Journal of Coastal Research* **10**: 178-188.

Seltz, J. (1976). *The Dune Book: How to Plant Grasses for Dune Stabilization*. UNC-SG-76-16. Raleigh NC: North Carolina University Sea Grant.

Sharp, W. C. and Hawk, V. B. (1977). Establishment of woody plants for secondary and tertiary dune stabilization along the mid-Atlantic coast. *International Journal of Biometeorology* **21**: 245-255.

Sherman, D. J. (1995). Problems of scale in the modeling and interpretation of coastal dunes. *Marine Geology* **124**: 339-349.

Sherman, D. J. and Nordstrom, K. F. (1994). Hazards of wind blown sand and sand drift. *Journal of Coastal Research* **SI12**: 263-275.

Shipman, H. (2001). Beach nourishment on Puget Sound: a review of existing projects and potential applications. In *Puget Sound Research 2001*. Olympia, WA: Puget Sound Water Quality Action Team, 1-8.

Shipman, H., Stoops, K. and Hummel, P. (2000). *Seattle waterfront parks: applications of beach nourishment*. Seattle: Washington Coastal Planner's Group.

Simeoni, U., Calderoni, G. Tessari, U., and Mazzini, E. (1999). A new application of system theory to foredunes intervention strategy. *Journal of Coastal Research* **15**: 457-470.

Simpson, T. B. (2005). Ecological restoration and re-understanding ecological time. *Ecological Restoration* **23**: 46-51.

Skaradek, W., Miller, C., and Hocker, P. (2003). *Beachgrass Planting Guide for Municipalities and Volunteers*. Cape May Plant Materiais Center, US Department of Agriculture Natural Resources Conservation Service.

Skarregaard, P. (1989). Stabilisation of coastal dunes in Denmark. In *Perspectives in Coastal Dune Management*. F. van der Meulen, P. D. Jungerius, and J. H. Visser. The Hague: SPB Academic Publishing, 151-161.

Smith, K. J. (1991). Beach politics - the importante of informed, local support for beach restoration projects. *Coastal Zone 91*, New York: American Society of Civil Engineers, 56-61.

Smith. G., Mocke, G. R, van Ballegooyen, R., and Soltau, C. (2002). Consequences of sediment discharge from dune mining at Elizabeth Bay, Namibia. *Journal of Coastal Research* **18**: 776-791.

Smith, R. A. (1992). Conflicting trends of beach report development: a Malaysian case. *Coastal Management* **20**: 167-187.

Snyder, M. R. and Pinet, P. R. (1981). Dune construction using two multiple sand-fence configurations: implications regarding protection of eastern Long Island's south shore. *Northeastern Geology* **3**: 225-229.

Snyder, R. A. and Boss, C. L. (2002). Recovery and stability in barrier island plant communities. *Journal of Coastal Research* **18**: 530-536.

Soares, A. G., Scapini, F., Brown, A. C., and McLachlan, A. (1999). Phenotypic plasticity, genetic similarity and evolutionary inertia in changing environments. *The Malacological Society of London* **65**: 136-139.

Society for Ecological Restoration. (2002). *The SER Primer on Ecological Restoration*. <www.ser.org/>.

Somerville, S. E., Miller, K. L., and Mair, J. M. (2003). Assessment of the aesthetic quality of a selection of beaches in the Firth of Forth, Scotland. *Marine Pollution Bulletin* **46**: 1184-1190.

Soulsby, C., Hannah, D., Malcolm, R., Maizels, J. K., and Gard, R. (1997). Hydrogeology of a restored coastal dune system in northeastern Scotland. *Journal of Coastal Conservation* **3**: 143-154.

Speybroek, J., Bonte, D., Courtens, W., Gheskiere, T., Grootaert, P., Maelfait, J.-P., Mathys, M., Provoost, S., Sabbe, K., Steinen, E. W. M., van Lancker, V., Vincx, M., and Degraer, S. (2006). Beach nourishment: an ecologically sound coastal defence alternative? A review. *Aquatic Conservation: Marine and Freshwater Ecosystems* **16**: 419-435.

Starkes, J. (2001). *Reconnaissance assessment of the state of the nearshore ecosystem: eastern chore of central Puget Sound, including Vashon and Maury Islands (WRIAS 8 and 9)*. Seattle: King County Department of Natural Resources.

Stäuble. D. K. and Nelson, W. G. (1985). Guidelines for beach nourishment: a necessity for project management. *Coastal Zone 85*. American Society of Civil Engineers, New York, 1002-1021.

Steinitz, M. J., Salmon, M., and Wyneken, J. (1998). Beach renourishment and loggerhead turtle reproduction: a seven year study at Jupiter Island, Florida. *Journal of Coastal Research* **14**: 1000-1013.

Sturgess, P. (1992). Clear-felling dune plantations: studies in vegetation recovery. In *Coastal Dunes: Geomorphology, Ecology and Management for Conservation*, ed. R. W. G. Carter, T. G. F. Curtis, and M. J. Sheehy-Skeffington. Rotterdam: A. A. Balkema, 339-349.

Sturgess, P. and Atkinson, D. (1993). The clear-felling of sand dune plantations: soil and vegetational processes in habitat restoration. *Biological Conservation* **66**: 171-183.

Swart, J. A. A., van der Windt, H. J., and Keulartz, J. (2001). Valuation of nature in conservation and restoration. *Restoration Ecology* **9**: 230-238.

Taylor, R. B. and Frobel, D. (1990). Approaches and results of a coastal dune restoration program on Sabbe Island, Nova Scotia. In *Proceedings of the Symposium on Coastal Sand Dunes*, ed. R. G. D. Davidson-Arnott. Ottawa: National Research Council Canada, 405-431.

Technische Adviescommissie voor de Waterkeringen (1995). *Basisrapport Zandige Kust*. Delft: Drukkerij & DTP-Service Nivo.

Télez-Duarte, M. A. (1993). Cultural resources as a criterion in coastal zone management: the case of northwestern Baja California, Mexico. In *Coastal Zone Management in Mexico: the Baja California Experiente*, ed. J. L., Fermán-Almada, L. Gómez-Morin, and D. W. Fischer. New York: American Society of Civil Engineers, 137-147.

Thayer, G. W., McTigue, T. A., Salz, R. J., Merkey, D. H., Burrows, F. M., and Gayaldo, P. F. (2005). *Science-Based Restoration Monitoring of Coastal Habitats. Volume 2: Tools for Monitoring Coastal Habitats*. Silver Spring, MD: NOAA Coastal Ocean Program.

Thieler, R. E., Pilkey, O. H. Jr., Young, R. S., Bush, D. M., and Chai, F. (2000). The use of mathematical models to predict beach behavior for U.S. coastal engineering: a critical revievv. *Journal of Coastal Research* 16: 48-70.

Throop, W. and Purdom, R. (2006). Wilderness restoration: the paradox of public participation. *Restoration Ecology* 14: 493-499.

Titus, J. G. (1990). Greenhouse effect, sea level rise, and barrier islands: case study of Long Beach Island, New Jersey. *Coastal Management* 18: 65-90.

Townend, I. H. and Fleming, C. A. (1991). Beach nourishment and socio-economic aspects. *Coastal Engineering* 16: 115-127.

Trembanis, A. C. and Pilkey, O. H. (1998). Summary of beach nourishment along the US Gulf of Mexico shoreline. *Journal of Coastal Research* 14: 407-417.

Tudor, D. T. and Williams, A. T. (2003). Public perception and opinion of visible beach aesthetic pollution: the utilisation of photography. *Journal of Coastal Research* 19: 1104-1115.

Tunstall, S. M. and Penning-Rowsell, E. C. (1998). The English beach: experiences and values. *The Geographical Journal* 164: 319-332.

Turkenli, T. S. (2005). Human activity in landscape seasonality: the case of tourism in Crete. *Landscape Research* 30: 221-239.

Turnhout, E., Hisschemöller, M., and Eijsackers, H. (2004). The role of views of nature in Dutch nature conservation: the case of the creation of a drift sand arca in the Hoge Veluwe National Park. *Environmental Values* 13: 187-198.

Tye, R. S. (1983). Impact of Hurricane David and mechanical dune restoration on Folly Beach, South Carolina. *Shore and Beach* 51(2): 3-9.

UNCED (1992). Protection of oceans, all kinds of seas, including enclosed and semi-enclosed seas, and coastal areas and the protection, rational use and development of their living resources, Ch. 17, *Agenda 21*, United Nations Conference on Environment and Development.

US Army Corps of Engineers, Baltimore (1980). *Beach Erosion Control Colonial Beach, Virginia: Detailed Project Report*. Baltimore: US Army Corps of Engineers.

US Army Corps of Engineers, Seattle, USA (1986). *Lincoln Park Shoreline Erosion Control Seattle Washington: Final Detailed Project Report and Final Environmental Assessment*. Seattle, USA: US Army Corps of Engineers.

US Army Corps of Engineers (USACE) (1989). *Great Egg Harbor Inlet and Peck Beach, New Jersey Project: General Design Memorandum and Final Supplemental Environmental Impact Statement*. Philadelphia: US Army Corps of Engineers, Philadelphia District.

US Army Corps of Engineers (USACE) (1996). *Brigantine Inlet to Great Egg Harbor Inlet Absecon Island ínterim Feasibility Study, Vol. 1: Final Feasibility Report and Final Environmental Impact Statement*. Philadelphia: US Army Corps of Engineers, Philadelphia District.

US Army Corps of Engineers (USACE) (2001). *The New York District's Biological Monitoring Program for the Atlantic Coast of New Jersey, Ashury Park to Manasquan Section Beach Erosion Control Project*. Engineer Research and Development Center, Waterways Experiment Station, Vicksburg, MS.

US Army Corps of Engineers (USACE) (2002). *Coastal Engineering Manual*. Engineer Manual 1110-2-1100. Washington, DC: US Army Corps of Engineers.

US Army Corps of Engineers, Seattle District (USACE) (2002). *Ediz Hook Beach Nourishment and Revetment Maintenance, Callam County, Washington*, Final Environmental Assessment, Seattle: US Army Corps of Engineers, Seattle District.

US Fish and Wildlife Service (2002). *Draft Fish and Wildlife Coordination Act Report: Bogue Banks Shore Protection Project, Carteret County, NC*. Raleigh Ecological Services Field Office, US Fish and Wildlife Service, Raleigh, NC.

Valiela, I., Peckol, P., D'Avanzo, C., Kremer, J., Hersh. D., Foreman, K., Lajtha, K., Seely, B., Geyer, W. R., Isaji, T., and Crawford, R. (1998). Ecological effects of major storms on coastal watersheds and coastal waters: Hurricane Bob on Cape Cod. *Journal of Coastal Research* 14: 218-238.

Valverde, H. R., Trembanis, A. C., and Pilkey, O. H. (1999). Summary of beach nourishment episodes on the U.S. east coast barrier islands. *Journal of Coastal Research* 15: 1100-1118.

van Aarde, R. J., Wassenaar, T. D., Niemand, L., Knowles, T., and Ferreira, S. (2004). Coastal dune forest rehabilitation: a case study on rodent and bird assemblages in northern Kwazulu-Natal, South Africa. In *Coastal Dunes, Ecology and Conservation*, ed. M. L. Martínez, and N. P. Psuty. Berlin: Springer-Verlag, 103-115.

van Bohemen, H. D., and Meesters, H. J. N. (1992). Ecological engineering and coastal defense. In *Coastal Dunes: Geomorphology, Ecology and Management for Conservation*, ed. R. W. G. Carter, T. G. F. Curtis, and M. J. Sheehy-Skeffington. Rotterdam: A. A. Balkema, 369-378.

van Boxel, J. H., Jungerius, R D., Kieffer, N., and Hampele, N. (1997). Ecological effects of reactivation of artificially stabilized blowouts in coastal dunes. *Journal of Coastal Conservation* 3: 57-62.

Vandemark, L. M. (2000). *Understanding opposition to dune restoration: attitudes and perceptions of beaches and dunes as natural coastal landforms*. Unpublished Ph.D. dissertation. Department of Geography, Rutgers University, New Brunswick, NJ.

van der Laan, D., van Tongeren. O. F. R., van der Putten, W. H., and Veenbaas, G. (1997). Vegetation development in coastal foredunes in relation to methods of establishing marram grass (*Ammophila arenaria*). *Journal of Coastal Conservation* 3: 179-190.

van der Maarel, E. (1979). Environmental management of coastal dunes in The Netherlands. In *Ecological Processes in Coastal Environments*, ed. R. L. Jefferies, and A. J. Davy. Oxford: Blackwell, 543-570.

van der Merwe, D. and McLachlan, A. (1991). The interstitial environment of coastal dune slacks. *Journal of Arid Environments* 21: 151-163.

van der Meulen, F. and Salman, A. H. P. M. (1995). Management of Mediterranean coastal dunes. In *Coastal Management and Habitat Conservation*, ed. A. H. P. M. Salmon, H. Berends, and M. Bonazountas. Leiden: EUCC, 261-277.

van der Meulen, F. and Salman, A. H. P. M. (1996). Management of Mediterranean coastal dunes. *Ocean and Coastal Management* 30: 177-195.

van der Meulen, F., Bakker, T. W. M., and Houston. J. A. (2004). The costs of our coasts: examples of dynamic dune management from western Europe. In *Coastal Dunes, Ecology and Conservation*, ed. M. L. Martínez, and N. P. Psuty. Berlin: Springer-Verlag, 259-277.

van der Putten, W. H. (1990). Establishment and management of *Ammophila arenaria* (marram grass) on artificial coastal foredunes in The Netherlands. In *Proceedings of the Symposium on Coastal Sand Dunes*, ed. R. G. D. Davidson-Arnott. Ottawa: National Research Council Canada, 367-387.

van der Putten, W. H. and Kloosterman, E. H. (1991). Large-scale establishment of *Ammophila arenaria* and quantitative assessment by remote sensing. *Journal of Coastal Research* 7: 1181-1194.

van der Putten, W. H. and Peters, B. A. M. (1995). Possibilities for management of coastal foredunes with deteriorated stands of *Ammophila arenaria* (marram grass). *Journal of Coastal Conservation* 1: 29-39.

Van der Salm, J. and Unal, O. (2003). Towards a common Mediterranean framework for beach nourishment projects. *Journal of Coastal Conservation* 9: 35-42.

van der Veen, A., Grootjans, A. P., de Jong, J., and Rozema. J. (1997). Reconstruction of an interrupted primary beach plain succession using a geographical information system. *Journal of Coastal Conservation* 3: 71-78.

van der Wal, D. (1998). The impact of the grain-size distribution of nourishment sand on aeolian sand transport. *Journal of Coastal Research*. **14**: 620-631.

van der Wal, D. (2000). Grain-size-selective aeolian sand transport on a nourished beach. *Journal of Coastal Research* **16**: 896-908.

van der Wal, D. (2004). Beach-dune interaction in nourishment areas along the Dutch coast. *Journal of Coastal Research* **20**: 317-325.

van der Windt, H. J., Swart, J. A. A., and Keulartz, J. (2007). Nature and landscape planning: exploring the dynamics of valuation, the case of The Netherlands. *Landscape and Urban Planning*, **79**: 218-228.

van Dijk, H. W. J. (1992). Grazing domestic livestock in Dutch coastal dunes: experiments, experiences and perspectives. In *Coastal Dunes: Geomorphology, Ecology and Management for Conservation*, ed. R. W. G. Carter, T. G. F. Curtis, and M. J. Sheehy-Skeffington. Rotterdam: A. A. Balkema, 235-250.

van Duin, M. J. R, Wiersma, N. R., Walstra, D. J. R., van Rijn, L. C., and Stive, M. J. F. (2004). Nourishing the shoreface: observations and hindcasting of the Egmond case, The Netherlands. *Coastal Engineering* **51**: 813-837.

van Koningsveld, M. and Lescinski, J. (2007). Decadal scale performance of coastal maintenance in The Netherlands. *Shore and Beach* **75**(1): 20-36.

van Koningsveld, M. and Mulder, J. P. M. (2004). Sustainable coastal policy developments in The Netherlands. A systematic approach. *Journal of Coastal Research* **20**: 375-385.

van Koningsveld, M., Stive, M. J. F., Mulder, J. P. M., de Vriend, H. J., Ruessink, B. G. and Dunsbergen, D. W. (2003). Usefulness and effectiveness of coastal research: a mater of perception. *Journal of Coastal Research* **19**: 441-461.

Van Leeuwen, S., Dodd, N., Calvete, D., and Falqués, A. (2007). Linear evolution of a shoreface nourishment. *Coastal Engineering* **54**: 417-431.

van Noortwijk, J. M. and Peerbolte, E. B. (2000). Optimal sand nourishment decisions. *Journal of Waterway, Port, Coastal and Ocean Engineering* **126**: 30-38.

Verstrael, T. J. and van Dijk, A. J. (1996). Trends in breeding birds in Dutch dune areas. In *Coastal Management and Habitat Conservation*, ed. A. H. P. M. Salman, M. J. Langeveld, and M. Bonazountas. Leiden: EUCC, 403-416.

Vestergaard. P. and Hansen, K. (1992). Changes in morphology and vegetation of a man-made beach-dune system by natural processes. In *Coastal Dunes: Geomorphology, Ecology and Management for Conservation*, ed. R. W. G. Carter, T. G. F. Curtis, and M. J. Sheehy-Skeffington. Rotterdam: A. A. Balkema, 165-176.

Waks, L. J. (1996). Environmental claims and citizen rights. *Environmental Ethics* **18**: 133-148.

Walmsley, C. A. and Davey, A. J. (1997a). The restoration of coastal shingle vegetation: effects of substrate composition on the establishment of seedlings. *Journal of Applied Ecology* **34**: 143-153.

Walmsley, C. A. and Davey, A. J. (1997b). The restoration of coastal shingle vegetation: effects of substrate composition on the establishment of container-grown plants. *Journal of Applied Ecology* **34**: 154-165.

Wanders, E. (1989). Perspectives in coastal dune management. In Perspectives in *Coastal Dune Management*, ed. F. van der Meulen, P. D. Jungerius, and J. H. Visser. The Hague: SPB Academic Publishing, 141-148.

Warren, R. S., Fell, P. E., Rozsa, R., Brawley, A. H., Orsted, A. C., Olson, E. T., Swamy, V. and Niering, W. A. (2002). Salt marsh restoration in Connecticut: 20 years of science and management. *Restoration Ecology* **10**: 497-513.

Watson, J. J., Kerley, G. I. H., and McLachlan, A. (1997). Nesting habitat of birds breeding in a coastal dunefield, South Africa and management implications. *Journal of Coastal Research* **13**: 36-45.

Wells, J. T. and McNinch, J. (1991). Beach scraping in North Carolina with special reference to its effectiveness during Hurricane Hugo. *Journal of Coastal Research* **SI8**: 249-261.

Westhoff, V. (1985). Nature management in coastal arcas of Western Europe. *Vegetatio* **62**: 523-532.

Westhoff, V. (1989). Dunes and dune management along the North Sea Coasts. In *Perspectives in Coastal Dune Management*, ed. F. van der Meulen, P. D. Jungerius, and J. H. Visser. The Hague: SPB Academic Publishing, 41-51.

Westman, W. E. (1991). Ecological restoration projects: measuring their performance. *The Environmental Professional* **13**: 207-215.

White, P. S. and Walker, J. L. (1997). Approximating nature's variation: selecting and using reference information in restoration ecology. *Restoration Ecology* **5**: 338-349.

Wiedemann, A. M. and Pickart, A. J. (2004). Temperate zone coastal dunes. In *Coastal Dunes, Ecology and Conservation*, ed. M. L. Martínez, and N. P. Psuty. Berlin: Springer-Verlag, 53-65.

Wiegel, R. L. (1993). Artificial beach construction with sand/gravel made by crushing rock. *Shore and Beach* **61**(4): 28-29.

Williams, A. T. and Tudor, D. T. (2001). Temporal trends in litter dynamics at a pebble pocket beach. *Journal of Coastal Research* **17**: 137-145.

Williams, G. D. and Thom, R. M. (2001). *Marine and Estuarine Shoreline Modification Issues*. White paper, Washington Department of Fish and Wildlife, Department of Ecology, Olympia, WA.

Williams, A. T., Davies, P., Curr, R., Koh, A., Bodére, J. Cl., Hallegouet, B., Meur, C. and Yoni, C. (1993). A checklist assessment of dune vulnerability and protection in Devon and Cornwall, UK. *Coastal Zone 1993*. New York: American Society of Civil Engineers, 3394-3408.

Willis, C. M. and Griggs, G. B. (2003). Reductions in fluvial sediment discharge by coastal dams in California and implications for beach sustainability. *The Journal of Geology* **111**: 167-182.

Wong, P. P., ed. (1993). *Tourism vs Environment: the Case for Coastal Arcas*. Dordrecht: Kluwer Academic Publishers.

Wood, D. W. and Bjorndal, K. A. (2000). Relation of temperature, moisture, salinity, and slope to nest site selection in loggerhead sea turtles. *Copeia* 119-128.

Woodhouse, W. W. and Hanes, R. E. (1967). *Dune Stabilization with Vegetation on the Outer Banks of North Carolina*. TM-22. Washington, DC: U.S. Army Coastal Engineering Research Center.

Woodhouse, W. W. (1974). *Stabilizing Coastal Dunes*. Reprint No. 70. Raleigh, NC: North Carolina University Sea Grant.

Woodhouse, W. W. Jr, Seneca E. D., and Broome, S. W. (1977). Effect of species on dune grass growth. *International Journal of Biometeorology* **21**: 256-266.

Woodruff, P. E. and Schmidt, D. V. (1999). Florida beach preservation – a review. *Shore and Beach* **67**(4): 7-13.

Wootton, L. S. Halsey, S. D., Bevaart, K., McGough, A., Ondreicka, J. and Patel, P. (2005). When invasive species have benefits as well as costs: managing *Carex Kobomugi* (Asiatic sand sedge) in New Jersey's coastal dunes. *Biological Invasions* **7**: 1017-1027.

Wright, S. and Butler, K. S. (1984). Land use and economic impacts of a beach nourishment project. *Coastal Zone 83*, Post Conference Volume. Sacramento: California State Lands Commission, 1-18.

Zelo, I., Shipman, H., and Brennan, J. (2000). *Alternative bank protection methods for Puget Sound shorelines*. Ecology Publication #00-06-012. Olympia, WA: Washington Department of Ecology.

Zmyslony, J. and Gagnon, D. (2000). Path analysis of spatial predictors of front-yard landscapes: a random process? *Landscape and Urban Planning* **40**: 295-307.

Zedler, J. B. (1991). The challenge of protecting endangered species habitat along the southern California coast. *Coastal Management* **19**: 35-53.

Índice Remissivo

abrigo/proteção 122, 197
Acacia cyclops 140
acampamentos 114
ações municipais 69, 209
África do Sul 103, 140
água potável 22
Alemanha 16, 78, 79, 94, 115, 118
algas 122, 182
alternativa de não ação 230
    aos muros marinhos 55, 88, 117, 185
Amaranthus pumilis 69
Ambrosia artemisiifolia 191
Ammodytes hexapterus 68
Ammophila spp. 90, 135, 145, 152, 228, 229
amostragem 49, 81, 195, 219
apoio público 181, 201
Áreas agrícolas/Fazendas 25, 114, 120
áreas de demonstração 174, 175, 192, 193, 209, 212, 232
    de empréstimo 45, 46, 49, 50, 51, 65, 66, 67, 70, 81, 82, 179, 220, 224, 226
areia de deriva 132, 134, 148
árvores 23, 26, 40, 87, 95, 130, 134, 135, 139, 152, 153, 161, 163, 189
aumento
    de espécies 130, 216
    do nível do mar 17, 115, 213
Austrália 100, 103, 140
aves
    alimentação 41, 74, 128
    litorâneas 17, 127, 221
    migratórias 72
    movimento 97
    nidificação 57, 65, 66, 67, 72, 74, 75, 84, 105, 112, 127, 132, 133, 146, 175, 176, 192, 215, 216, 225
    planos de gestão 177
    reprodução 112

bacias hidrográficas 147
backpass 21, 45, 46, 58, 77, 127, 220, 224
baixadas úmidas 96, 102, 110, 113, 129, 130, 142, 143, 173, 197, 221, 227, 235
barreiras contra troca de sedimentos 186
benefícios inesperados 36
bermas subaquáticas 117, 118, 120
biodiversidade 18, 32, 79, 115, 122, 123, 142, 145, 173, 196, 197
bypass 21, 45, 46, 220, 224

Cakile edentula 152
Calamagrostis epigejos 130

calçadões de madeira 150, 162, 164, 168, 185, 186
caminhos de acesso 126, 179, 184, 185
canal de maré 112, 115, 133, 134, 157
características sedimentares 46
Carex arenaria 101, 130
Carex kobomugi 140, 141
Carex ligerica 104
Carolina do Norte 94
cascalho 34, 45, 46, 47, 48, 58, 59, 62, 63, 71, 72, 73, 74, 78, 80, 81, 82, 87, 119, 144, 152, 157, 187, 203, 215, 220, 225
Casuarina equisetifolia 140
células litorâneas 118
Centaurium littorale 104
cercas
    materiais 95
    remoção/alteração 114
    vantagens 95
Charadrius melodus 69, 133
Chrysanthemoides monilifera 140
Cicindela dorsalis dorsalis 153
ciclos de mudança 148
Coastal Area Facilities Review Act (Ato de Revisão de Instalações em Áreas Costeiras) 216
Compras públicas 170
Conchas 46, 54, 57, 62, 87, 91, 157, 187, 192, 221
condições
    de referência 39, 172
    hidrológicas 194
condução de veículos na praia 183
conservação 18, 22, 27, 28, 29, 95, 104, 110, 126, 140, 170, 198, 205, 209, 215, 229
considerações estatísticas 195
controle
    de pedestres 126
    predatório 74
cor 188
corte 131
costa báltica 78, 115
Crambe maritime 80
critérios 33, 42, 68, 108, 136, 167, 189, 210, 213, 220, 221, 222, 226, 227, 229, 232
custos 28, 31, 35, 36, 37, 38, 43, 44, 46, 61, 62, 64, 65, 68, 69, 74, 75, 76, 81, 99, 100, 108, 120, 133, 155, 165, 167, 171, 189, 191, 204, 209, 221, 225, 226

Dactylorhiza incarnata 104
Delaware 45, 73, 164

demarcação de propriedade 187
Departamento de Agricultura 176
dependentes de tempo 222
deques 187
detritos 80, 87, 88, 109, 119, 122, 123, 124, 127, 131, 148, 153, 173, 179, 190, 191, 199, 207, 230
    de madeira 121
    práticas de gestão 178
dinamismo 19, 34, 104, 105, 108, 110, 113, 114, 117, 145, 146, 147, 148, 163, 165, 166, 201, 205, 215, 221, 222, 229, 231, 235
disposição de refugo 54
diversidade topográfica 63, 75, 89, 122, 157, 188, 207, 223
divisão
    de pesca, caça e animais selvagens 176
    do terreno 160
doutrina de domínio público 68
dragagem 20, 43, 45, 48, 49, 50, 54, 62, 65, 66, 67, 70, 218, 219, 220, 224
Dunas
    diques 15, 26, 41, 86, 89, 93, 114, 115, 116, 117, 120, 220, 227, 235
    eliminação 15
    erosão 15, 18, 28
    escavação 138
    incipientes 86, 88, 100, 105, 125, 215
    micro-hábitats 228
    práticas construtivas 70
    proteção costeira 220, 228
    remobilizar 132, 201
    sacrificial 159, 165
    taxas de crescimento 221
dutos 20, 25, 43, 66, 85, 134, 136

efeitos externos 75
Elymus athericus 101
encostas litorâneas 15, 26, 28, 78, 118, 119, 205
engordamento de praias 36, 37, 40, 41, 42, 43, 47, 48, 49, 56, 58, 62, 64, 67, 69, 82, 83, 119, 143, 153, 218, 223, 224, 225, 226, 233
envolvimento local 203
Eremophila alpestris 153
erosão eólica da pós-praia 46
Eryngium maritimum 80, 104
Espanha 16, 64
espécies bentônicas 49

espécies raras/ameaçadas 41, 69, 104, 105, 109, 115, 120, 127, 128, 148, 153, 181, 192, 194, 222, 231
espraiamento 40, 44, 47, 58, 60, 63, 75, 76, 85, 94, 100, 144, 173, 197
estabilidade 47, 70, 80, 99, 103, 110, 136, 158, 197, 198, 201, 206, 232
estado-alvo 33, 34, 39, 143, 144, 146, 223, 230
estados alternativos 34
estética 31, 32, 54, 56, 59, 117, 172, 187, 207
estruturas de proteção 29, 64, 71, 88, 89, 90, 105, 107, 109, 111, 112, 116, 118, 119, 121, 150, 151, 157, 159, 162, 165, 177, 178, 182, 185, 186, 207, 231
 costeira 20, 30, 114, 116, 120, 148, 180, 230
estudos interdisciplinares 220
Eucalyptus spp 140
extravasamento de água do mar/invasão de ondas 74, 97, 110, 231

falésias 29, 34, 78, 118, 119
Federal Emergency Management Agency 169
Festuca rubra 101
flores 188, 190, 191
florestamento 135, 139, 142
Flórida 52
fungos micorrízicos 91, 102, 221, 229

gestão
 adaptativa 66, 71, 81, 99, 109, 129, 138, 180, 194, 199, 202, 210, 221, 226, 227, 234
 integrada das zonas costeiras 119, 147
Glaucium flavum 80
Golfo do México 100
gradiente ambiental 101, 122, 153, 155, 157, 159, 161, 165, 186, 231
gramados 128, 129, 130, 134, 180, 188, 211
Grandes Lagos 52

hábitat
 de fundo de baía 52
 de fundo duro 52, 70, 79
Haemotopus palliatus 153
herbicidas 132, 133, 141
Holanda 22, 94, 101, 116, 129, 132, 146, 214, 230
Honckenya peploides 155

horticultura 32
Hypomesus pretiosus 68

Ilex opaca 163
impostos 199
incertezas 138, 146, 202
incorporadoras 205
interferência humana
 níveis 230, 234
 restrições 108
invertebrados 23, 76, 80, 113, 123, 153
Itália 33, 40, 54, 56, 92, 119, 147
Iva imbricate 190

Juniperus oxycedrus 140

Leuresthes tenuis 68
levantamentos topográficos 173, 195
limpeza com rastelo 71, 88, 123, 124, 127, 128, 133, 173, 176, 179, 181, 199, 208, 222, 230
Limulus polyphemus 68
Liparis loeselii 104
locais
 de desova 53, 73
 de mineração 54, 137

Mallotus villosus 68
mangue 128, 130
Mar Mediterrâneo 225
método
 arcadiano 32, 37
 funcional 37
 natural 37
México 140
micro-hábitats 84, 97, 100, 108, 122, 124, 125, 126, 152, 228, 231
mineralogia 56, 197, 221
mitigação 29, 49, 65, 67, 81, 120, 221, 227
 de riscos 171
monitoramento e manutenção 227
mosquitos 142
mudanças climáticas 18
museus 180, 192, 193
Myrica Pennsylvanica 190

natureza
 excursões 180, 191, 192
 parques 18, 22, 126, 170, 208, 209, 229

reservas 19, 21, 25, 26, 27, 32, 35, 36, 59, 105, 150, 153, 215, 236
Nova Jersey 24, 53, 86, 91, 93, 107, 123, 126, 128, 151, 160, 161, 163, 168, 169, 171, 175, 176, 193, 216
Nova Zelândia 100

Oenothera biennis 140
Oenothera humifusa 153

paisagem
    imagem 232
paisagismo de hotéis 188
paisagistas 189, 212
Panicum amarum 100
Parnassia palustris 104
partes interessadas
    aceitação 39, 117, 159, 168, 170, 172, 193, 201
    resistência 202, 215
participação de estudantes 193
passeios 20, 150, 182, 185, 186
pastejo 20, 198
Pectenogammarus planicrurus 80
percepções 31, 39, 111, 201, 202, 204, 205, 206, 208, 211, 214, 233
perdas ambientais 19, 21, 65, 220
perenes 99, 188, 189
pesquisas futuras
    acompanhamento e gestão adaptativa 81, 138
    engordamento de praias 36, 37, 40, 41, 42, 43, 47, 48, 49, 56, 58, 62, 64, 67, 69, 82, 83, 119, 143, 153, 218, 223, 224, 225, 226, 233
Pinus thunbergii 190
pisoteamento 71, 155, 207
plantações de pinheiros 32, 140
plantas anuais 189
plantio 23, 35, 66, 74, 86, 88, 90, 94, 95, 98, 99, 100, 101, 102, 103, 104, 106, 107, 137, 138, 145, 160, 161, 171, 173, 175, 177, 180, 188, 189, 190, 193, 196, 198, 211, 221, 222, 228, 232
pólderes 115
poluição
    atmosfera 26
Polygonum glaucum 155
portarias de zoneamento 166

Posidonia 50
praia
    de alimentação 44, 59
    escarpas praiais 57, 67, 87, 109, 219
    morfologia 41, 52, 53, 67, 88, 94, 95, 99, 132, 140, 195, 219
    raspagem 92
prática agrícola 130
pressão
    da urbanização 201
    humana 198
programa de conscientização 216
propagandas 210
propriedades particulares 15, 31, 32, 120, 141, 150, 151, 159, 160, 161, 166, 173, 174, 187, 191, 206, 211, 212, 216, 228
proteção contra inundações 18, 70, 76, 85, 88, 94, 106, 125, 157, 182
Prunus maritima 190
Puget Sound 71, 73, 74, 120, 225

quebra-mares 26, 28, 58, 71, 79, 89, 117, 118, 119, 120
queima 20, 129, 133, 141

raspagem 76, 92, 93, 94, 127, 133, 230
ravinas 113, 125, 132, 195, 208
recreação 15, 16, 23, 24, 26, 36, 40, 44, 54, 55, 56, 61, 68, 69, 71, 77, 82, 107, 110, 117, 156, 182, 183, 185, 202, 215, 220, 227
recuo 42, 44, 121, 137, 164, 214
recuperação
    efeitos inesperados 69
regulamentos 22, 127, 171, 186, 209, 216, 233
Reino Unido 225
remoção de lixo 177, 180, 181, 182
remoção/retirada dirigida 114
represas 36, 147
resiliência 17, 18, 21, 61, 148, 228
resolução de conflitos 202
recuperação
    abordagens 28, 141
    definição 28, 37
    restrições 79
    tipos de projetos 35
restrições
    ao tráfego de veículos 124
    espaciais 37

Índice Remissivo 263

romper diques 26
rosa rugosa 141, 190
Rumex crispus 80
Rynchops niger 153

Seattle 47, 52, 121
sedimento
    compatibilidade 45
    mineralogia 56, 197, 221
    perturbação do substrato 51
    reserva 59
segurança 29, 110, 117, 164, 183, 184, 206
sementes
    dispersão 102, 122, 133
    fontes 104, 105
serviços 19, 22, 23, 33, 68, 84, 171, 211
Sesuvium maritimum 155
sinalização 180, 191, 192, 193
Solidago sempervirens 53, 170
solo
    características 128
    organismos 112, 113
    patógenos 101
    remoção 129
soluções consensuais 204
Spinifex spp. 100, 152
spray marinho 36, 53, 84, 94, 100, 152, 156, 157, 170, 177, 189, 232
Sterna spp. 134, 153
substrato de pedra 73
sucesso de eclosão 225
superfície 35, 45, 46, 55, 60, 62, 73, 74, 78, 84, 85, 86, 88, 90, 91, 93, 97, 99, 101, 102, 103, 115, 120, 131, 133, 135, 138, 139, 142, 144, 145, 153, 157, 168, 183, 187, 189, 196, 197, 198, 222, 226, 228, 232
    residual 87, 109
sustentabilidade 26, 30, 33, 158, 201

tamanho de perfil 85
tartarugas 23, 48, 53, 57, 65, 67, 68, 74, 75, 76, 97, 127, 175, 225
tempestades 17, 18, 47, 51, 59, 68, 76, 84, 85, 86, 87, 88, 92, 94, 96, 97, 103, 105, 109, 111, 112, 114, 115, 116, 135, 138, 142, 143, 152, 153, 155, 157, 159, 169, 170, 172, 175, 177, 178, 195, 199
terra abandonada 120

transferências por deriva litorânea 45
transporte eólico 41, 76, 86, 87, 91, 93, 97, 99, 109, 123, 127, 132, 136, 155, 158, 181, 222, 230
turbidez 41, 51, 59, 60, 62, 66, 67, 70
turista/turismo 16, 17, 18, 25, 29, 32, 44, 123, 156, 174, 181, 182, 183, 191, 192, 193, 201, 205, 208, 209, 211, 216, 217, 224

Uniola paniculata 100, 101, 176
uso de trator 91, 96, 158, 165, 171, 220

vegetação
    altura 53
    capacidade de sobrevivência 111, 189
    colonização 102, 105, 127, 173, 190
    diversidade 170, 173
    estabilização da superfície 99
    exótica 103, 134, 139
    mosaicos 25, 119, 220
    pragas 103
    remoção 129, 131, 203
    renovação 129
    sucesso do plantio 137
Vicia lathyroides 104
vista para o mar 20, 63, 84, 85, 105, 156, 158, 168, 169, 172, 182, 232
viveiros 99, 100, 189, 228

Washington 71, 72, 121